国际都市与建筑对比研究丛书

北京|伦敦都市与建筑对比研究

A COMPARATIVE STUDY ON METROPOLISES AND ARCHITECTURE BETWEEN BEIJING AND LONDON

徐全胜 韩慧卿 郑实 [英]彼得·毕肖普 [英]艾伦·佩恩 张冰雪 杨滔

北京市建筑设计研究院有限公司 伦敦大学学院巴特莱特建筑学院 等 著

中国建筑工业出版社

审图号：GS京（2022）0055号

图书在版编目（CIP）数据

北京 | 伦敦都市与建筑对比研究 = A Comparative
Study on Metropolises and Architecture between
Beijing and London / 徐全胜等著. —北京：中国建
筑工业出版社，2022.5
（国际都市与建筑对比研究丛书）
ISBN 978-7-112-27319-5

Ⅰ.①北… Ⅱ.①徐… Ⅲ.①城市建筑—对比研究—
北京、伦敦 Ⅳ.①TU984.21 ②TU984.561

中国版本图书馆CIP数据核字（2022）第080480号

本书是北京市建筑设计研究院有限公司发起的"国际都市与建筑对比研究丛书"的第一部著作，与伦敦
大学学院巴特莱特建筑学院合作完成。本书是北京与伦敦都市与建筑的对比研究，聚焦高质量发展，以支
持北京城市发展、城市规划建设管理与建筑设计品质的提升为最终目标，从城市整体、典型专项领域和区域
模块、若干专题、具体技术措施四个层次，展开城市总体规划、首都功能核心区、金融商务区、科学城的研
究，梳理北京城市建设要求，对比伦敦都市经验，提出了北京未来建设建议。本书专题类型丰富，资料素材
翔实，内容观点新颖，形式简洁易读，现实应用性强，对北京和国内其他城市，都有较高的参考价值。本书
适用于行业从业者、高校师生、公众等读者阅读。

责任编辑：贺　伟　赵梦梅
责任校对：王　烨

国际都市与建筑对比研究丛书

北京 | 伦敦都市与建筑对比研究

A Comparative Study on Metropolises and Architecture between Beijing and London

徐全胜 韩慧卿 郑实 ［英］彼得·毕肖普 ［英］艾伦·佩恩 张冰雪 杨滔
北京市建筑设计研究院有限公司 伦敦大学学院巴特莱特建筑学院 等 著

*
中国建筑工业出版社出版、发行（北京海淀三里河路9号）
各地新华书店、建筑书店经销
北京锋尚制版有限公司制版
北京富诚彩色印刷有限公司印刷
*
开本：787毫米×1092毫米　1/12　印张：25⅓　字数：807千字
2022年6月第一版　　2022年6月第一次印刷
定价：**298.00**元
ISBN 978-7-112-27319-5
　　（39082）

撰稿人

徐全胜

韩慧卿

郑 实

［英］彼得·毕肖普

［英］艾伦·佩恩

张冰雪

杨 滔

吴英时

徐聪艺

田燕国

刘 璐

张 然

张月蓉

［英］菲比·斯特林

刘 晶

元海英

钱高洁

主持机构

北京市建筑设计研究院有限公司

合作机构

伦敦大学学院巴特莱特建筑学院

序　北京伦敦双城记
Preface　Beijing and London: The Ideal Metropolis

"国际都市与建筑对比研究丛书"的第一册《北京 | 伦敦都市与建筑对比研究》一书即将付梓。这是在北京市建筑设计研究院有限公司加上英国伦敦大学学院巴特莱特建筑学院共同努力下，经过多次讨论和研究，最后形成的成果。这也是北京市建筑设计研究院有限公司在"建筑服务社会、设计创造价值"的理念指引下，除了设计工作的主业之外，还把十分宝贵的技术力量，用于北京城市建设的理论和应用的研究，尤其是紧紧贴近北京在建设中的重要需求，开展更为宏观或全局性的研究，力求为首都的规划和建设提供一些研究成果，同时也为公司的国际化发展积累经验。本书即以北京和伦敦为例，从城市总体规划、首都功能核心区、金融商务区、科学城四个主题为重点，通过第一手资料的研究对比，从理论上、策略上和实践上提出自己的成果和看法，全书内容翔实、图文并茂、学术性强、分析精当，具有可操作性，相信将会引起业界的注意和重视。

本书的重要特点是通过对照比较方法进行研究，在确定了研究目的和研究范畴之后，研究方法就显得十分重要。一般有单维、交叉和综合研究三种类型，城市和建筑的研究应归于交叉和综合研究的范畴。在研究分析过程中，将会有理论分析、历史分析、比较分析、统计分析、定量定性分析、文献分析、过程和案例分析等内容，本书是以对比为研究方法，也就是从对照比较入手，然后开展更深入分析梳理的一次尝试。

比较方法是人类认识客观事物的重要方法，有比较才有鉴别，人们经常通过比较方法来观察事物，理解社会，寻找规律和本质。从方法论的角度看，"所谓比较，就是根据一定的标准把彼此之间有着某种联系的多个事物加以对照，从而确定其间的相同与相异之处。由此对事物作出初步的分类。在分类的基础上，人们可以认知和把握不同事物的相同或相异的表象特征和本质特征，从而达到对特定事物的理解和解释。"（刘蔚华《方法论词典》）

也正是通过比较研究的发展，从而形成了众多的新兴比较学科，虽然它们的比较内容和方法不尽相同。如在16世纪初发展起来的比较解剖学，是在比较人类和鸟类的骨骼系统的基本构成后发展起来的；比较语言学则是19世纪欧洲语言学的重要分类，是研究两种以上语言之间的关系以及它们是否具有共同原始语的方法；比较心理学则研究从病毒到植物及至人类所有生物在行为结构上的相似与差异；比较伦理学是对处在不同地点和时代的各个民族和文化道德信仰的研究。进入20世纪以后，随着研究的更加深入和社会科学的发展，一批新学科也应运而生，如比较哲学，是对不同文化系统或民族文化中的哲学，采取比较的方法加以研究，也被称之为"哲学的哲学"；又如比较经济学，是对资本主义经济和社会主义经济两种不同的体制进行比较分析的研究；比较法学虽有自古以来的历史记录，而如今则是关注不同时期、不同国家的法的特点，以及法系和法的边缘的研究；比较教育法以整个教育领域为对象，对两国以上的教育实践和理论进行比较分析；此外还有比较社会学、比较民俗学、比较史学、比较政治学等。

由此也引入了比较城市学的概念。城市学的概念是1915年苏格兰的生物学家和城市思想家盖迪斯（Patrick Geddes）在《进化中的城市》

一书中首先提出的。在我国城市化的进程中也有各方面专家，包括钱学森先生在内对此开展研究，并取得了一定的研究成果。他们认为城市学就是有关城市的环境、社会、人文、经济、自然地促成结构、发生、发展的一门综合学科，是城市学科的基础理论。而钱学森先生则提出："城市学是一门应用的理论科学，它不是基础科学，或者说是一种技术科学，不是基础理论"。但不管如何，随着国外理论如凯文·林奇的《城市形态》、刘易斯·芒福德的《城市发展史——起源演变和前景》、尼格尔·泰勒的《1945年后西方城市规划理论的流变》、雅各布斯的《美国大城市的死与生》等一大批城市学著作相继引进，城市社会学、城市经济学、城市哲学、城市美学、城市历史学、城市地理学、城市空间学等分支学科陆续拓展，与此同时也为城市科学的比较研究创造了条件，因为不论在城市的哪一个分支学科的研究，不论是历时还是共时，不论是宏观还是微观，不论是国内还是国外，都会利用对照比较的方法。这无疑就成为比较城市学产生的时代需求和理论准备。

比较城市学在我国还属于一个新兴学科，这一名词在学界提出的时间也还不长，不同类型的研究者也正用不同的目的和不同的方法开始研究，其理论和方法还在探索之中。作为城市行政管理领导和专家的周善东先生在2008年出版了《城市规划视角下的城市比较分析——建构比较城市学的基础框架》，从理念比较、异体比较、个体比较、同体比较四方面进行探索，提出了建立比较城市学的初步设想，对于学科的建立和深入提供了重要思路。中国科学院中国现代研究中心和中国现代化战略研究课题组在2014年出版了《中国现代化报告——城市现代化研究》（何传启主编）一书，对研究世界和中国推进城市现代化的过程，提出了城市现代化的基本事实，实际就是可以作为定量定性分析比较的指标体系。其中包括城市功能的六个系统，即：城市功能和形态、城市建筑和住房、城市基础设施、城市公共服务、城市公共管理、城市国际联系。城市经济的六个领域，即：城市经济、城市社会、城市政治、城市文化、城市环境、城市居民。城市生活的四个要素，即：城市生活、城市结构、城市制度、城市观念。在这个大的框架下对世界城市和中国城市进行时序分析、截面分析、过程分析和战略分析，从而总结出相关的历史经验。在报告中包含了大量的分析比较图表，也可认为是比较城市学的另一种表达方式。

北京和伦敦都市与建筑的对比研究则是看重城市功能、城市经济和城市生活，根据北京的城市需求和伦敦特长选取城市总体规划、首都功能核心区、金融商务区和科学城四个专题，而将其中的相应要素、指标和理念分别加以对照比较，找出其中的共同点和不同点，总结出可借鉴之处。尤其有价值的是其中的大部分数据、指标和资料都是近五年的最新资讯。同时在各部分的对照比较之后，最后由"北京未来展望"一节，提出了简明扼要的研究结论，是每一章研究分析的总结，也可称为比较城市学的另一种思路。

比较研究成果的水平和影响力还与研究方法的开放性有密切关系。过去由于信息闭塞，交流渠道有限，影响了研究团队从全球范围内吸取信息。改革开放以后，随着对外交流的扩展，信息技术的广泛利用，利用借鉴国外智库和研究机构研究成果的机会比过去大为增加，这也为课题组在收集资料方面创造了更为便利的条件。加上课题组还为此专门去伦敦调研考察，听取了专家的讲课，此后课题的研究能与英国伦敦大学学院巴特莱特建筑学院密切合作，有英方的专家直接介入，弥补了研究人员不能经常去国外考察交流的缺陷，同时也保证了信息的准确性和及时性，提升了研究成果的学术水平和影响力，这也是本成果的重要价值所在。

相关的比较研究选题以英国伦敦市作为第一个切入点，也是十分重要的。我曾经有幸三次访问伦敦市，也曾分别住在市中心区和郊区，对于伦敦的城市结构、交通组织、遗产保护、城市环境、文化特色等留下了深刻的印象。选取伦敦这个城市除了两者首都的地位是基本可比的条件外，英国1784年蒸汽机的发明是近代工业革命，亦即第二次产业革命的代表，由于工业化吸收了大量的农业人口，转化为城市人口，人口的聚集提出了需求的多样化，城市的类型和结构布局也随之变化。伦敦就是在这种需求的推动下城市规模不断扩大，创造了巨大的财富，同时也带来了许多日益尖锐的矛盾，在英国也是首当其冲的，于是城市规划的理论和思想也随之十分活跃，规划体系相对比较完善。从罗伯特·欧文主持的"新协和村"社会改良思想到1898年霍华德提出的"田园城市"的理论；1922年恩温提出在大城市外围建立卫星城以疏散人口；1940年发布名为《皇家委员会关于工业人口分布的报告》即《巴罗报告》；1942年阿伯克隆比主持的大伦敦规划，通过建造8个第一代卫星城镇，疏解中心区的人口；以至到20世纪60年代建造的第三代卫星城，卫星城规模已从8万人扩大到20万~40万人，"邻里单位"的思想得到进一步适用；第二次世界大战后刘易斯·凯博

提出理性主义的规划思想；1945年政府正式公布大伦敦规划；1952年颁布"城镇开发法"此后又进一步提升大伦敦发展规划，到撒切尔时期停止新城建设；1978年通过"内城法"重新复兴内城；1999年"伦敦政府法"后重设大伦敦政府，通过新的大伦敦规划强调紧凑城市……应该说伦敦城在长期的规划建设中积累了大量有益的经验和可吸取的教训。本书对伦敦城市发展的各阶段和主要特征加以梳理和描述，其城市转型、规模控制的历史经验对于北京城市的发展是重要的参照和借鉴。

但城市同时又是在特定的不同社会、历史、民族和文化影响下的产物，在研究其基本规律和共性的同时，又必须考虑各城市的差异和个性。世界上没有任何两个城市是完全相同的。北京和伦敦都是一个国家的首都，在国家中要起着至关重要的引领和辐射作用，在城市功能、环境质量、住房和交通、历史遗产保护等方面同样面临着如何高质量发展的问题。但同时由于历史现状、政治体制、发展目标上的差异，在具体做法和操作上还有许多不同，在此后进一步地与东京、巴黎等国际城市的对比研究中，同样会遇到这一问题。因此除城市总体规划的比较之外，在首都功能核心区、金融商务区和科学城等多种专题研究中，表现出某些方面的一致性、可比性，但在政策、手法、管理、融资、开发等方面也存在较大的差异性，找出了这些区别和不同之处，同样对城市的发展有极大的参考意义。

从本书的对比研究内容来看，紧扣习近平总书记在视察北京时提出的："北京城市规划要深入思考，建设一个什么样的首都，怎样建设首都这

个问题。"并提出："不断朝着国际一流的和谐宜居之都的目标前进。"
这次北京与伦敦的双城对比研究，对城市的规划、建筑政策和实践的
科学性和准确性提出了咨询和建议，实际上已经表现出作为智库的作
用。从组织形式上看，此类专题组既不属于政府智库、大学智库，也
不属于民间智库，是企业中为政府提供服务、提供信息和政策分析的
团队。这一类专题组团队面向各种各样的咨询课题的服务，更适于
短、平、快的短期紧急研究，对具有长期性和战略性的研究课题必须
要有相应的更长期稳定的基础研究机构的培育与扶持等制度性安排。
这也从另一方面提出像智库型机构的成长和建设，需要长时间的磨合
和积累，如果急功近利，很难取得建设性的思想，也难以提出独特的
分析、判断和切实可行的解决方案。

当前我国的城市化已进入一个新的发展阶段，城市从扩展型向内涵集
约型发展，因此在探索城市转型的问题上，我们将面临着更大的挑
战。如何提出高质量的成果，提高成果的影响力，是行业智库型研究
团队应承担的重要任务。如何站在国家利益和群众利益的角度，更客
观地提出建议，而不仅单纯是政策的宣传和诠释；另外如何运用科学
的理论和方法，使研究成果更接近事实、符合规律；当然最困难的还
是如何提出建设性的可操作方案，可供决策者和公众便于选择。同时
除了承担命题性的研究外，从前瞻性、储备性和战略性的考虑出发，
主动考虑前沿性课题，谋求突破性的进展则对行业智库型研究团队提
出更高的要求。而在组织和人才结构上，也需要更多的复合型人才，
有相应的激励机制来加以配合。

本次的研究成果是有关城市和建筑对比研究的第一个成果，期望在吸
取各方面的意见和建议基础上，使后续的研究成果不断前进，不断超
越，努力扩大话语权和影响力。

中国工程院院士，全国工程勘察设计大师，清华大学工学博士
2021年7月11日夜

前言
Foreword

北京面临"建设一个什么样的首都，怎样建设首都?"的重大课题，在城市发展的新阶段，有新定位、新要求，需要城市规划、城市设计、建筑设计领域的整体系统性研究来支持落实。2018年，北京市建筑设计研究院有限公司发起了"国际都市与建筑对比研究丛书"的研究撰写工作，联合国际一流的高校、科研机构、设计机构，开展北京与伦敦、东京等典型国际都市的对比。聚焦高质量发展，以支持北京城市发展、城市规划建设管理与建筑设计品质的提升为最终目标。梳理北京城市建设要求，对比国际都市经验，提出了北京未来建设建议。在本系列研究基础上，今后还可以深入对接专项研究、具体工程项目来逐步落实。本丛书是理论与应用结合型著作，跨多个国际都市，专题类型丰富，资料素材翔实，内容观点新颖，形式简洁易读，现实应用性强，对北京和国内其他城市，都有较高的参考价值。

《北京 | 伦敦都市与建筑对比研究》是丛书的第一部著作，一方面探索形成了北京与国际都市与建筑对比研究的基本模式，另一方面梳理提炼了伦敦对北京有益的经验。

伦敦对北京具有较强的可对比性和可借鉴性。它们都是首都，都是拥有悠久历史的古都，也都是具有重大国际影响力的世界城市，在世界城市格局中占有重要位置。虽然两个城市的政治、经济、文化等背景有差异，但都面临世界竞争力提升、城市资源配置优化、城市更新改造、交通拥堵缓解、首都功能优化、重点功能区打造等相似的问题，都追求城市的高质量发展。伦敦在全球城市指数排名（GCI）、全球城市实力指数排名（GPCI）和全球化与世界级城市排名（GaWC）等多项权威世界城市排名中位列前两位，成功地完成了从工业城市向全球金融中心和文化创意中心的转型，早在2004年，伦敦就提出了建成区规模不再扩大的原则，比北京更早进入存量发展阶段，其经验对当前北京城市建设的减量发展和高质量发展有直接启发。

本书的研究对象以城市与建筑为主体，研究的地域范围总体上是北京行政区全域（16410km²）和伦敦行政区全域（1572km²），各章研究主题不同，空间范围有所差异，在各章摘要中单独说明。

本书研究范畴包含城市整体、典型专项领域和区域模块、若干专题、具体技术措施四个层次（表0-1），研究内容含政策、产业、规划与建设模式、建筑设计策略等多方面。第一个层次，城市整体研究，与社会发展模式有关；提出北京城市发展、规划、建设、管理的引导性建议。第二个层次，典型专项领域和区域模块研究，与行业发展整体相关，具有体系性、框架性的特征；按照典型性、可比性、可行性、可借鉴性原则来选择模块。第三个层次，若干专题研究，跨技术领域的研究，具有整合性的特征；按照北京重点关注、伦敦有突出经验的原则来选择专题。第四个层次，具体技术措施研究，具有时效性、落地性的特征。四个层次的研究都包括：梳理基本原理；解析明确北京要求；筛选典型指标，用最新数据、案例进行对比分析；总结提炼国际都市具体、好的、值得北京借鉴的经验；提出北京建议或具体落地措施。

四个层次的研究范畴　　　　　　　　　　　　　　　　　　　　　　　　　　　表0-1

四个层次	示意
第一个层次：城市整体研究 跨行业，与社会发展模式有关，具有方向引导性	北京与伦敦
第二个层次：典型专项领域和区域模块研究 跨主题，与行业发展整体相关，具有体系性、框架性	1 城市总体规划 2 首都功能核心区 3 金融商务区 4 科学城
第三个层次：若干专题研究 跨技术领域，具有整合性	1.1 基本原理　　　　　　　　　1.9 历史文化名城保护 1.2 北京要求　　　　　　　　　1.10 城市风貌 1.3 发展历程　　　　　　　　　1.11 城市交通系统 1.4 国土空间规划体系　　　　　1.12 住房体系 1.5 定位目标　　　　　　　　　1.13 空气污染治理 1.6 城市规模　　　　　　　　　1.14 规划实施 1.7 空间布局　　　　　　　　　1.15 北京未来展望 1.8 经济发展
第四个层次：具体技术措施研究 具体技术措施的研究，具有时效性、落地性	

本书议题选择有针对性，紧扣北京发展要求，梳理和解读最新的国家和北京市政策，从而明晰北京城市与建筑领域的关键议题、而非全部议题，有针对性地与伦敦进行对比和经验借鉴。深度上，本书涉及模块与专题众多，以提出方向性建议为主，为后续更具体专题深入研究提供支持。

本书主体内容分为六个部分：前言、城市总体规划、首都功能核心区、金融商务区、科学城、后记。"城市总体规划"，以北京和伦敦的城市总体规划为研究对象，重点研究最新版的《北京城市总体规划（2016年—2035年）》《伦敦规划2021》，在两份规划文本基础上，对研究内容进行了时空维度的拓展：时间维度上，从研究最新的城市总体规划文本拓展到研究城市总体规划发展的历程和现状；空间维度上，从研究首都城市拓展到研究首都区域，重点借鉴伦敦在框定城市总量之后，在既有的城市空间内，容纳未来新的发展、提升空间利用效率的策略。"首都功能核心区"，以北京首都功能核心区和伦敦中央活力区为研究对象，二者都地处城市核心地带、聚集了最重要的国家和城市功能、是拥有大量历史遗存的老城区，伴随两个城市的发展，共同认识到需要明确划定首都功能核心区的边界并统一管理，来更加凸显和发挥其重要作用，以保障首都功能核心区功能高效行读、老城整体保护与提升为目标，针对首都功能核心区的整体发展、中央政务密切相关的议题展开对比。"金融商务区""金融业是首都第一支柱产业"，对北京国际交往功能的提升意义重大。金融商务区的建设有助于推动首都功能核心区功能疏解，带动城市均衡发展和高质量发展。以新兴金融商务区的典型代表北京丽泽金融商务区和发展较成熟的伦敦金丝雀码头为重点研究对象，从提高空间效率与提升国际形象的角度，进行对比分析，为未来其他金融商务区及城市重点功能区的建设提供发展策略。"科学城"，科学城是推动科技创新、加速知识转移、加快经济发展的重要载体，对北京国际科技创新中心建设意义重大。北京和伦敦都是国家科技创新资源的集中承载地，都是具有全球影响力的科技创新中心，在了解城市科技产业及政策发展框架的基础下，重点对比北京的中关村科学城和伦敦的边缘区科学城，重点借鉴存量时代，科学城功能提升、创新活力升级、建筑更新的策略。

本书各章采用"总分总"的体例。第一个"总"包括基本原理、北京要求、发展历程。基本原理是从理论的角度，厘清基本概念、建设目标和研究对象；北京要求是从发展的角度，根据国家、北京市、行业的政策和研究前沿，归纳总结北京亟待解决的关键问题和倡导的未来发展方向；发展历程是从历史的角度，以时间为脉络，梳理总结发展演变的规律特征，明晰当前城市所处的阶段。"分"是从功能构成、空间建设、管控措施三个维度，选择典型代表性的专题展开对比，总结"相同点""不同点"，提炼对北京的"借鉴性"建议。第二个"总"即北京未来展望，综合前述研究，汇总性、整体性展望北京未来的发展方向。

本书注重案例研究、现场调研与专家访谈的研究方法，书中鲜活呈现了大量北京与伦敦的代表性案例。撰写团队专门赴伦敦深入调研，与高校、政府、企业相关机构和专家深入座谈，考察伦敦中央活力区、金丝雀码头、边缘区科学城等经典项目，获取了大量一手资料。

本书论述注重数据对比。尽量选择可比指标，收集了权威、大量、多样的数据，进行了深入比对、解析、提炼，形成了直观、鲜明、有力的论述结论。值得说明的是，北京与伦敦有些基础数据统计口径、指标体系等不太一样，在满足本书的研究需求的基础上，未对指标统计口径另做追溯性解析；北京和伦敦数据统计的频率有较大差异，书中尽量采用截至2021年7月可获得的最新数据，但仍有一些数据的年份不同，纵观国际都市研究的书籍和文献，亦普遍存在这种现象；经济数据方面，北京和伦敦的地区生产总值统计口径不同，北京为国内生产总值（Gross Domestic Product，简称GDP），指一国或地区所有常驻单位，在一定时期内，生产的全部最终产品和服务价值的总和，伦敦为国内生产总值增加值总额（Gross Value Added，简称GVA），两个指标的关系为：GDP=GVA-生产的税收-生产的补贴；书中除特殊说明外，均用当年底汇率将英镑换算为人民币。

本书版式设计注重强化北京、伦敦直观对比的效果，图文并茂。页面排布上，除基本原理、北京要求、北京未来展望外，其他页面基本遵从左页北京内容、右页伦敦内容的对称布局；色彩上，以中国和英国的国旗色分别作为北京和伦敦页面的主题色，并以主题色为基准形成色系，来绘制图表，实现色彩上的视觉统一。图表来源方面，除特殊说明外，均由本书作者制作。

本书在城市、建筑、社会、经济多个领域，理论、实践不同维度，可对政府的城市发展与管理、规划与建筑行业的学术发展、工程项目的设计建设、高校师生的教学、公众对城市与建筑的认知等方面有所启发，最终促进城市建成环境品质提升。本书成果已通过学术发表、论坛、展览、演讲、项目应用等多种方式，与城市规划、建筑设计、建设和管理从业者多次交流，受到肯定。希望借由本书的出版，触发更广泛的交流，共同推进首都北京和中国现代城市建设与建筑设计。

由于时间和能力有限，本书难免存在疏漏和不妥之处，敬请读者谅解和不吝指正。

目录
CONTENTS

3 金融商务区
Financial Business District

4 科学城
Science City

1 城市总体规划
City Master Plan

城市总体规划是指引城市未来中长期发展的战略蓝图，对城市发展起着重要的引领作用，具有法定效力、严肃性、权威性。本章以城市总体规划为研究对象，重点对比研究北京和伦敦最新版的《北京城市总体规划（2016年—2035年）》《伦敦规划2021》（The London Plan 2021）的编制背景、内容构成、重点专项及其策略，并从三个方面扩展内容，以更全面地对比两个城市的城市总体规划发展的过去、现状和未来：一是从最新版城市总体规划拓展到梳理城市总体规划的演变历程；二是从规划蓝图设想拓展到解析城市发展现状特征；三是从城市总体规划拓展到梳理国土空间规划体系构成。

在城市发展的不同阶段，都需要与之匹配的城市总体规划来指导城市规划建设。自新中国成立以来，紧扣各时期城市发展的要求，北京共编制了七版城市总体规划，及至2017年发布的《北京城市总体规划（2016年—2035年）》，与之前相比有重大的转变，它站在新的历史起点上，回应"建设一个什么样的首都，怎样建设首都？"这一重大问题，城市发展从扩展型转向内涵集约型，"多规合一"的国土空间规划体系重构，在这样的变革背景下，以《北京城市总体规划（2016年—2035年）》为代表的新时代城市总体规划，从编制思路与内容到实施路径与策略都有了新的要求，开始探索由增量规划向存量规划转变的新模式。然而，框定城市规模总量之后，如何在现有的空间内容纳未来新的发展，是北京需要着重关注的。

英国是国土空间规划体系最为完善的国家之一[①]，伦敦城市总体规划是其中的代表，自1940年编制的《巴罗报告》以来，伦敦共编制了十一版城市总体规划，逐渐形成了以规划法为依据、城市总体规划为统领、多项专项规划和多层级实施规划为支撑的具有空间规划特色的国土空间规划体系，鉴于绿带保护政策和城市复兴需求，伦敦城市总体

规划较早转向存量规划，已有成熟经验。从2004年《伦敦规划》提出建成区不再扩大的原则开始，伦敦的空间格局基本已定，最新版的《伦敦规划2021》致力于挖掘城市已有空间的发展潜力，为规划期内可预见的有重大发展的区域提供政策框架。

虽然北京和伦敦的政治、经济和文化背景不同，城市运行管理逻辑有差异，但城市总体规划所要解决的城市发展问题是相似的，这些问题关系到城市的可持续发展，解决方案也具有共通之处，包括资源高效配置、交通运行高效、空气质量改善、住房保障充足、适应新技术、适应气候变化、保护遗产等，从而为人们提供高品质的建成环境。面向未来，北京和伦敦都决心转向高质量发展。本章结合城市总体规划的基本原理、两个城市的城市总体规划发展历程的解析，主要对比了国土空间规划体系构成，以及城市总体规划中定位目标、城市规模、空间结构、经济发展、历史文化名城保护、城市风貌、城市交通系统、住房体系、空气污染、规划实施等专项的规划策略和现状特征，提出北京未来展望。重点在框定城市规模总量的情况下，从伦敦城市总体规划容纳新发展、高质量规划与建设方面，借鉴其有益经验、规避其失败教训，供北京落实新版城市总体规划参考。

---

①唐子来. 英国的城市规划体系[J]. 国外规划研究，1999，23（8）.

1.1 基本原理 Basic Principle
基本概念、建设目标与研究对象 Basic Concepts, Construction Objectives and Research Objects

城市总体规划是对一定时期城市性质、发展目标、发展规模、土地利用、空间布局及各项建设的综合部署和实施措施[①]。

- 城市总体规划的内容："城市、镇的发展布局，功能分区，用地布局，综合交通体系，禁止、限制和适宜建设的地域范围，各类专项规划等。规划区范围、规划区内建设用地规模、基础设施和公共服务设施用地、水源地和水系、基本农田和绿化用地、环境保护、自然与历史文化遗产保护以及防灾减灾等内容，应当作为城市总体规划、镇总体规划的强制性内容。"[②]

- 城市总体规划的导向：国土空间规划体系及其所包含的城市总体规划，其规划导向与城镇化水平密切相关。根据国家统计局第七次全国人口普查数据，截至2020年末，中国常住人口城镇化率63.9%[③]。对比发达国家在同等城镇化水平下的国土空间规划体系（表1-1-1），中国的国土空间规划体系开始从增量规划向存量规划转型。

城市总体规划的目标是合理地、有效地、公正地创造有序的城市生活空间环境[④]。

以北京和伦敦的城市总体规划为研究对象。

- 以北京的城市总体规划为研究对象，重点研究最新版《北京城市总体规划（2016年—2035年）》（图1-1-1）。城市总体规划覆盖的空间范围是北京市的全市域，面积为16410km²。从中心向外围，分为首都功能核心区、中心城区、市域其他地区三个空间圈层（图1-1-2）。

- 以伦敦（Greater London）的城市总体规划为研究对象，重点研究最新版《伦敦规划2021》（图1-1-3）。城市总体规划覆盖的空间范围是伦敦的全市域，面积为1572km²，约为北京的1/10。从中心向外围，分为伦敦中央活力区、内伦敦地区、外伦敦地区三个空间圈层（图1-1-4）。

《北京城市总体规划（2016年—2035年）》
2017年由中共中央、国务院批准，中共北京市委、北京市人民政府发布，它是法定规划，具有严肃性、权威性，北京市域内涉及空间规划的事项，都需要接受城市总体规划约束。

目录

总则

第一章 落实首都城市战略定位，明确发展目标、规模和空间布局

第二章 有序疏解非首都功能，优化提升首都功能

第三章 科学配置资源要素，实现城市可持续发展

第四章 加强历史文化名城保护，强化首都风范、古都风韵、时代风貌的城市特色

第五章 提高城市治理水平，让城市更宜居

第六章 加强城乡统筹，实现城乡发展一体化

第七章 深入推进京津冀协同发展，建设以首都为核心的世界级城市群

第八章 转变规划方式，保障规划实施

附表 建设国际一流的和谐宜居之都评价指标体系

附图

图1-1-1 《北京城市总体规划（2016年—2035年）》简介、封面和目录
来源：《北京城市总体规划（2016年—2035年）》

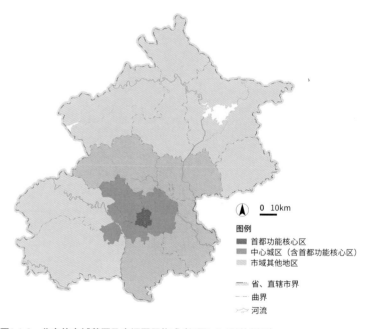

图1-1-2 北京的市域范围及空间圈层构成（与图1-1-4同比例尺）
来源：底图来自北京市行政区域界线基础地理底图（全市）

图例
- 首都功能核心区
- 中心城区（含首都功能核心区）
- 市域其他地区
- 省、直辖市界
- 区界
- 河流

0 10km

①城乡规划学名词审定委员会. 城乡规划学名词[M]. 北京：科学出版社，2021.
②全国人民代表大会常务委员会. 中华人民共和国城乡规划法（2019年修订版）[R/OL]. (2019-04-23) [2020-10-10].
③国家统计局. 第七次全国人口普查公报（第七号）[Z]. (2021-05-11) [2021-07-20]. http://www.stats.gov.cn/tjsj/tjgb/rkpcgb/qgrkpcgb/202106/t20210628_1818826.html.
④李德华. 城市规划原理（第三版）[M]. 北京：中国建筑工业出版社，2001.

发达国家国土空间规划发展轨迹　表1-1-1

第一阶段 **快速城镇化期，城镇化水平30%~50%**	以“物质规划”为主，强调“发展规划”，将增强经济活力和发展竞争力作为第一要务，重视落实生产空间，规划类型以城市规划为主
第二阶段 **城镇化平稳期，城镇化水平50%~70%**	规划转向“以人为本”，强调“理性规划”，围绕满足人的生产和生活需要为第一要务，在生产空间框架基本建立基础上，开始重视生活空间和生态空间，开始编制空间规划，空间规划体系逐步形成
第三阶段 **城镇化水平大于70%**	规划转为“人与自然和谐”，强调“智慧规划”，按照“绿色发展”理念来实现生产、生活和生态空间的无缝衔接，强调地方规划的多样化和个性化，灵活调整规划体系

来源：作者梳理，资料来自蔡玉梅，高延利．发达国家空间规划的经验和启示[J]．中国土地，2017 (6).

《伦敦规划2021》
2021年3月2日由大伦敦市长正式公布。作为伦敦的总体战略计划，它为未来20~25年的伦敦发展设定了一个综合的经济、环境、交通和社会发展框架。

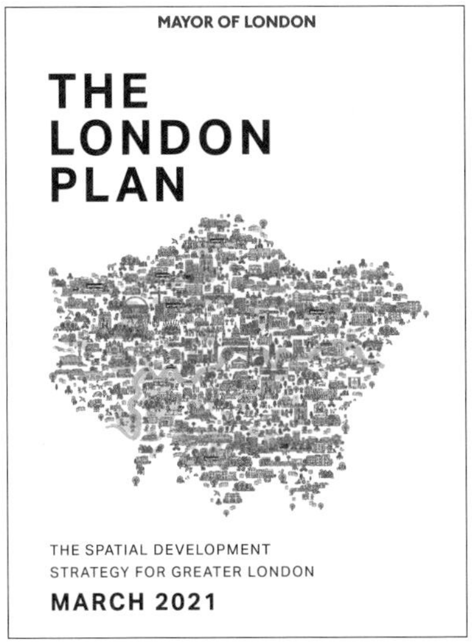

目录

简介
第一章　规划伦敦的未来（良好的增长政策）
第二章　整体空间发展格局
第三章　场地评估与设计
第四章　住房
第五章　社会基础设施
第六章　经济
第七章　遗产与文化
第八章　绿色基础设施与自然环境
第九章　可持续基础设施
第十章　交通
第十一章　为伦敦规划提供资金
第十二章　监督与审查
附录1　市镇中心网络
附录2　内、外伦敦地区的自治市镇
附录3　术语表

图1-1-3　《伦敦规划2021》简介、封面和目录
来源：资料来自“The London Plan 2021”

图例

伦敦中央活力区
内伦敦地区（含伦敦中央活力区）
外伦敦地区（内伦敦地区以外的伦敦地区）

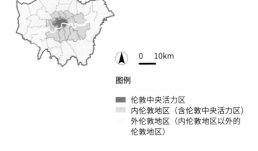

图1-1-4　伦敦的市域范围及空间圈层构成
来源：外文文献原图《伦敦规划2021》(The London Plan 2021)

1.2 北京要求 Requirement for Beijing

《北京城市总体规划（2016年—2035年）》的编制和实施，一方面，面临转型发展的时代背景，即中国进入城镇化快速发展的中后期[①]，经济新常态下，城市从扩展型转向内涵集约型发展。北京承担着改革引领、探索创新的使命，在这样的关键时期，《北京城市总体规划（2016年—2035年）》对全国有样本作用；另一方面，北京积累了一些深层次的矛盾和问题，倒逼城市发展全面转型，需要城市总体规划给出综合解决方略。在这样的背景下，《北京城市总体规划（2016年—2035年）》的重点是系统回答"建设一个什么样的首都，怎样建设首都"这一重大问题，统筹协调和解决诸多关系（表1-2-1）。[②]

北京作为首都，是我们伟大祖国的象征和形象，是全国各族人民向往的地方，是向全世界展示中国的重要窗口，一直备受国内外高度关注。建设和管理好首都，是国家治理体系和治理能力现代化的重要内容。北京各方面工作具有代表性、指向性，一定要有担当精神，勇于开拓，把北京的事情办好，努力为全国起到表率作用。

——2014年2月26日，习近平总书记视察北京工作时的讲话

北京城市规划要深入思考"建设一个什么样的首都，怎样建设首都"这个问题，把握好战略定位、空间格局、要素配置，坚持城乡统筹，落实"多规合一"，形成一本规划、一张蓝图，着力提升首都核心功能，做到服务保障能力同城市战略定位相适应，人口资源环境同城市战略定位相协调，城市布局同城市战略定位相一致，不断朝着建设国际一流的和谐宜居之都的目标前进。

——2017年2月24日，习近平总书记视察北京工作时的讲话

坚持抓住疏解非首都功能这个"牛鼻子"，紧密对接京津冀协同发展战略，着眼于更广阔的空间来谋划首都的未来。
坚持以人为本、可持续发展，将综合交通承载能力作为城市发展的约束条件。
坚持以资源环境承载能力为刚性约束条件，确定人口总量上限、生态控制线、城市开发边界，实现由扩张性规划转向优化空间结构的规划。
坚持问题导向，积极回应人民群众关切，努力提升城市可持续发展水平。坚持城乡统筹、均衡发展、多规合一，实现一张蓝图绘到底。

——2017年，《北京城市总体规划（2016年—2035年）》

[①]国家发展和改革委员会. 6月份定时定主题新闻发布会. 2019-06-17. http://www.gov.cn/xinwen/2019/06/17/content_5401036.htm.
[②]王飞，石晓东，郑皓，伍毅敏. 回答一个核心问题，把握十个关系——《北京城市总体规划（2016年—2035年）》的转型探索[J]. 城市规划，2017，41（11）.

《北京城市总体规划（2016年—2035年）》编制与实施所面临的要求　　　　　　　　　　　　　　　　　　　　　表1-2-1

"都"与"城"的关系	• 紧紧围绕实现"都"的功能来谋划"城"的发展，努力以"城"的更高水平发展服务保障"都"的功能
"一核"与"两翼"的关系	• 作为示范带动北京非首都功能疏解的两大重点区域，北京城市副中心和河北雄安新区将共同构成北京新的"两翼"，形成北京中心城区、北京城市副中心与河北雄安新区功能分工、错位发展的新格局 • 构建以首都为核心的京津冀城市群体系
"舍"与"得"的关系	• 构建功能清晰、分工合理、主副结合的城市空间结构，实现非首都功能疏解的"舍"和城市整体功能优化的"得" • 明确核心区、中心城区的疏解重点和提升方向 • 腾笼换鸟，构建高精尖经济结构
城市规模与资源环境承载力的关系	• 以资源环境承载力为硬约束，确定城市规模"三条红线" • 坚持集约发展，确定人口总量上限、生态控制线、城市开发边界这3条城市规模红线，以底线约束来倒逼发展方式转变
生产、生活、生态空间的关系	• 通过调整三生（生产、生活、生态）空间用地比例、优化三生空间布局、统筹把握三生空间的内在联系，提高城市的可持续发展能力 • 压缩生产空间规模，适度提高居住及其配套用地比重 • 大幅度提高生态规模与质量，健全市域绿色空间体系，重塑城市和自然的关系 • 促进水与城市协调发展、促进职住平衡发展、促进地上地下空间协调发展
历史文化保护与传承发展的关系	• 提升文化整体价值 • 构建全覆盖、更完善的历史文化名城保护体系 • 以城市设计为重点，统筹城市风貌景观塑造
城与乡的关系	• 推进全域规划，把城市和乡村作为有机整体统筹谋划，破解城乡二元结构，推进城乡要素平等交换、合理配置和基本公共服务均等化，推动城乡统筹协调发展
目标导向与问题导向的关系	• 立足长远发展，确定城市分阶段发展目标 • 主动回应人民群众关切，完善解决"大城市病"的综合方略，促进城市治理体系和治理能力的现代化
目标与指标的关系	• 将城市发展目标的横向分解与纵向传递相结合 • 确保总体规划刚性要求通过指标传导得到有效落实
规划、实施、监督的关系	• 建立规划统筹实施机制，完善对规划实施全主体全过程的把握和调控，维护总体规划严肃性和权威性，建立多规合一的规划实施及管控体系

来源：作者梳理，资料来自"回答一个核心问题，把握十个关系——《北京城市总体规划（2016年—2035年）》的转型探索"

1.3 发展历程 Development Course

总述 General Statement

从北京和伦敦开始编制现代城市总体规划至今，按照时间先后顺序，将城市总体规划的发展划分为若干个典型阶段，梳理对比两个城市的各阶段城市总体规划所面临的政治经济背景、主要文件、规划政策导向、规划空间形态等关键要素。伦敦城市总体规划致力于解决各阶段城市发展面临的突出问题，对照北京在相似发展阶段的战略选择，具有参考意义。

相同点

- 经过长时间的发展，北京和伦敦的城市总体规划都已经逐步发展成熟。
- 城市总体规划是城市发展的纲领性文件，其内容与当时、当地的城市要求和问题紧密相关，具有一定时空范围的在地性和时效性。

不同点

- 伦敦城市总体规划具有很强的延续性，早期确立的原则，很多延续至今。
- 从城市发展阶段看，伦敦更早进入存量更新阶段，存量规划经验更丰富。

借鉴性

- 增强规划的延续性。例如，早期伦敦城市总体规划提出的交通引导土地开发、混合功能利用、严格限制停车、防止伦敦向外扩展、保护开放空间等原则，至今仍在推动伦敦发展。
- 存量规划经验。伦敦20世纪早期的主要发展很大程度上是基于广泛的公共交通网络，而非小汽车，在过去70年里，伦敦一直在更新其过时的基础设施，绿带政策限制了伦敦向外的发展，这导致了城市的高密度，也带来了发展空间受限的问题，2004年《伦敦规划》提出建成区不再扩大的原则，至此，城市格局基本确立，不能再向外扩张，只能加强内部建设，及至《伦敦规划2021》的公布，已有显著的存量规划特征。

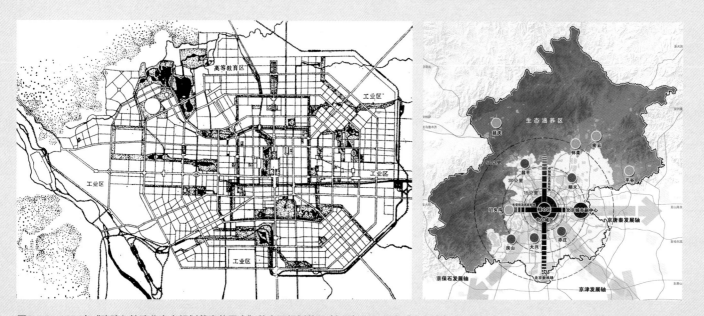

图1-3-1　1954年《改建与扩建北京市规划草案的要点》的市区规划草图（左图）和2021年《北京城市总体规划（2016年—2035年）》的城市空间结构规划（右图）
来源：左图，北京建设史书编辑委员会. 建国以来的北京城市建设 [M]. 1987. 右图，《北京城市总体规划（2016年—2035年）》

From the start date of overall planning for modern city of Beijing and London to now, the development of the City Master Plan is divided into several typical phases in accordance with the time order. In addition, political and economic background, main documents, planning and policy guidance, planning space form and other key elements encountered by two cities at different phases of the City Master Plan are sorted out and compared. The City Master Plan of London focuses on solving the prominent problems occurring at different phases of urban development, which is of reference significance in comparison with the strategic choices of Beijing at similar development phases.

Similarities
• The City Master Plan of Beijing and London has become mature gradually with long-time development.
• As the programmatic document for urban development, the City Master Plan is equipped with locality and timeliness within a certain range of time and space and contents are closely relevant to the requirements and problems of the city then and there.

Differences
• The City Master Plan of London is equipped with rather strong continuity and many principles established earlier continue to be effective today.
• In terms of the development phases of the city, London entered the stock update phase earlier and has richer stock planning experience.

References
• Enhance the continuity of the planning. For example, transportation guiding land development, mixed function use, strict restriction of parking, prevention of London's outward expansion, protection of open space and other principles proposed in the earlier City Master Plan of London still facilitate the development of London nowadays.
• Enrich stock planning experience. The main development of London in the early 20th century was based on the extensive public transportation network rather than cars to a great extent. In the past 70 years, London has been updating its outdated infrastructure. In addition, green belt policy restricted the outward development of London, leading to high density of the city and limited space for development. In 2014, the principle of no longer expanding the built-up area was proposed in *London Planning*, causing the basic establishment of the city pattern. Therefore, the outward expansion cannot be conducted and only the internal construction can be strengthened. There were prominent characteristics of stock planning when *The London Plan 2021* was issued.

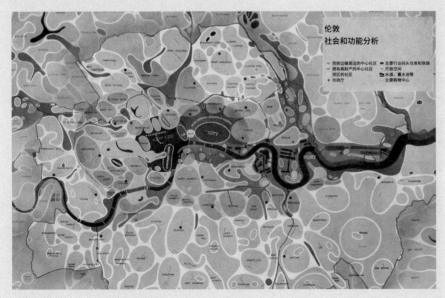

图1-3-2　1943年"阿伯克龙比计划"提出的伦敦城市空间结构（左图）和2021年《伦敦规划2021》的城市空间结构规划（右图）
来源：外文文献原图. 左图，《伦敦郡计划1943》（The County of London Plan 1943）；右图，《伦敦规划2021》（The London Plan 2021）

发展阶段 Development Phase

北京市的现代城市规划始于新中国成立之后，最早一版编制于1953年，至今共有7版，可分为五个典型阶段，各阶段特征简述如下。[①]

城市总体规划创建发展时期。北京从封建都城向社会主义首都转变，城市总体规划的重点是全面恢复社会经济发展、指导工业建设。

- 政治经济背景：新中国成立之初，面临帝国主义阵营的封锁，经济发展急需苏联援助。国民经济全面崩溃，急需大力发展工业。
- 城市总体规划：1954年《改建与扩建北京市规划草案的要点》，中共中央未批复，实际指导了"一五"时期城市建设。1958年6月《北京城市建设总体规划初步方案（草案）》，1958年9月《北京市总体规划方案》（较6月有重大修改），中共中央书记处听取汇报，原则上同意。
- 规划政策导向：鲜明的计划经济特色，要体现社会主义城市性质和特征；控制大城市的规模。
- 规划空间形态："分散集团式"的空间结构，提出"子母城"模式，有计划发展40个卫星镇，来布局大量工业项目。

城市总体规划与城市建设停滞时期。

- 政治经济背景：1961年开始，北京市基本建设任务大大压缩，基础设施工程建设处于停滞状态。1966年开始"文化大革命"，北京市的城市总体规划被下令暂停执行，北京市规划局一度被撤销。
- 城市总体规划：1973年《北京城市建设总体规划方案》，上报北京市委后被搁置，未予讨论。
- 规划政策导向：力图解决生活配套设施及工业发展产生的环境污染等问题。
- 规划空间形态："分散集团式"的空间结构。

城市总体规划和城市建设全面恢复和发展时期。城市工作重点转向社会主义现代化建设，确立了城市规划在城市建设管理中的龙头地位。

- 政治经济背景：1976年10月拨乱反正，中国进入新的历史发展时期，1978年12月召开中共十一届三中全会，作出把工作重点转移到社会主义现代化建设上来的战略决策。北京开始由工业化初期到中期过渡，重工业多、基础设施滞后、城市管理薄弱等问题干扰首都功能。
- 城市总体规划：1983年《北京城市建设总体规划方案》，中共中央、国务院原则批准，并做了十条重要批复。
- 规划政策导向：要求严控工业规模、人口规模，加强城市环境绿化、历史文化名城保护。
- 规划空间形态："分散集团式"的空间结构，近期重点发展4个卫星城。

城市总体规划继承和创新时期。城市总体规划的内容更加综合，回应日益凸显的"大城市病"问题。

- 政治经济背景：以城市为中心的经济体制改革不断深入，市场经济不断发育，城市多功能作用日益加强。2008年在北京举办了奥运会。城市发展进入工业化中后期。"大城市病"日益严重。
- 城市总体规划：1993年《北京城市总体规划（1991年—2010年）》，回应了社会主义市场经济体制下的城市建设，政治意义大于实际作用。2005年《北京城市总体规划（2004年—2020年）》，给出了市场经济下城市问题的新解答。
- 规划政策导向：规划内容扩大，不再局限于经济。规划范围扩展到市域，不再局限于市区。从坚持控制人口规模，到同时协调土地、资源。
- 规划空间形态："两轴两带多中心"的空间结构，提出发展卫星镇和新城的模式。

城市减量发展时期。城市总体规划回应"建设一个什么样的首都，怎样建设首都"这一重大问题。

- 政治经济背景：中国步入城镇化快速发展的中后期，经济新常态下，需要北京承担改革引领、探索创新的使命。京津冀协同发展战略、北京"新两翼"等重大战略决策出台。北京积累了一些深层次矛盾和问题，倒逼城市发展全面转型。
- 城市总体规划：2017年《北京城市总体规划（2016年—2035年）》，中共中央、国务院批准。
- 规划政策导向：回应"建设一个什么样的首都，怎样建设首都"。实施人口规模、建设规模双控。
- 规划空间形态："一核一主一副、两轴多点一区"的空间结构，建设北京城市副中心。

左侧时间轴：20世纪50年代 / 20世纪60至70年代 / 20世纪80年代 / 20世纪90年代至21世纪初 / 2016年之后

①作者梳理，资料来自
李东泉，韩光辉. 1949年以来北京城市规划与城市发展的关系探析——以1949—2004年间的北京城市总体规划为例[J]. 北京社会科学，2013，4（05）.
王凯. 我国城市规划五十年指导思想的变迁及影响[J]. 规划师，1999，4（04）.
和朝东. 辉煌70年|北京规划建设70年历程回顾与思考[Z]. 中国城市规划微信公众号，2019.
北京建设史书编辑委员会. 建国以来的北京城市建设[R]. 1987.
北京市规划展览馆. 北京城市总体规划（2016年—2035年）成果展[Z]. 2018.

第二次世界大战后至今，从1940年《巴罗报告》开始，伦敦城市总体规划的演进大致可分为五个典型阶段，各阶段特征简述如下。[①]

开始城市规划时期。成立了巴罗委员会，重点解决人口增长带来的问题。

二战前后至20世纪50年代初

- 政治经济背景：人口、工业的集聚导致城市出现蔓延的趋势。1937年，英国政府为解决伦敦人口过于密集的问题，成立了巴罗委员会。
- 城市总体规划：1940年《巴罗报告》，1943年《伦敦郡规划》，1944年《伦敦规划》，1946年《新城法》。
- 规划政策导向：主张伦敦分散化的发展模式。重新安置工厂和人口。规划绿带来将城市扩张限制在绿带内，控制伦敦市区的自发性蔓延。
- 规划空间形态：同心圆圈层状。

新城规划和建设时期。建设8座卫星城，一定程度缓解市区压力，将城市功能向外围地区分散。

20世纪50年代初至60年代初

- 政治经济背景：中心城区人口和工业持续集聚。居民对郊区住房需求激增。
- 城市总体规划：1951年《伦敦行政郡发展规划》。
- 规划政策导向：建设新城。
- 规划空间形态：城市蔓延和建设卫星城。

城市功能疏解时期。成立伦敦议会，重建日渐衰败的伦敦中心地区，开始大规模内城援助计划。

20世纪60年代初至70年代末

- 政治经济背景：一直采取的疏散政策导致了内城相对萎缩，1978年，英国政府通过《内城法》，开始实行大规模的内城援助计划。
- 城市总体规划：1969年《伦敦规划》，1978年《内城法》。
- 规划政策导向：从通过绿带限制城市扩展，转变到城市更新。
- 规划空间形态：沿交通轴线发展城市，同时增加卫星城来限制城市向绿带以外扩张。

市场化与分权时期。解散伦敦议会，成立权力有限的伦敦规划咨询委员会。

20世纪80年代初至90年代末

- 政治经济背景：提倡新自由主义，企业拥有更多权力，政府作用减弱。
- 城市总体规划：1992年《伦敦规划战略白皮书》，1994年《新伦敦规划战略白皮书》，1997年伦敦咨询委员会《伦敦战略规划》，1999年《伦敦政府法》。
- 规划政策导向：注重经济、交通、城市结构、可持续发展等方面。
- 规划空间形态：圈层模式，并延续绿带和卫星城建设。

重建大伦敦政府时期。大伦敦政府负责统筹战略规划及其管理。

21世纪之后

- 政治经济背景：经济全球化、气候变化、就业和住房需求增大等，给城市发展带来挑战。
- 城市总体规划：2004年《伦敦规划》，2011年《伦敦规划》，2021年《伦敦规划2021》。
- 规划政策导向：处理伦敦具有战略意义的事项，包括经济发展、社会发展、环境改善等。
- 规划空间形态：划定机遇区和增长走廊，其中机遇区是"将要发生重大变化的区域"，将重点为其提供政策支持。

①作者梳理，资料来自
何丹，谭会慧. "规划更美好的伦敦"——新一轮伦敦规划的评述及启示[J]. 国际城市规划，2010，25（04）.
罗超，王国恩，孙靓雯. 从土地利用规划到空间规划：英国规划体系的演进[J]. 国际城市规划，2017，32（04）.
Greater London Authority.The London Plan 2021 [R/OL]. 2021-3.

1.4 国土空间规划体系 Planning System of Territorial Space

总述 General Statement

国土空间规划体系是城市规划、建设和管理的制度框架，是城市改造建设的基础，受资源条件、社会发展状况、经济发展阶段、历史文化传统以及政治经济制度等影响，每个国家各不相同。本节主要对比中国和英国、北京和伦敦的国土空间规划体系构成，供正在完善中的北京国土空间规划体系参考。

相同点

- 国土空间规划体系的导向：北京和伦敦都经历了由城乡规划体系向国土空间规划体系的转变，作为统筹各类对空间可能产生影响的公共政策的核心工具。
- 国土空间规划体系的结构：北京和伦敦都形成了与行政管理体系对应的多层级国土空间规划体系，北京有市级的城市总体规划、区级的分区规划、乡镇级的乡镇域规划等三级三类，伦敦有区域级的伦敦城市总体规划、地方级的地方规划和社区规划两级。其中城市总体规划均为法定规划，具有战略性、综合性、统领性。

不同点

- 国土空间规划与开发衔接：北京城市总体规划中的空间管制分区，对后期开发行为有约束作用，即在城市总体规划中预先安排开发，地方政府是落实主体，灵活性弱，统筹性强。伦敦城市总体规划中的空间管制分区不对土地利用权和空间开发权产生法律效力，仅用来说明政策引导或控制的空间用途方向，操作中，地方政府有较大的自由裁量权，以"开发许可"来控制空间用途，灵活性强，统筹性弱。

借鉴性

- 国土空间规划体系的导向：坚持以空间为载体的"多规合一"策略，进一步提升国土空间统筹和综合利用效率。
- 国土空间规划与开发衔接：在城市更新的大背景下，适当增加城市总体规划中空间管制分区的灵活性，在不违背城市总体规划要求的前提下，赋予下级政府更多的空间用途自由裁量权。

图1-4-1 北京城市鸟瞰
来源：李约翰 摄

Planning system of territorial space is the system framework of urban planning, construction and management as well as the basis of urban renewal construction. The planning system of territorial space of each country varies due to the influence of resource conditions, social development, economic development phase, historical and cultural traditions, political and economic systems and others. In the section, the compositions of the planning system of territorial space between China and England as well as between Beijing and London were mainly compared, providing a reference for the planning system of territorial space of Beijing in the process of improvement.

Similarities
- Guidance of planning system of territorial space: Both Beijing and London underwent the transformation from urban and rural planning system to planning system of territorial space, used as the core tool for coordinating various public policies that may influence space.
- Structure of planning system of territorial space: The multi-tiered planning system of territorial space corresponding to the administrative systems was established in Beijing and London. Beijing has three levels and three categories, including the municipal City Master Plan, the district-level zoning planning and the township-level town planning. London has two levels, including the region-level City Master Plan of London and the local-level local planning and community planning. Both City Master Plan is legal planning, which is strategic, comprehensive and dominant.

Differences
- Coordination of territorial space planning and development: Space control zoning in the City Master Plan of Beijing plays a restrictive role in the later development, that is, the development is arranged in advance in the City Master Plan with the local government as the main body of implementation, weak in flexibility and strong in coordination. However, space control zoning in the City Master Plan of London has no legal effect on land use right and space development right and is only used to indicate the space use direction of policy guidance or control. In the process of implementation, the local government has relatively considerable discretionary power and uses "development permission" to control the space use, strong in flexibility and weak in coordination.

References
- Guidance of planning system of territorial space: Uphold the strategy of "replacing multiple plans with one master plan" with the space as the carrier and further improve the coordination and comprehensive utility efficiency of territorial space.
- Coordination of territorial space planning and development: Increase the flexibility of space control zoning in the City Master Plan appropriately under the context of urban update. Give more discretionary power of the space use to the government at a lower level on the premise of not violating the requirements of the City Master Plan.

图1-4-2 伦敦城市景观
来源：张冰雪 摄

国家及城市国土空间规划体系 National and Urban Planning System of Territorial Space

中国国土空间规划体系

- 国土空间规划是协调统筹各类对空间可能产生影响的公共政策的核心工具。

- 按照主体功能区规划、土地利用规划和城乡规划等空间规划相融合的"多规合一"要求,中国正在从城乡规划向国土空间规划转型,以解决过去多规协调不够、交叉重叠等问题。

- 中国建立了"五级三类四体系"的国土空间规划体系,通过约束性指标和管控边界,保障国家战略自上而下来逐级落实到实施性规划,强化规划权威性、法定性,先规划、后实施,严格进行规划实施监督。从规划运行方面把规划体系分为四个体系:按照规划流程可以分成规划编制审批体系、规划实施监督体系,从支撑规划运行角度可分为法规政策体系和技术标准体系。从规划层级和内容类型方面可以把国土空间规划分为"五级三类"(图1-4-3)。

北京国土空间规划体系

- 北京的"三级三类四体系"国土空间规划体系:"三级"为市级、区级、乡镇级。"三类"为国土空间总体规划、详细规划、相关专项规划。"四体系"包括规划编制体系,确保城市总体规划战略目标和底线约束要求有效传导;规划实施体系,在各阶段性节点环节统筹把握规划整体性和实施分散性的关系;规划监督体系,对规划实施及时反馈修正;运行保障体系,对规划运行维护形成支撑保证,四体系形成管理闭环。以城市总体规划为统领,实现在空间治理体系框架下,高维度统合协调多个规划,尤其是城市规划和土地利用规划合一,这也是《北京城市总体规划(2016年—2035年)》最大的创新点之一(图1-4-4)。

- 规划与开发的衔接:通过空间管制分区等形式,在规划中预先分配土地利用权和空间发展权,保障土地利用和国土空间开发的相对稳定性。[1]

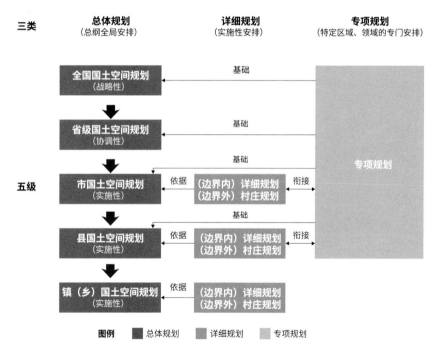

图1-4-3　中国国土空间规划的"五级三类"
来源:作者绘制,资料来自《关于建立国土空间规划体系并监督实施的若干意见(2019)》(中发〔2019〕18号)

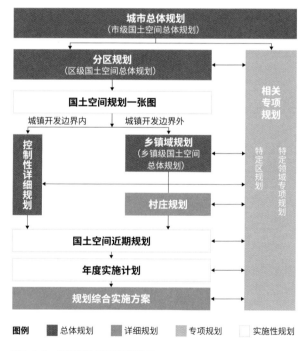

图1-4-4　北京国土空间规划体系
来源:作者重绘,底图来自北京市规划和自然资源委员会.一图读懂 北京国土空间规划体系[EB/OL].北京市规划和自然资源委员会,2020.

---

①郝庆.对机构改革背景下空间规划体系构建的思考[J].地理研究,2018,37(10).

英国国土空间规划体系

- 2004年，为解决规划体系冗杂、低效且缺乏弹性和公众参与的弊病，英国政府通过了新的《规划与强制性购买法》，摆脱了城乡规划体系时代以土地利用为核心的物质形态属性[①]，这种转变，放弃了严格的土地用途分区，使得"英国的规划体系从'城乡规划体系'时代正式步入'空间规划体系'时代"[②]，让规划更有灵活性，能够对城市发展不断变化的情况做出反应，利于推动空间用于更具价值的活动，确保长远利益。
- 英国建立了"三级"国土空间规划体系，即国家级、区域级、地方级（图1-4-5）。各级之间通过政策制定和细化，将规划意图最终落实到项目中。其中，国家级，提出广泛的战略方针，指导而非指示区域和地方政府制定规划，为非法定规划；区域级，因为缺少区域层面的政府，目前大伦敦政府制定的《伦敦规划》是此级唯一的法定规划；地方级，地方政府根据当地发展诉求制定地方规划，为项目开发提供依据，为法定规划。

伦敦国土空间规划体系

- 伦敦的"两级"国土空间规划体系：区域级、地方级。区域级，即《伦敦规划》，通过"公开审查"这一准司法程序，来容纳各方意见，此外伦敦地区还制定了交通、文化、健康、住房、环境等6个专项战略规划；地方级，包括伦敦金融城和32个自治市的地方规划，在符合伦敦规划的前提下，可根据当地情况（优先事项、重大变革区域等）对《伦敦规划》进行地方化的解释，由大伦敦市长签署所有地方规划。
- 规划与开发的衔接：《伦敦规划》中的用地分区不对土地利用权和空间开发权产生法律效力，而是由地方政府发放的"开发许可"确定。[③]

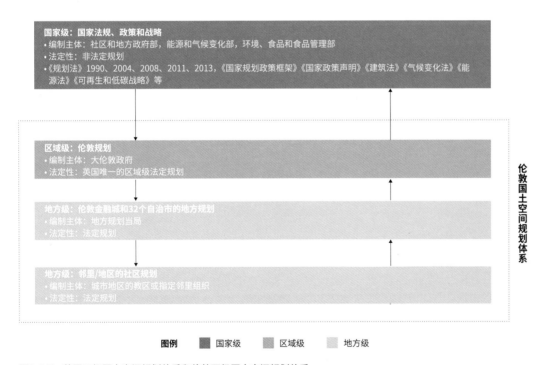

国家级：《国家规划政策框架》（NPPF）
区域级：《伦敦规划2021》（The London Plan 2021）
地方级：《伦敦金融城规划2036》（City Plan 2036）
地方级：《特威克纳姆地区规划》（Local Plans: Twickenham Area Action Plan）

图1-4-5　英国三级国土空间规划体系和伦敦两级国土空间规划体系
来源：作者改绘，底图来自英国规划体系。http://www.special-eu.org/knowledge-pool/module-2-spatial-planning-frameworks/policies-and-objectives/united-kingdom-planning-systems

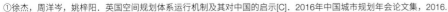

①徐杰，周洋岑，姚梓阳. 英国空间规划体系运行机制及其对中国的启示[C]. 2016年中国城市规划年会论文集，2016.
②王金岩. 空间规划体系论——模式解析与框架重构[M]. 南京：东南大学出版社，2010.
③高捷. 英国用地分类体系的构成特征及其启示[J]. 国际城市规划，2012，27（06）.

1.5 定位目标 Objective Orientation

总述 General Statement

定位目标是一个城市有别于其他城市的本质特征，是城市在世界、国家或一定区域的政治、经济、文化生活等领域所发挥的作用和承担的分工。本节主要对比北京和伦敦最新版城市总体规划的城市战略定位和城市发展目标。

不同点

- 城市战略定位：《北京城市总体规划（2016年—2035年）》鲜明地提出了"四个中心"的城市战略定位；《伦敦规划2021》中没有提出城市战略定位，重点关注从服务所有伦敦人的角度出发，设定城市发展目标。
- 城市发展目标：北京城市总体规划无制度化的上位目标指导；《伦敦规划2021》的目标承接自《国家规划政策框架》（*National Planning Policy Framework*）。

借鉴性

- 城市发展目标：从国家层面，给予各城市更清晰、简洁的规划目标指引，有利于城市与国家发展目标保持方向一致。增加从市民角度的城市发展目标的表述方式，清晰表述城市发展目标与市民生活之间的对位关系，让人们真切感受到城市发展与个人发展的休戚相关，利于城市总体规划在更大的人群范围内被理解、认可、落实。

图1-5-1 北京长安街
来源：张立全 摄

Objective orientation is the substantive characteristic that differentiates a city from other cities, and the role and the division of labor of the city in politics, economy, cultural life and other fields of the world, the country or the certain region. In the section, the city strategy orientation and the city development objective in the latest version of the City Master Plan of Beijing and London were mainly compared.

Differences
- City strategy orientation: The city strategy orientation of "four centers" was clearly proposed in *City Master Plan of Beijing (2016—2035)*. However, the city strategy orientation was not proposed in *London Planning 2021*, whose focus was to set the city development objective from the perspective of serving all Londoners.
- City development objective: There is no institutionalized superior objective for guidance in Beijing. The objective in *London Planning 2021* was undertaken from *National Planning Policy Framework*.

References
- City development objective: Give various cities clearer and more concise planning objective guidance from the national level, beneficial to keep the city development objective consistent with the national development objective. Increase the expression approaches of the city development objective from the perspective of citizens and clearly express the counterpoint relationship between the city development objective and the citizen life. Therefore, people really feel that the city development is closely related to personal development, facilitating the City Master Plan to be understood, recognized and implemented within a larger range of population.

图1-5-2 白金汉宫
资料来源：李会 摄

战略定位与发展目标 Strategy Orientation and Development Objectives

北京从1954年第一版城市总体规划至今，逐渐明确、聚焦首都城市职能（图1-5-3），《北京城市总体规划（2016年—2035年）》提出了"四个中心"的城市战略定位，"建设国际一流的和谐宜居之都"的城市发展目标。

- 城市战略定位：全国政治中心、全国文化中心、国际交往中心和国际科技创新中心（2021年1月27日北京市第十五届人民代表大会第四次会议批准的《北京市国民经济和社会发展第十四个五年规划和二〇三五年远景目标纲要》中，将《北京城市总体规划（2016年—2035年）》中的"全国科技创新中心"进一步提升为"国际科技创新中心"）。
- 城市发展目标："建设国际一流的和谐宜居之都"，分解为2020年、2035年、2050年三个阶段，政治、科技、文化、社会、生态五个方面的具体目标（表1-5-1）。

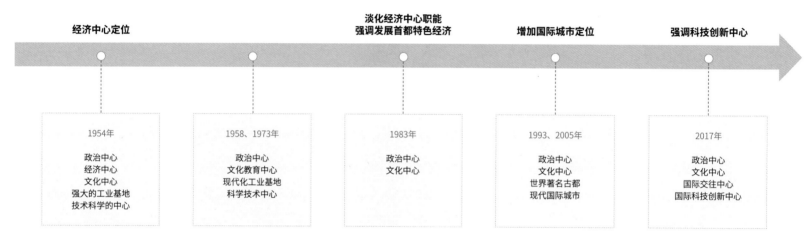

图1-5-3　新中国成立以来北京七版城市总体规划中的城市战略定位变迁
来源：作者梳理，资料来自历版北京城市总体规划

北京城市发展具体目标　　　　　　　　　　　　　　　　　　　　　　　　　　　　　　　　表1-5-1

具体目标	2020年 建设国际一流的和谐宜居之都取得重大进展	2035年 初步建成国际一流的和谐宜居之都	2050年 全面建成更高水平的国际一流的和谐宜居之都
政治	中央政务、国际交往环境及配套服务水平得到全面提升	成为拥有优质政务保障能力和国际交往环境的大国首都	成为具有广泛和重要国际影响力的全球中心城市
科技	初步建成具有全球影响力的科技创新中心	成为全球创新网络的中坚力量和引领世界创新的新引擎	成为世界主要科学中心和科技创新高地
文化	全国文化中心地位进一步增强，市民素质和城市文明程度显著提高	成为彰显文化自信与多元包容魅力的世界文化名城	成为弘扬中华文明和引领时代潮流的世界文脉标志
社会	人民生活水平和质量普遍提高，公共服务体系更加健全，基本公共服务均等化水平稳步提升	成为生活更方便、更舒心、更美好的和谐宜居城市	成为富裕文明、安定和谐、充满活力的美丽家园
生态	生态环境质量总体改善，生产方式和生活方式的绿色低碳水平进一步提升	成为天蓝、水清、森林环绕的生态城市	全面实现超大城市治理体系和治理能力现代化

来源：作者梳理，资料来自《北京城市总体规划（2016年—2035年）》

伦敦在多项世界城市排名中已位列前两位，是英国经济发展的引擎，在《伦敦规划2021》中，没有再定义伦敦在更大区域范围内的城市战略定位，而是从服务所有伦敦人的角度出发，设定了"良好增长"（Good Growth）的城市发展目标。

- 城市发展目标：以"良好增长"的目标，并参考英国政府制定的《国家规划政策框架》中的三类十一个城市发展目标，提出建立强大且包容的社区、充分利用土地、创建一个健康的城市、为伦敦人提供所需的住房、发展良好的经济、提高效率和韧性等六个具体目标（图1-5-4、表1-5-2）。

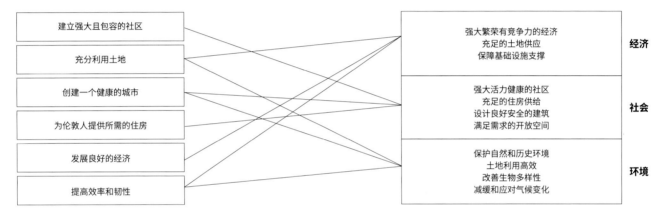

图1-5-4 《伦敦规划2021》与《国家规划政策框架》中城市发展目标的对应关系
来源：作者梳理，资料来自"The London Plan 2021""National Planning Policy Framework 2019"

伦敦城市发展具体目标   表1-5-2

具体目标	2019—2041年
建立强大且包容的社区	广泛的经济和其他机会；优质的服务和设施；街道和公共空间始终如一；城市中心在社会、市民、文化经济生活中的决定性作用；新建建筑能适应社区需求、建设一个所有人分享的伦敦
充分利用土地	优先发展机遇区、棕地、剩余公共土地；加强土地使用潜力；现有场地增长；保护开放空间；绿色出行
创建一个健康的城市	系统改善；健康生活方式；健康街道；健康评估；绿色基础设施；健康绿色建筑；健康食物
为伦敦人提供所需的住房	可支付、可负担；混合包容社区；提供场地；鼓励扩建
发展良好的经济	挖掘城市地区潜力；经济多元化；足够的就业空间；高质量的物质基础；引领创新、研究、政策、理念；支持遗产
提高效率和适应力	能源效率、建筑和基础设施弹性、安全环境、多方合作

来源：作者梳理，资料来自"The London Plan 2021"

1.6 城市规模 City Size

总述 General Statement

城市规模体现了城市地域空间内聚集的物质与要素在数量上的差异及层次性，很大程度上代表了城市的等级、地位、水平，支配城市的职能、布局、结构、区域影响等特征。城市规模主要包括城市人口、用地等相互关联的有机组成部分[1]，又以人口规模为焦点内容，它决定了城市用地规模和各种基础设施建设规模，是经济社会发展的基础[2]。随着社会发展的进步，城市规模的决定因素也在改变，农耕时代主要取决于耕地可以养活多少人以及交通手段；产业革命后，生产力成为衡量城市规模的新指标，蒸汽机车大幅提升移动距离，产业带来了人口集聚和大规模土地利用；现代社会，城市的质量取决于其中的城市基础设施和公共服务的质与量，经济性成为重要标准，随着环保意识的普及，也出现了从环境负荷角度考察城市适当规模的观点。[3] 本节主要对比北京和伦敦的城市规模理念、人口规模和用地规模。

相同点

- 城市规模理念：北京和伦敦都具有集约高效的理念。
- 人口规模：北京和伦敦都是首都、超大城市，有很强的吸引力，均面临老龄化的问题。
- 用地规模：北京和伦敦均限制建设用地扩张，北京更进一步提出了减少城乡建设用地规模的目标。

不同点

- 城市规模理念：北京实行人口规模、用地规模双控，伦敦仅控制用地规模。
- 人口规模：北京历版城市总体规划均提出控制人口规模的要求，在《北京城市总体规划（2016年—2035年）》中尤其严格；伦敦城市总体规划预测但不控制人口规模，通过政策为新增人口配置充足资源。北京比伦敦人口总量多、密度低、增速高、分布更不均衡、老龄化率相近、总抚养比低。
- 用地规模：北京（2018年）的市域面积、城市建设用地（伦敦建成区）面积分别为伦敦（2015年）的10倍和1.2倍。

借鉴性

- 城市规模理念：坚持减量发展、紧凑城市的建设。
- 人口规模：按照人口自然变动，北京的老龄化率将快速增长，因此北京在控制人口规模的同时，应关注人口结构及其变化趋势，以很好地支撑未来城市发展。
- 用地规模：限定城市开发边界和城乡建设用地总量的同时，充分挖掘和利用存量建设用地，以政策推动土地高效混合开发、探索"棕地"再利用路径、划定具有高发展潜力的机遇区等。

图1.6.1 北京城市鸟瞰
来源：王宇

①刘玲玲，周天勇．对城市规模理论的再认识[J]．经济经纬，2006（1）．
②陈义勇，刘涛．北京城市总体规划中人口规模预测的反思与启示[J]．规划师，2015（10）．
③兜森崇志，奥冈桂次郎，白川博章，谷川寬樹．環境と経済からみた最適都市規模に関する研究[J]．土木学会中部支部研究，2011（3）．

City size reflects the difference and level in the quantity of material and elements gathered in the urban regional space, representing the grade, status and level of the city as well as the function, the layout, the structure, regional influence and other characteristics governing the city to a large extent. City size mainly contains the city population, the land and other interrelated organic components[1], of which population size is the focus, determining the city land size and various infrastructure construction sizes as the basis of economic and social development[2]. As the society develops and progresses, the determining factor of city size changes. In agrarian age, city size mainly depended on how many people could be fed on the arable land and the means of transportation, while productivity became the new indicator to measure city size with steam locomotives greatly increasing the travelling distance and industries bringing population agglomeration and land use in large size after the industrial revolution. In modern society, the quality of the city depends on urban infrastructure and the quality and quantity of the public service and economy becomes an important standard. The concept of investigating the proper city size from the perspective of environmental load also occurs with the popularization of environmental awareness. [3] In the section, concept of city sizes, population size and land size of Beijing and London were mainly compared.

Similarities
• Concept of city size: Both Beijing and London possess a concept of intensive efficiency.
• Population size: Both Beijing and London are capital cities, and megacities with strong attractions. However, both of them are facing a problem of aging population.
• Land size: Both Beijing and London limit the expansion of construction land, and Beijing further brings up the goal of reducing the size of urban and rural construction land.

Differences
• Concept of city size: Beijing controls the population size and land size, while London only controls the land size.
• Population size: Requirements of controlling the population size mentioned in previous versions of City Master Plan of Beijing are especially strict in the *City Master Plan of Beijing (2016—2035)*. However, the City Master Plan of London only includes the prediction rather than control of the population size, and adequate resources will be allocated to those new population through policies. The total population of Beijing is greater than that of London, with a lower density, high growth rate, more unbalanced distribution, similar aging rate and lower total dependency ratio.
• Land size: The city area and urban construction land (built-up area of London) of Beijing (in 2018) are respectively 10 times and 1.2 times larger than that of London.

References
• Concept of city size: Adhere to the development of reduction, and compact urban construction.
• Population size: According to the natural population change, the aging rate of Beijing will grow rapidly. Therefore, Beijing should focus on the population structure and change tendency while controlling the population size, in order to better support the future urban development.
• Land size: While limiting the boundary of urban development and total quantity of urban and rural construction land, it is needed to fully exploit and utilize the stock of construction land, promote the efficient and mixed development of land through policies, explore the recycling path of brownfield, and delimit opportunity areas with high development potential, etc.

图1-6 伦敦城市鸟瞰

城市规模理念 Concept of City Size

北京在新版城市总体规划中首次提出减量发展思路，这是一项重大的改革，扭转过去增量发展模式，着力关注高质量增长。由过去单纯控制人口规模（大多时候在城市总体规划的规划期1/3左右时间达到上限），转变为以功能疏解人口，以环境资源承载力判定规模是否适当，通过人口、建设用地规模双控，倒逼发展方式转型，破解"大城市病"难题，率先探索人口、经济密集地区优化开发的新模式。

- 1983年《北京城市建设总体规划方案》，提出严格控制城市人口规模，规划到2000年人口规模上限为1000万人，实际1986年达到上限。
- 1993年《北京城市总体规划（1991年—2010年）》，提出严格控制市区人口规模，规划到2010年人口规模上限为1250万人，实际1996年达到上限。
- 2005年《北京城市总体规划（2004年—2020年）》，提出总量控制、积极引导、合理分布，规划到2020年人口规模上限为1800万人，实际2010年达到上限。
- 2017年《北京城市总体规划（2016年—2035年）》，提出以资源环境承载能力为硬约束，划定城市开发边界，结合生态控制线，将16410km² 的市域空间划分为集中建设区、限制建设区和生态控制区，实现两线三区（图1-6-3）的全域空间管制，遏制城市"摊大饼"式发展。

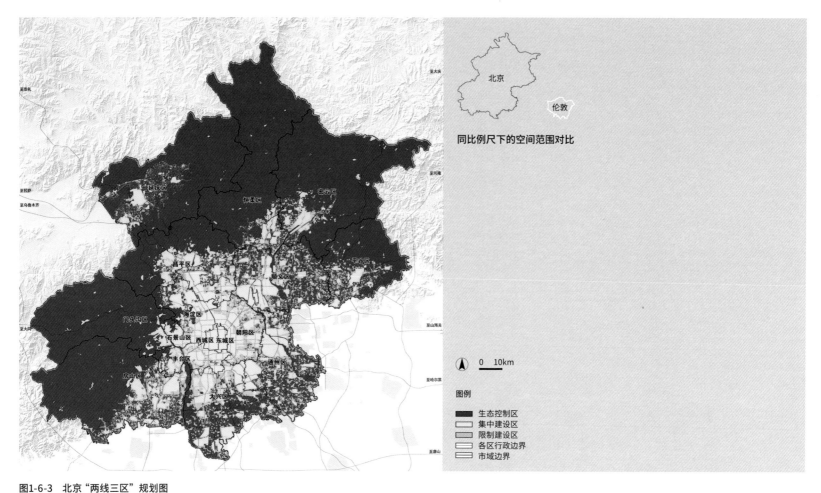

图1-6-3　北京"两线三区"规划图
来源：《北京城市总体规划（2016年—2035年）》；同比例尺下的空间范围对比图边界来自北京市行政区域界线基础地理底图（全市）；外文文献原图《伦敦规划2021》（The London Plan 2021）

伦敦一直坚持紧凑城市理念，限制土地蔓延、控制用地规模，同时鼓励高密度开发、土地混合使用和以公共交通为导向[①]。

- 1938年《绿带法案》，限制向伦敦以外扩张，城市有了明显边界（图1-6-4）。
- 1992年以后，紧凑城市成为英国规划白皮书的主要指导原则。
- 实施严格的绿化隔离带政策之后，城市内土地稀缺，因此，布莱尔内阁松绑旧工业区变更法令，推动"棕地"再利用、提高建设密度和土地兼容使用。

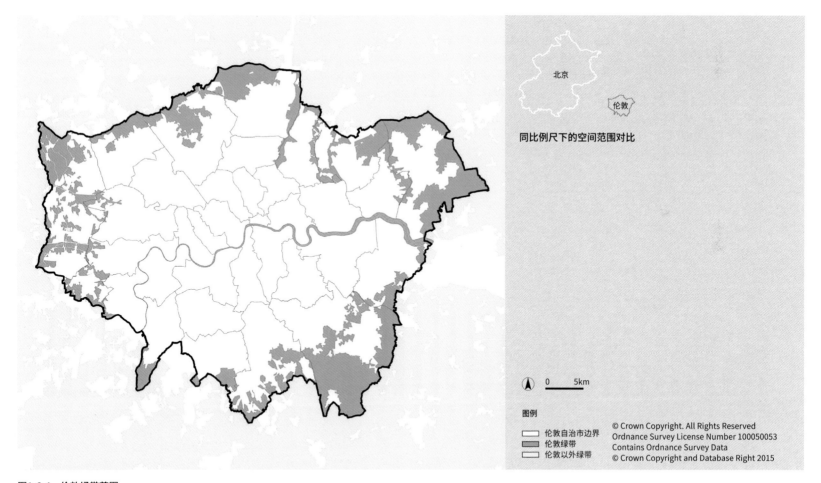

图1-6-4 伦敦绿带范围
来源：外文文献原图CPRE. London's Green Belt: A Place for Londoners [EB/OL]. London First website，2014；同比例尺下的空间范围对比图边界来自北京市行政区域界线基础地理底图（全市）；外文文献原图《伦敦规划2021》（The London Plan 2021）

[①]戴雄赐. 英国紧凑城市政策历程回顾与近期展望[J]. 世界建筑，2016（3）.

人口规模 Population Size

《北京城市总体规划（2016年—2035年）》提出"严格控制人口规模，优化人口分布"，2020年以后长期稳定在2300万人以内这一水平。从现状看，北京人口分布不均衡，从中心向外围三个圈层的人口密度，迅速递减，已进入老龄化社会。

- 人口总量：2020年常住人口2189.3万人。
- 人口增速：1979—2020年，人口基本保持正向增长；以2010年为转折点，增速开始放缓；2016年开始人口出现负增长，人口规模控制初见成效（图1-6-5、图1-6-7）。
- 人口密度：2020年为1334人/km^2。
- 人口分布：2020年，北京首都功能核心区、中心城区（不含首都功能核心区）、其他地区的人口密度分别为19621人/km^2、7974人/km^2、725人/km^2，从中心向外围按圈层快速递减（图1-6-6）；《北京城市总体规划（2016年—2035年）》提出人口密度城六区降、城六区以外的平原地区有增有减、山区稳定的要求，促进均衡分布。
- 人口结构：2020年，0~14岁、15~64岁、65岁及以上人口占比分别为11.9%、68.5%、13.3%，老龄化率13.3%，已进入老龄化社会；总抚养比37，低于伦敦。[①]

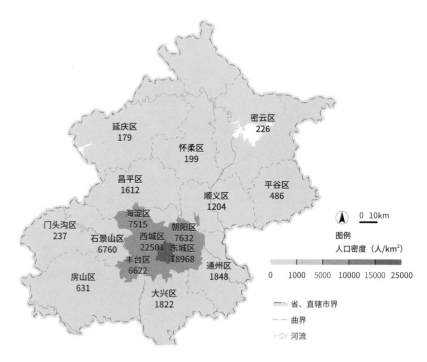

图1-6-6　2019年北京人口密度分布
来源：数据来自《北京区域统计年鉴2020》，底图来自北京市行政区域界线基础地理底图（全市）

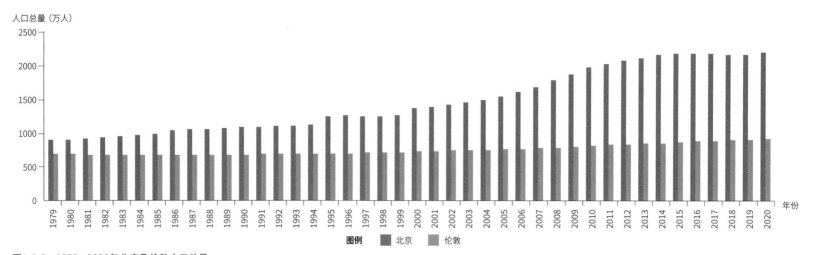

图1-6-5　1979—2020年北京及伦敦人口总量
来源：作者绘制，数据来自《北京市第七次全国人口普查主要数据情况》《北京统计年鉴2020》；伦敦数据服务网站．https://www.ukdataservice.ac.uk

---

①本页数据来自
北京市统计局．北京市第七次全国人口普查主要数据情况[R]．（2021-05-19）[2020-10-10]．
北京市统计局，国家统计局北京调查总队编．北京统计年鉴2020[M]．北京：中国统计出版社，2021.

《伦敦规划2021》不限定人口规模，而是预测人口规模，从规划角度为未来新增的人口配置合适的资源，预计2041年伦敦将增长到1080万人。从现状看，伦敦的人口分布较均衡，老龄化率与北京相当，已进入老龄化社会，总抚养显著高于北京。

- 人口总量：2020年人口总量912.1万人。
- 人口增速：1979—2020年，人口增长趋势较为平稳，增长率介于–1%~2%（图1-6-5、图1-6-7）。
- 人口密度：2020年为5802人/km²。
- 人口分布：2010年，伦敦中央活力区、内伦敦地区（不含伦敦中央活力区）、外伦敦地区的人口密度分别为8010人/km²、10160人/km²、3961人/km²，从中心向外围按圈层递减特征明显，但各圈层间的人口密度差距较小（图1-6-8）。
- 人口结构：2017年，0~14岁、15~64岁、65岁及以上人口占比分别为19.6%、68.6%和11.7%，老龄化率11.7%，已进入老龄化社会；总抚养比为46，高于北京。[①]

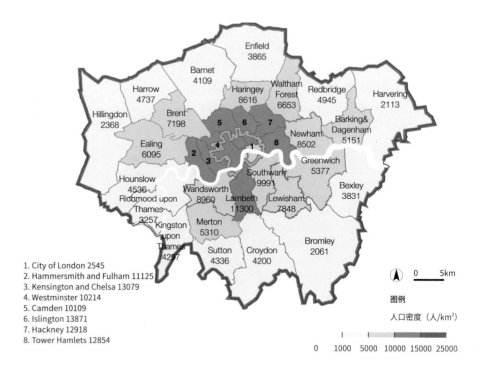

1. City of London 2545
2. Hammersmith and Fulham 11125
3. Kensington and Chelsea 13079
4. Westminster 10214
5. Camden 10109
6. Islington 13871
7. Hackney 12918
8. Tower Hamlets 12854

图例
人口密度（人/km²）

0 1000 5000 10000 15000 25000

图1-6-8　2010年伦敦人口密度分布
来源：数据来自London 2011 Census（伦敦2011年人口普查数据），底图来自外文文献原图《伦敦规划2021》（The London Plan 2021）

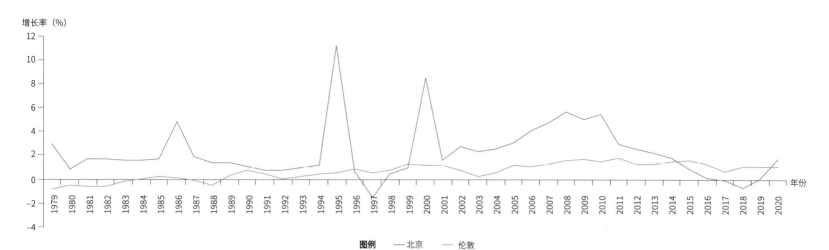

图1-6-7　1979—2020年北京及伦敦人口增长率
来源：作者绘制，数据来自伦敦数据服务网站. https://www.ukdataservice.ac.uk

①本页伦敦数据来自伦敦数据服务网站. https://www.ukdataservice.ac.uk.

用地规模　Land Size

《北京城市总体规划（2016年—2035年）》提
出了"实现城乡建设用地规模减量"的要求。

- 城市规模：市域面积为16410km²（用地
  类型构成见图1-6-9），是伦敦的10倍。其
  中，中心城区为1378km²，占市域面积的
  8.4%，首都功能核心区为92.5km²，占市域
  面积的0.6%。

- 城市建设用地面积：2018年为1471.8km²
  （用地类型构成见图1-6-10）[①]，占市域面积
  的9.0%。

- 城乡建设用地：2005年为2396km²，2015年
  为2921km²，[①]2019年为2881km²，占市域面
  积的17.6%，规划到2020年减少为2860km²
  左右（北京市暂未公布实际数据），到2035
  年减少到2760km²左右[②]。

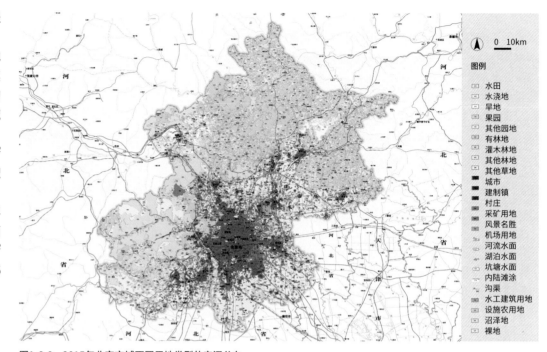

图1-6-9　2015年北京市域不同用地类型的空间分布
来源：国土资源部．第二次全国土地调查缩编数据成果．北京市土地利用图．土地调查成果共享应用服务平台．http://tddc.mnr.gov.cn/to_
Login [EB/OL]．2015

面积占比（%）

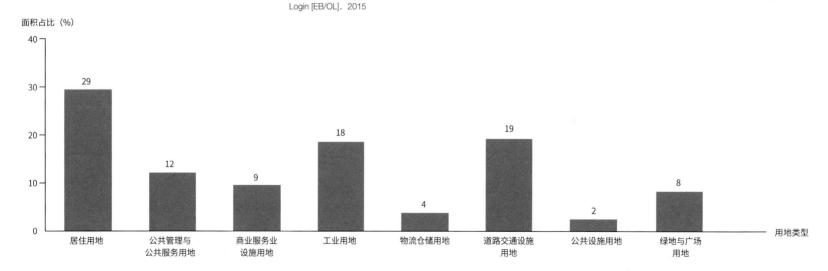

图1-6-10　2018年北京城市建设用地类型构成
来源：作者绘制，数据来自《2019年城乡建设统计年鉴》

①住房和城乡建设部．2019年城乡建设统计年鉴[R]．（2020-12-31）[2020-10-10]．
②中国共产党北京市委员会，北京市人民政府．北京城市总体规划（2016年—2035年）[R/OL]．（2017-09-29）[2020-10-10]．

《伦敦规划2021》注重全面、充分、有效利用土地，包括优先发展机遇区、加强土地使用的潜力、了解现有场地的价值作为增长的催化剂、保护开放空间、规划良好的绿色交通、基础设施资产用于多种用途等。

- 城市规模：伦敦市域面积为1572km²，内伦敦地区为319km²，占市域面积的20.3%，伦敦中央活力区为34km²，占市域面积的2.2%。
- 建成区面积：2004年《伦敦规划》提出建成区不再扩大的重要原则；2015年建成区面积为1179km²（用地类型构成见图1-6-12），占市域面积的75%（图1-6-11）。

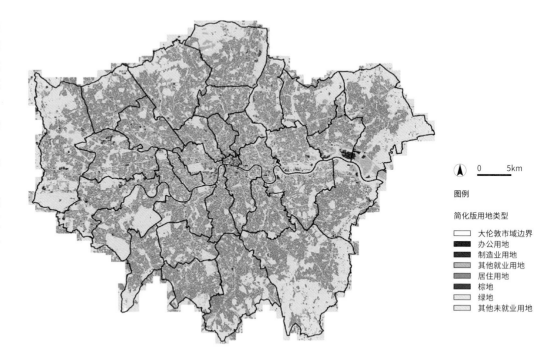

图例

简化版用地类型

☐ 大伦敦市域边界
■ 办公用地
■ 制造业用地
▨ 其他就业用地
▨ 居住用地
■ 棕地
☐ 绿地
☐ 其他未就业用地

图1-6-11　2015年伦敦市域不同用地类型的空间分布
来源：外文文献原图The GeoInformation Group, UK Map 2015

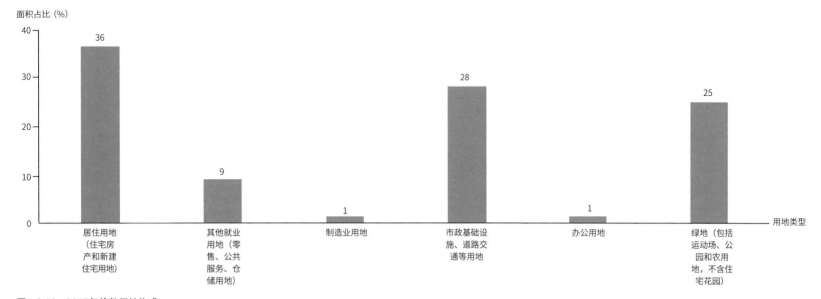

面积占比（%）

图1-6-12　2015年伦敦用地构成
来源：作者梳理，数据来自"Statista.Distribution of land in London,United Kingdom in 2015"
注："市政基础设施、道路交通等用地"包括铁路基础设施、道路、隧道、废物处理、电力和燃气变电站、墓地和其他。

注：本页所称"建成区"由伦敦的"居住用地，制造业用地，市政基础设施、道路交通等用地，办公用地，其他就业用地"共同构成。

1.7 空间布局 Space Layout
总述 General Statement

空间结构是城市总体规划的重点内容，通过空间结构可以清晰认识城市物质空间特征，指导规划实践，引导城市空间发展。从平衡集聚和疏解关系的角度，本节主要对比北京和伦敦的城市空间结构现状和空间结构规划。

相同点
- 空间结构现状：北京和伦敦均聚焦于解决疏解和集聚的关系来打造城市空间结构。
- 空间结构规划：北京和伦敦均已进入存量增长阶段，在现有的建成区内承载未来的发展。

不同点
- 空间结构现状：北京沿用土地用途分区，单中心集聚和圈层蔓延问题并存；伦敦已废除土地用途分区，更强调功能混合，形成了功能混合的多中心分散空间结构。
- 空间结构规划：北京构建了全域的城市空间结构，分区特征明显；伦敦不再进行地理分区，为规划期内可预见的有重大发展的区域提供政策框架，针对性给出支持政策。

借鉴性
- 空间结构规划：《北京城市总体规划（2016年—2035年）》着力扭转单中心集聚的现状，建议在存量规划模式下，一方面，从发展角度，划定有发展潜力的区域，解决发展问题；另一方面，从公平角度，划定战略复兴区域，促进区域均衡发展。

图1-7-1　北京城市鸟瞰
京影　王宇　摄

Space structure is the key content of City Master Plan through which it is possible to clearly understand characteristics of urban physical space, guide planning practice and lead the urban space development. From the perspective of balanced agglomeration and decentralization, this section mainly focuses on comparing the current status of urban space structure and pace structure planning of Beijing with that of London.

Similarities
- Current status of space structure: Both Beijing and London focus on solving the relationship between decentralization and agglomeration in order to build urban space structures.
- Space structure planning: Both Beijing and London have stepped into a phase of stock growth, carrying future development within existing built-up areas.

Differences
- Current status of space structure: Beijing continues the land use zoning with the problem of single-center agglomeration and circle spreading coexisting. While London has abolished the land use zoning, and stresses on the mix of functions, forming a multi-center decentralized space structure with mixed functions.
- Space structure planning: Beijing has built an overall urban space structure with obvious zoning characteristics. While London has no longer adopted geographic zoning, in order to provide policy framework and supportive policies accordingly for areas with foreseeable significant development in planning period.

References
- Space structure planning: *City Master Plan of Beijing (2016—2035)* focuses on reversing the current status of single-center agglomeration. Under the mode of stock planning, it is suggested that from the prospect of development, areas with development potential should be delimited to solve development problems. Meanwhile, from the prospective of fairness, strategic revival areas should be delimited to promote balanced development among areas.

图片4-2　伦敦城市鸟瞰
来源：壹嘉绘制整理

现状空间结构　Current Space Structure

北京历版城市总体规划都围绕解决集聚与疏解的关系来调整城市空间结构，从1958年城市总体规划开始，一直坚持"分散集团式"的城市空间结构（图1-7-3），来防止城市圈层式蔓延发展。但现状来看，单中心集聚和圈层蔓延问题并存[1]。

- 北京市在1954、1958、1973、1983、2004版城市总体规划中分别提出了依托旧城[2]向四郊发展、卫星镇、新城来疏解中心城区的功能，从而改变单中心发展的现状。

- 1958版城市总体规划奠定了北京"分散集团式"的城市空间结构；1973、1982、2004版城市总体规划继续和强化了这种模式；2004版城市总体规划通过两条绿化隔离带形成了"中心城区+边缘集团+新城"的城市空间结构形式。

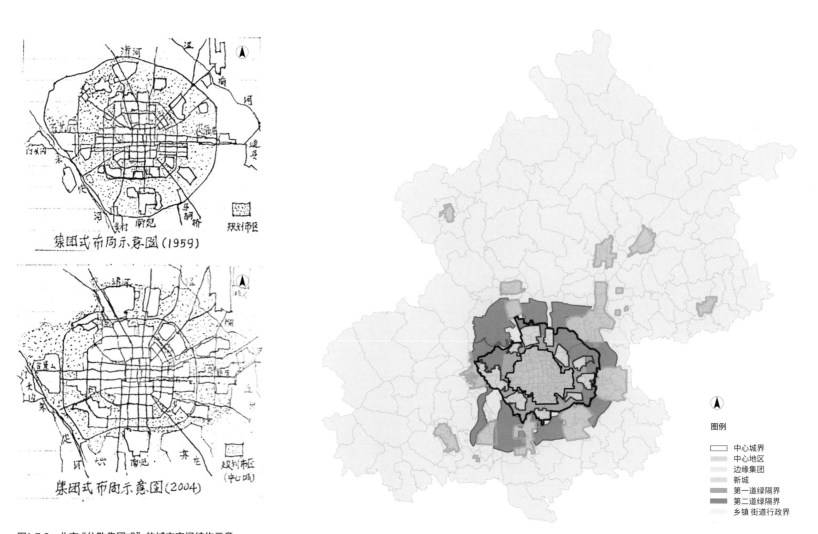

图1-7-3　北京"分散集团式"的城市空间结构示意
来源：左图《首都城市规划事业60年纪事1949—2009》；右图杨明，周乐，张朝晖，廖正昕. 新阶段北京城市空间布局的战略思考[J]. 城市规划，2017,41（11）：23-32.

---

①杨明，周乐，张朝晖，廖正昕. 新阶段北京城市空间布局的战略思考[J]. 城市规划，2017, 41（11）.
②从《北京城市总体规划（2016年—2035年）》开始，不再沿用"旧城"的说法，改用"老城"，体现对城市历史积淀的尊重。

伦敦围绕疏解或者集聚功能，经历了空间结构的反复，从不成功的疏解转向推行内城复兴，目前形成了功能混合的多中心分散空间结构。

- 20世纪50年代，伦敦为解决内城突出的"大城市病"问题，采用了通过卫星城疏散功能的方式，却导致了内城衰退。

- 1978年，大伦敦政府通过《内城法》，开始大规模内城援助计划，内城重新复兴，但由于绿带限制了城市的开发边界，城市向外扩张不再可能，因此伦敦开始鼓励棕地再利用和土地集约化利用，这类区域大部分是位于市中心东部的老工业区。

- 20世纪70年代和80年代，伦敦的增长是向西朝着希思罗机场的方向发展的。而最近，其增长向东延伸到了伦敦码头和泰晤士河谷，金丝雀码头和伦敦奥运会等大型项目推动了这种东向发展。因此，伦敦不再是只有一个核心区——伦敦金融商业区和伦敦西区，它有了多个中心。金丝雀码头和斯特拉特福德现在是重要的新商业中心，其影响正向外辐射到周边地区。这股力量正推动着伦敦新城区的形成（图1-7-4）。

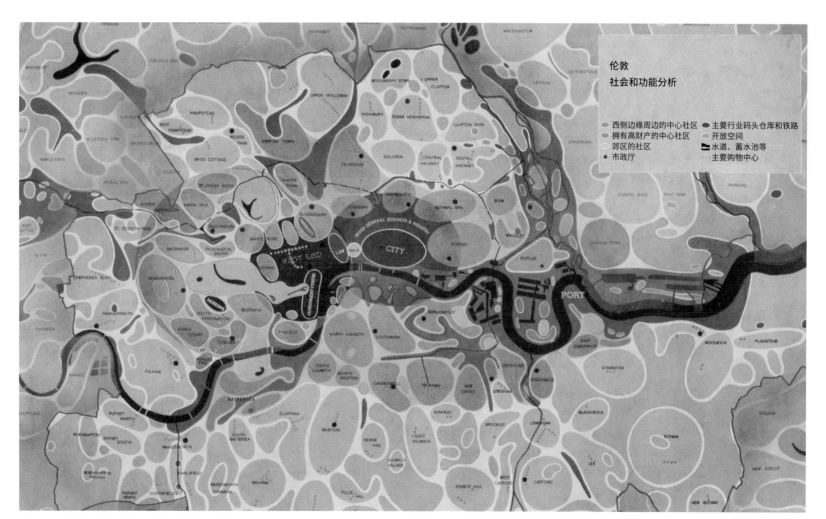

图1-7-4 "阿伯克龙比计划"提出的伦敦城市空间结构
来源：外文文献原图《伦敦郡计划1943》（The County of London Plan 1943）

规划空间结构　Planning Space Structure

《北京城市总体规划（2016年—2035年）》提出，在北京市域范围内形成"一核一主一副、两轴多点一区"的城市空间结构（图1-7-5），着力改变单中心集聚的发展模式，突出首都功能、疏解导向和生态建设①。

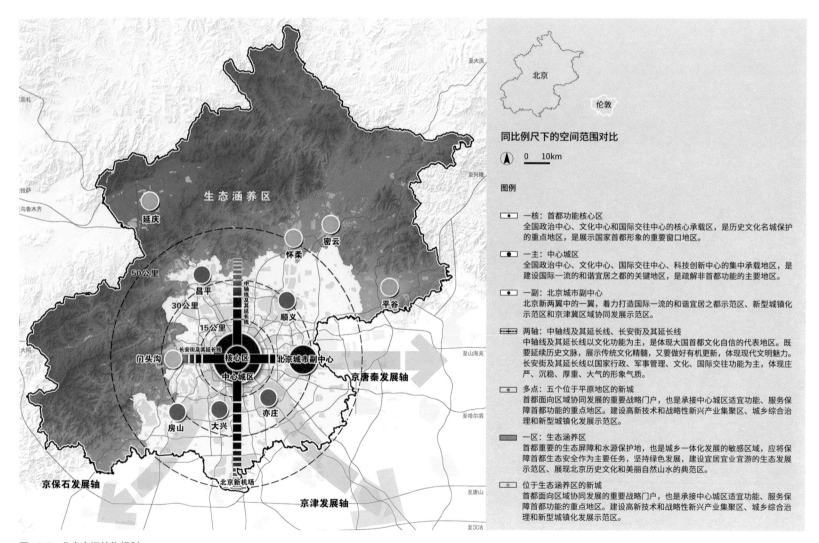

同比例尺下的空间范围对比

0　10km

图例

一核：首都功能核心区
全国政治中心、文化中心和国际交往中心的核心承载区，是历史文化名城保护的重点地区，是展示国家首都形象的重要窗口地区。

一主：中心城区
全国政治中心、文化中心、国际交往中心、科技创新中心的集中承载地区，是建设国际一流的和谐宜居之都的关键地区，是疏解非首都功能的主要地区。

一副：北京城市副中心
北京新两翼中的一翼，着力打造国际一流的和谐宜居之都示范区、新型城镇化示范区和京津冀区域协同发展示范区。

两轴：中轴线及其延长线、长安街及其延长线
中轴线及其延长线以文化功能为主，是体现大国首都文化自信的代表地区。既要延续历史文脉，展示传统文化精髓，又要做好有机更新，体现现代文明魅力。长安街及其延长线以国家行政、军事管理、文化、国际交往功能为主，体现庄严、沉稳、厚重、大气的形象气质。

多点：五个位于平原地区的新城
首都面向区域协同发展的重要战略门户，也是承接中心城区适宜功能、服务保障首都功能的重点地区。建设高新技术和战略性新兴产业集聚区、城乡综合治理和新型城镇化发展示范区。

一区：生态涵养区
首都重要的生态屏障和水源保护地，也是城乡一体化发展的敏感区域，应将保障首都生态安全作为主要任务，坚持绿色发展，建设宜居宜业宜游的生态发展示范区、展现北京历史文化和美丽自然山水的典范区。

位于生态涵养区的新城
首都面向区域协同发展的重要战略门户，也是承接中心城区适宜功能、服务保障首都功能的重点地区。建设高新技术和战略性新兴产业集聚区、城乡综合治理和新型城镇化发展示范区。

图1-7-5　北京空间结构规划
来源：《北京城市总体规划（2016年—2035年）》；同比例尺下的空间范围对比图边界来自北京市行政区域界线基础地理底图（全市）；外文文献原图《伦敦规划2021》（The London Plan 2021）

①杨明，周乐，张朝晖，廖正昕. 新阶段北京城市空间布局的战略思考[J]. 城市规划，2017，41（11）.

2004年《伦敦规划》提出建成区不再扩大的原则,至此,伦敦的空间格局基本已定。《伦敦规划2021》主要挖掘城市已有空间的发展潜力,为规划期内可预见的有重大发展的区域提供政策框架(图1-7-6)。将着重支持如下三类区域的发展:

- 一是从增长角度,支持机遇区和增长走廊。其中,机遇区可为伦敦提供大量的就业与住宅空间,要求其至少提供5000个工作岗位或2500个住宅。增长走廊与伦敦的边界相连,有利于促进与伦敦以外的东南区域的合作。
- 二是从公平角度,支持城市战略复兴区域。即属于英格兰20%最贫困地区范围内的区域,解决发展的空间不平等问题。
- 三是从基础设施角度,支持基础设施尤其交通基础设施,引导开发。例如正在新建的横贯铁路2号线,连接起伦敦一些主要的增长点,支持沿线机遇区的开发。

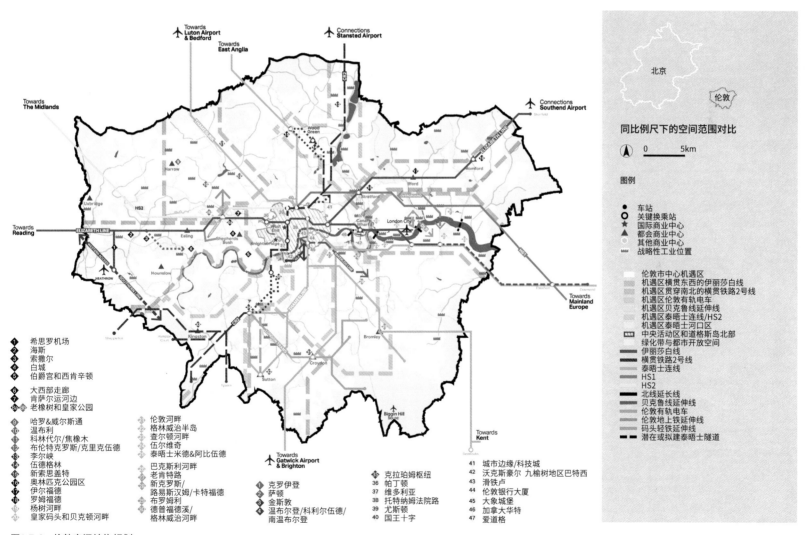

图1-7-6 伦敦空间结构规划
来源:外文文献原图《大伦敦规划》(The London Plan 2021);同比例尺下的空间范围对比边界来自北京市行政区域界线基础地理底图(全市);外文文献原图《伦敦规划2021》(The London Plan 2021)

1.8 经济发展 Economic Development

总述 General Statement

经济发展是城市功能赖以发挥作用的重要物质基础。北京和伦敦都是具有全球经济影响力的城市（根据日本森纪念基金会发布的《全球城市综合实力排名2020》，北京和伦敦的经济影响力排名分别为第3、第2），北京强调发展适合首都特色的经济，伦敦将经济作为最重要的战略功能之一，致力于继续保持世界商业和贸易中心的地位。本节主要对比北京和伦敦的主要经济指标、产业结构、产业空间布局。

相同点

- 产业结构：北京和伦敦的产业集聚度都较高，产值前五的行业占地区生产总值比重的60%左右，包含金融、科技、信息、批发零售业。

不同点

- 主要经济指标：北京经济总量低、增速高、效率低。经济总量方面，2019年北京地区生产总值是伦敦的0.8倍；经济增速方面，2000—2019年北京地区生产总值的年均增长率是伦敦的2.8倍；经济效率方面，2019年北京全员劳动生产率为伦敦（2018年）的0.4倍，地均生产总值为伦敦的0.2倍。
- 产业结构：产值占比前五的行业构成不同，北京有、伦敦无的产业为制造业，北京无、伦敦有的产业为房地产业。支柱产业不同，北京为金融业（2017年产值占比16.6%），伦敦为房地产业（2016年产值占比16.0%）。
- 产业空间布局：北京现状布局较为分散，同质化竞争现象较为严重。伦敦现状呈现多中心分散布局特征，形成了不同功能的产业集群，差异化较大。

借鉴性

- 产业结构：大力发展高端的、对未来经济有重要影响的产业领域，促进经济结构调整，例如伦敦未来重点发展智慧城市产业、文化和创意产业、金融和商务服务业、生命科学产业、清洁科技产业、科技和数字产业、旅游业等七大产业；实施积极的经济支持政策，如保护战略工业用地、投资新的交通、鼓励经济多样化、提供多元办公空间、改善营商环境等，来提高生产效率与经济整体竞争力；继续保持优势产业的高集聚度，发展适当比例的制造业。
- 产业空间布局：发展重点功能区的过程中，注重提升在此工作和居住的吸引力。工作上，提供与就业人口匹配的不同层次、数量、区位的，价格合理、品质良好的办公空间；居住上，建设强大的社区，提供健康的舒适环境、高质量可负担的住房、合适的基础设施。

图1-8-1 北京金融街
来源：锐景全景

Economic development is an important material basis on which urban functions depend to play their roles. Both Beijing and London are cities with global economic influence (according to the *Global Urban Comprehensive Strength Ranking 2020* issued by Mori Memorial Foundation, the economic influence of Beijing and London respectively ranks at 3 and 2). Beijing stresses to develop economy applicable to capital characteristics, while London takes economy as one of the most important strategic functions and is devoted to maintain the position of the center of world commerce and trade. This section mainly focuses on comparing major economic indicators, industrial structures and industrial space layout.

Similarities
• Industrial structure: Both Beijing and London have a high industrial agglomeration. The top five industries, including finance, technology, information, wholesale and retail, account for about 60% of the regional GDP in total.

Differences
• Major economic indicator: The total economy output of Beijing is low, with a high growth speed, and low efficiency. Form the prospective of total economy output, GDP of Beijing is 0.8 times larger than that of London in 2019. From the prospective of economic growth speed, the annual GDP growth rate of Beijing is 2.8 times larger than that of London from 2000 to 2019. From the prospective of economic efficiency, the labor productivity of Beijing in 2019 is 0.4 times larger than that of London (in 2018), and the GDP of Beijing is 0.2 times larger than that of London.
• Industrial structure: Firstly, industries with an output ranking at top 5 are different. Manufacturing is the industry with an output ranking at top 5 in Beijing rather than London, while real estate is the industry with an output ranking at top 5 in London rather than Beijing. Secondly, supportive industries are different. In Beijing the financial industry (with an output accounting for 16.6% in 2017) is the supportive industry, while in London it is the real estate (with an output accounting for 16.0% in 2016).
• Industrial space layout: The current layout of Beijing is decentralized, and the homogeneous competition phenomenon is more serious. While the current layout of London shows characteristics of multi-center decentralized layout, forming industrial clusters with different functions and great differentiation.

References
• Industrial structure: It is needed to strive to develop high-end industries and fields that will have significant effect on the future economy and promote economic structure adjustment. Take London for example, the key point of the future development in London lies in the following seven industries, which are smart city industry, cultural and creative industry, financial and business service industry, life science industry, cleaning technology industry, technology and digital industry and tourism industry; positive policies have been implemented in London to support the economy, such as protection of strategic industrial land, investment on new traffic, encouragement on diversity of economy, provision of multiple office space, improvement of business environment etc., to improve productivity and overall competitiveness of the economy; it is important to unceasingly keep the high degree of concentration of competitive industries and develop manufacturing industry with appropriate proportion.
• Industrial spatial layout: In the process of developing key functional district, it is needed to lay emphasis on making the district more attractive to work and live in. On the aspect of working, office spaces with reasonable price and high quality that can finely match employed population in different level, quantity and locations will be provided. In terms of residence, it is necessary to build strong community that can provide healthy and comfortable environment, affordable housing with high quality and appropriate infrastructure.

图1-8-2 伦敦金融城
来源：刘晶

主要经济指标 Main Economic Indicators

北京城市战略定位之一为"国际科技创新中心"，强调发展适合首都特色的经济。根据日本森纪念基金会发布的《全球城市综合实力排名2020》[1]，北京的经济影响力排名世界第3，影响力高。与伦敦相比，北京增长率高，地区生产总值和生产效率低。

- 经济总量：2019年北京地区生产总值为35371.3亿元，占中国的3.6%[2]。
- 经济增速：2000—2019年，北京地区生产总值年平均增长率为13.3%，增长率区间为6.1%~14.4%，其中2010年及之前基本在10%以上，2011年及之后降至10%以下，2019年为6.1%（图1-8-3）。
- 生产效率：2019年北京全员劳动生产率为28.2万元/人，地均生产总值为12.3亿元/km²（分母为2019年城乡建设用地面积）。[3]

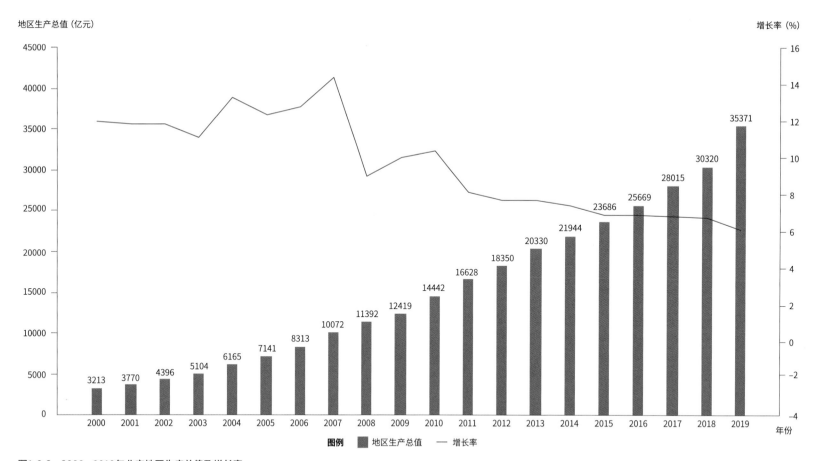

图1-8-3 2000—2019年北京地区生产总值及增长率
来源：作者绘制，数据来自《北京统计年鉴2020》

①日本森纪念基金会．城市战略研究所．全球城市综合实力排名2020（Global Power City Index—2020.GPCI）[R]．2021.
②2019年中国GDP总量986515亿元，数据来自国家统计局．国家统计局关于2019年国内生产总值（GDP）最终核实的公告[R/OL]．（2021-03-21）[2020-12-30].
③除特殊说明外，本节数据来自北京市统计局，国家统计局北京调查总队编．北京统计年鉴2020[M]．北京：中国统计出版社，2021.

伦敦的定位为科技创新引领者，继续保持世界商业和贸易之都。根据日本森纪念基金会发布的《全球城市综合实力排名2020》[①]，伦敦的经济影响力排名世界第2，影响力高。与北京相比，伦敦地区生产总值和生产效率高，增长率低。

- 经济总量：伦敦是英国经济的引擎，在国家和区域经济中占据绝对的经济优势，2019年地区生产总值为42837.5亿元（4681.7亿英镑），占英国的23.6%。
- 经济增速：2000—2019年，伦敦地区生产总值的年均增长率为4.8%，增长率区间为−2.0%~9.5%，2019年为4.4%（图1-8-4）。
- 生产效率：2018年伦敦全员劳动生产率为68.7万元/人（7.9万英镑/人），2019年地均产值52.2亿元/km^2（分母为2005年建成区面积）。[②]

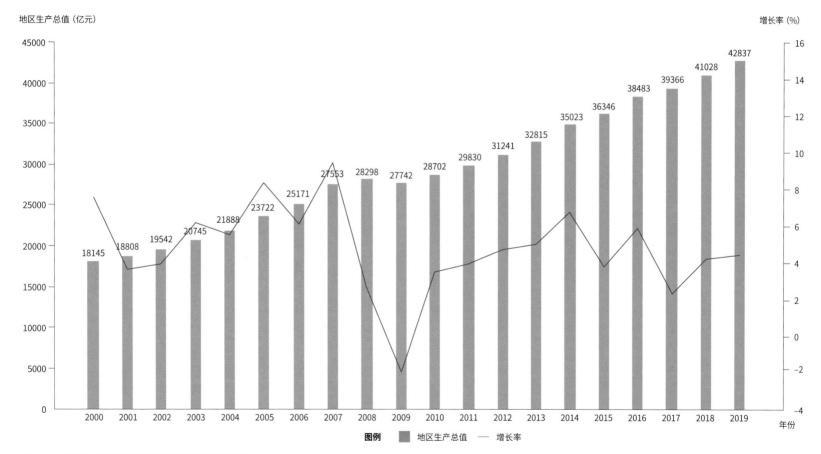

图1-8-4　2000—2019年伦敦地区生产总值及增长率
来源：作者绘制，数据来自英国国家统计局. https://www.ons.gov.uk

①日本森纪念基金会. 城市战略研究所. 全球城市综合实力排名2020（Global Power City Index—2020）（GPCI）[R]. 2021.
②本节数据来自英国国家统计局（Office for National Statistics）.https://www.ons.gov.uk.

产业结构 Industrial Structure

2019年，北京第三产业占比已经达到83.5%。面向未来，关注产业结构转型升级，构建高精尖经济结构。

- 现状主导产业：2017年，北京产值前五的行业分别为金融业，制造业，信息传输、软件和信息技术服务业，科学研究和技术服务业，批发和零售业，产值合计占地区生产总值的59%（表1-8-1、图1-8-5），其中制造业占比为11.8%，明显高于伦敦。
- 规划要点：《北京城市总体规划（2016年—2035年）》提出突出高端引领，优化提升现代服务业，促进金融、科技、文化创意、信息、商务服务等现代服务业创新发展和高端发展，以及集成电路、新能源等高技术产业和新兴产业；腾笼换鸟，推动传统产业转型升级。

2017年北京地区生产总值占比前五的行业　　　　　　　　　　　　　　　　　　　　　　　表1-8-1

行业	金融业	制造业	信息传输、软件和信息技术服务业	科学研究和技术服务业	批发和零售业	合计
产值占比（%）	16.6	11.8	11.5	10.2	8.9	59.0

来源：作者梳理，数据来自《北京统计年鉴2020》

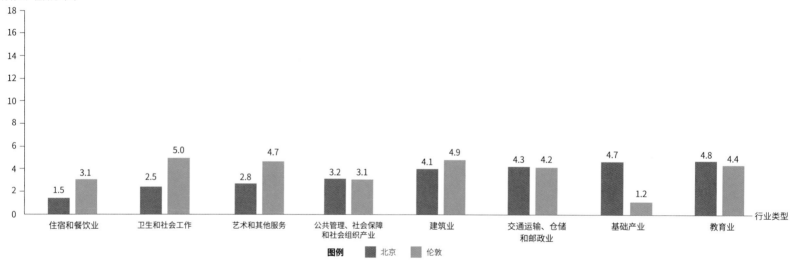

图1-8-5　2017年北京与2016年伦敦分行业产值占比
来源：作者绘制，北京数据来自《北京统计年鉴2018》；伦敦数据来自GLA ECONOMICS.Regional,Sub-regional and Local Gross Value Added Estimates for London,1997—2016[R]．2018.
注：两个城市行业分类方式不同，将相近行业数值进行比较得到上图，两个城市行业对应关系如下：

图中的行业分类	住宿和餐饮业	卫生和社会工作	艺术和其他服务业		公共管理、社会保障和社会组织产业	建筑业	交通运输、仓储和邮政业	基础性产业			
对应北京的行业分类	住宿和餐饮业	卫生和社会工作	居民服务、修理和其他服务业	文化、体育和娱乐业	公共管理、社会保障和社会组织	建筑业	交通运输、仓储和邮政业	农、林、牧、渔业	采矿业	电力、热力、燃气及水生产和供应业	水利、环境和公共设施管理业
对应伦敦的行业分类	住宿和餐饮业	健康和社会服务业	艺术和其他服务业		公共行政和国防，社会保障业	建筑业	运输和仓储业	基础性产业			

2016年，伦敦第三产业占比高达91.7%。面向未来，关注对未来经济发展至关重要的行业。

- 现状主导产业：2016年，伦敦产值前五的行业分别为房地产业，金融和保险业，科学研究和技术服务业，信息和通信业，批发、零售和汽车修理业，产值合计占地区生产总值的61.9%（表1-8-2）。制造业占比为2.1%（图1-8-5），比英国平均水平低约8%。
- 规划要点：大伦敦市长确立了未来的七大重点产业，包括智慧城市产业、文化和创意产业、金融和商务服务业、生命科学产业、清洁科技产业、科技和数字产业、旅游业。[①]

2016年伦敦地区生产总值占比前五的行业　　　　　　　　　　　　　　　　表1-8-2

行业	房地产业	金融业	科学研究和技术服务业	信息传输、软件和信息技术服务业	批发和零售业	合计
产值占比（%）	16.0	15.1	12.6	10.3	7.9	61.9

来源：作者梳理，数据来自GLA ECONOMICS.Regional,Sub-regional and Local Gross Value Added Estimates for London,1997—2016[R]. 2018.

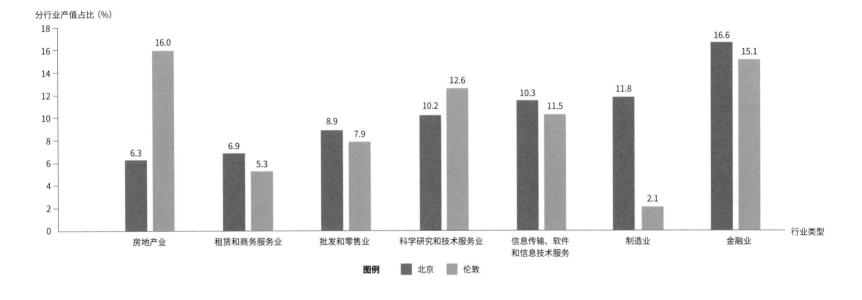

分行业产值占比（%）

续图

教育业	房地产业	租赁和商务服务业	批发和零售业	科学研究和技术服务业	信息传输、软件和信息技术服务业	制造业	金融业
教育	房地产业	租赁和商务服务业	批发和零售业	科学研究和技术服务业	信息传输、软件和信息技术服务业	制造业	金融业
教育业	房地产业	行政和支持服务业	批发、零售和汽车修理业	专业、科学和技术服务业	信息和通信业	制造业	金融和保险业

①Mayor of London. The Mayor's Economic Development Strategy for London[R]. 2018.

产业空间布局 Industrial Space Layout

北京的产业布局较为分散，同质化竞争现象较为严重。[①] 《北京城市总体规划（2016年—2035年）》提出，未来要压缩生产空间规模，提高产业用地利用效率，进一步聚焦建设"三城一区"等重点产业空间。

现状

• "十二五"期间，北京市各类产业功能区约150个，分布较为分散（图1-8-6），其中金融商务区约16个，汽车及零部件制造区10个，电子信息产业区8个，生物医药产业区14个，创意产业区30个，环保新能源、新材料产业区7个，产业功能区功能较为雷同，招商引资中存在恶性竞争。[①]

《北京城市总体规划（2016年—2035年）》规划要点

• 以中关村科学城、怀柔科学城、未来科学城、创新型产业集群和"中国制造2025"创新引领示范区等"三城一区"为主平台（图1-8-7），优化科技创新布局。

• 支持引导在京创新型总部企业发展，发展北京商务中心区、金融街、中关村西区和东区、奥林匹克中心区等发展较为成熟的功能区，北京城市副中心运河商务区和文化旅游区、新首钢高端产业综合服务区、丽泽金融商务区、南苑—大红门地区等有发展潜力的功能区，北京首都国际机场临空经济区和北京新机场临空经济区等。

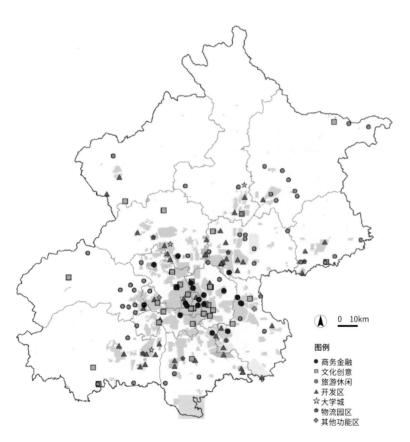

图1-8-6 北京各类产业功能区分布
来源：杨明，周乐，张朝晖，廖正昕. 新阶段北京城市空间布局的战略思考[J]. 城市规划, 2017, 41（11）.

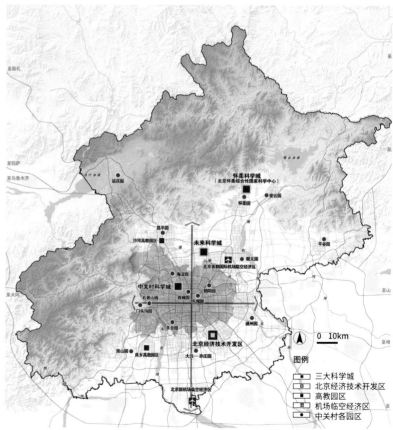

图1-8-7 北京"三城一区"空间布局
来源：《北京城市总体规划2016年—2035年》

①杨明，周乐，张朝晖，廖正昕. 新阶段北京城市空间布局的战略思考[J]. 城市规划, 2017, 41（11）.

伦敦的产业空间布局呈现多中心分散特征，形成了不同功能的产业集群。伦敦着重关注提升经济吸引力、提供充足和多样的办公空间。

现状

• 金融和专业活动集中在中心区域，制造业在泰晤士河和剑桥走廊，东部的交通和物流围绕希思罗机场、东部的泰晤士河，零售集群分布在各城镇中心，伦敦中央活力区主要是混合使用，与金丝雀码头都是伦敦经济的主要中心（图1-8-8）。

《伦敦规划2021》规划要点

• 提升经济吸引力：从以下方面提升经济吸引力，如强大的社区，促进健康的舒适环境，高质量、可负担的住房，价格合理、良好的就业空间，合适的基础设施。

• 充足供给：根据未来的就业增长情况提供足量的办公空间。

• 多样化供给办公空间：为微型、小型、中型和大型不同规模的企业，提供符合其支付能力的办公空间。例如为微型、中小型企业提供低成本空间，为具有社会价值、文化价值、服务弱势群体、创业等机构提供低于市场价格的、可负担的工作空间。

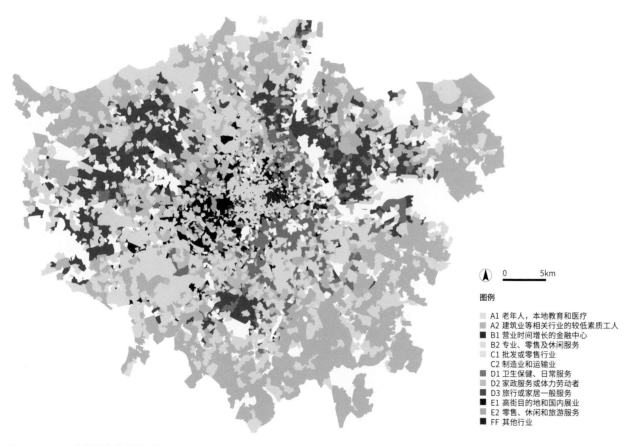

0   5km

图例
- A1 老年人，本地教育和医疗
- A2 建筑业等相关行业的较低素质工人
- B1 营业时间增长的金融中心
- B2 专业、零售及休闲服务
- C1 批发或零售行业
- C2 制造业和运输业
- D1 卫生保健、日常服务
- D2 家政服务或体力劳动者
- D3 旅行或家居一般服务
- E1 高街目的地和国内展业
- E2 零售、休闲和旅游服务
- FF 其他行业

图1-8-8 2011年伦敦产业空间布局
来源：外文文献原图London Datastore.London Workplace Zone Classification[EB/OL]. 2011.

1.9　历史文化名城保护　Conservation of Historic Cities

总述　General Statement

历史文化资源是城市长期发展积累下的成就缩影，需要从城市层面进行整体保护，平衡保护与发展的关系。本节主要对比北京和伦敦的历史文化名城保护体系。

相同点

- 历史文化资源现状：北京和伦敦都有几千年的建城史、近千年的建都史，均有丰富的历史文化资源。
- 历史文化名城保护体系：北京和伦敦均重视历史文化资源保护（伦敦尤其重视遗产保护），将其作为城市形象的"金名片""成功城市的重要组成部分"；均具有全面保护的理念。

不同点

- 历史文化名城保护体系：《北京城市总体规划（2016年—2035年）》提出了要构建全覆盖、更完善的历史文化名城保护体系，更加完整、综合、全面；伦敦遗产保护与利用的实践经验、机制建设更为丰富、成熟。

借鉴性

- 历史文化名城保护体系：进一步识别、挖掘和提升历史文化资源价值的工作路径及保护与利用结合的经验。

图1-9-1　北京白塔寺
来源：吴祖文　摄

Historical and cultural resources, which are the epitome of achievements under long-time development and accumulation, are needed to be protected at the city level. It is necessary to balance the relationship between protection and development. This section mainly compares the conservation system of historic cities of London and Beijing.

Similarities
• Current situation of famous historical and cultural cities: Both London and Beijing embrace thousands of years of building and nearly one thousand years of being the capital, being rich in historical and cultural resources.
• Conservation system of historic cities: Both Beijing and London attach great importance to the protection of historical and cultural resources (conservation of heritage has been highly emphasized in London), which is regarded as the "golden card" of the city images; both Beijing and London hold the concept of comprehensive protection.

Differences
• Conservation system of historic cities: It is proposed in *City Master Plan of Beijing (2016—2035)* that it is needed to build a complete and improved the conservation system of historic cities in a more complete, more comprehensive and more full-scaled aspect; London shows a richer and more mature practical experiences in protecting and utilizing heritage and in mechanism construction.

References
• Conservation system of historic cities: Further identifying and exploring the way to promote the value of historical and cultural resources and the experience to combine protection and utilization.

图1-9-2 伦敦圣保罗教堂
来源：何森淼 摄

历史文化名城保护体系 Conservation System of Historic Cities

北京有约三千年建城史、八百年建都史，有7处世界文化遗产等丰富的历史文化资源（表1-9-1）。《北京城市总体规划（2016年—2035年）》提出要构建全覆盖、更完善的历史文化名城保护体系，突出整体保护、保护与利用结合。

- 保护体系构成："构建四个层次、两大重点区域、三条文化带、九个方面的历史文化名城保护体系"（表1-9-2、图1-9-3）。
- 保护范围：突出整体保护，不断挖掘历史文化内涵，扩大保护对象。从保护文化要素到保护文化要素、自然要素、文化景观；从静态保护到静态、活态保护；从"由点到面保护"到增加了文化路线；从旧城（古代的历史遗存）到老城（古代、近代、现代）；除了宫殿建筑群等，还重视与市民相关的民间文化遗产的保护、非物质遗产保护。[①]
- 保护方式：强调保护中发展、发展中保护，创新利用方法与手段。
- 保护管理：完善法规机制，引导社会资本投入，激发公众参与。

北京历史文化资源概况　　　表1-9-1

类型	世界文化遗产	名镇名村及传统村落	文物保护单位		地下文物埋藏区	历史文化街区
			全国重点	市级		
数量（处）	7（中国长城、北京明清故宫、北京周口店北京人遗址、北京颐和园、北京天坛、中国明清皇家陵寝、中国大运河）	45（历史文化名镇名村中有1个镇，5个村；市级及以上历史传统村落有44个，其中国家级21个）	128	357	68	33

来源：作者梳理，资料来自北京市文物局网站

北京历史文化名城保护体系构成　　　表1-9-2

四个层次	两大重点区域	三条文化带	九个方面
老城、中心城区、市域、京津冀	老城整体保护、三山五园地区整体保护	长城文化带、大运河文化带、西山永定河文化带	世界遗产及文物、历史文化街区和特色地区、历史建筑及工业遗产、名镇名村及传统村落、风景名胜区、历史河道水系、山水格局与城址遗存、古树名木、非物质文化遗产

来源：作者梳理，资料来自《北京城市总体规划（2016年—2035年）》

图1-9-3　北京历史文化名城保护结构规划图
来源：《北京城市总体规划（2016年—2035年）》

---

①新华社记者专访故宫博物院院长单霁翔．"三山五园"与北京老城相映成[EB/OL]．新华网，2017．

伦敦有约两千年建城史、九百年建都史，有4处世界文化遗产等丰富的历史文化资源（表1-9-3）。伦敦尤其重视遗产保护，认为其具有不可替代性，是城市活力和竞争力的重要组成部分，有助于巩固伦敦世界级城市的地位。在100多年的遗产保护历程中，逐渐与国土空间规划体系融合，形成了完善的保护体系，有效控制了城市开发可能带来的负面影响。[1][2]

- 保护体系构成：由指定遗产（Designated Heritage Assets）和非指定遗产（Non-designated Heritage Assets）构成（表1-9-4、图1-9-4）。
- 保护范围：遗产与所在环境一起保护，指定遗产与非指定遗产同等重要。
- 保护方式：识别、理解、保护和增强遗产所在地的环境和遗产本身，包括改善遗产可达性，通过城市更新为遗产重新利用提供机会[3]，已有成熟的保护利用结合的经验。
- 保护管理：利益相关者共同参与。

	伦敦遗产概况			表1-9-3	
类型	世界文化遗产	保护区	历史建筑	纪念碑	战场
数量（处）	4（皇家植物园、威斯敏斯教堂、伦敦塔、格林威治天文台）	>1000	19000	160	1

来源：作者梳理，数据来自"The London Plan 2021"

伦敦遗产保护类型	表1-9-4
六类指定遗产	六类非指定遗产
世界文化遗产、保护区、名录历史建筑、登记在册的公园和花园、登记在册的遗产地、古战场	有地方价值的建筑、大多数考古遗迹、运河、码头和水道、历史悠久的树篱、古老的林地、古树

来源：作者梳理，资料来自"The London Plan 2021"

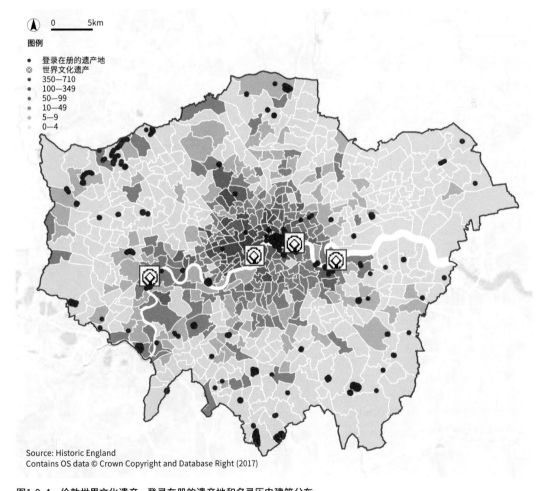

图例
- 登录在册的遗产地
◎ 世界文化遗产
- 350—710
- 100—349
- 50—99
- 10—49
- 5—9
- 0—4

Source: Historic England
Contains OS data © Crown Copyright and Database Right (2017)

图1-9-4　伦敦世界文化遗产、登录在册的遗产地和名录历史建筑分布
来源：外文文献原图《伦敦规划2021》（The London Plan 2021）

---

①杨丽霞. 英国文化遗产保护管理制度发展简史（上）[J]. 中国文物科学研究，2011（4）.
②张松. 历史文化名城保护制度建设再议[J]. 城市规划，2011，35（01）.
③Greater London Authority. London Guide to the World Heritage Environment[R/OL]. 2012.

1.10 城市风貌 Urban Landscape
总述 General Statement

城市风貌是通过自然和人造景观体现出的城市文化和环境特征，代表城市整体形象和实力。本节主要对比北京和伦敦的城市风貌及要素构成、景观眺望系统和绿色空间体系。

相同点

- 城市风貌及要素构成：北京和伦敦均关注城市风貌，非常强调城市景观的价值，包括推广高品质建筑、保护重要历史建筑的环境、设计和维护公园与公共空间等。
- 景观眺望系统：北京和伦敦均将对城市形象有重要影响的建筑或城市景观纳入景观眺望系统，发布了景观眺望系统的管理指南《北京第五立面和景观眺望系统城市设计导则》《伦敦景观管理框架：补充规划指南》。
- 绿色空间体系：北京和伦敦均重视绿色空间对生产、生活、生态的重要作用，通过严格的控制手段（北京生态控制线、伦敦禁止占用绿带等）保护具有战略意义的绿色空间。

不同点

- 城市风貌及要素构成：北京更关注城市整体风貌管理，伦敦主要通过历史文化遗产的保护，间接保护城市风貌。

借鉴性

- 城市风貌及要素构成：伦敦城市风貌以街道肌理为基底，融合了不同历史时期、不同风格的建筑和景观环境，其风貌不仅是视觉形象的表达，还内含高品质的建成环境品质，后者值得北京借鉴。
- 景观眺望系统：北京刚刚起步控制景观眺望系统设计与管理，可充分学习伦敦的成熟经验。
- 绿色空间体系：推广"绿色基础设施"理念，以价值为导向分类管理绿色空间，评估各类绿色空间的战略价值，作为保护与开发的依据。

图1-10-1　北京城市鸟瞰
来源：戴维·博德摄

Urban landscape is the urban cultural and environmental characteristics displayed by natural and artificial landscape, representing the overall image and strength of the city. This section mainly compares the urban landscape and element composition, landscape viewing system and green space system of Beijing and London.

Similarities

- Urban landscape and element composition: Both Beijing and London pay attention to urban landscape. They emphasize the value of urban landscape, including the promotion of high-quality building, protection of environment of important historical building, design and maintenance of parks and public spaces.
- Landscape viewing system: Buildings or urban landscapes that have significant effect on the city image will be incorporated into the landscape viewing system in Beijing and London according to the management guidance *Urban Design Guidelines for Beijing's Fifth Facade and Landscape Viewing System and London View Management Framework: Supplementary Planning Guide*.
- Green space system: Both Beijing and London emphasize the significant effect of green space on production, living and ecology. Green spaces that carry strategic significance will be protected by strict controlling (Beijing ecological control line, prohibition of occupying green belt in London)

Differences

- Urban landscape and element composition: Beijing pays more attention to the overall landscape management of the city. London indirectly protects the Urban landscape mainly through the protection of historical and cultural heritage.

References

- Urban landscape and element composition: Both Beijing and London pay attention to urban landscape. They emphasize the value of urban landscape, including the promotion of high-quality building, protection of environment of important historical building, design and maintenance of parks and public spaces.
- Landscape viewing system: Buildings or urban landscapes that have significant effect on the city image will be incorporated into the landscape viewing system in Beijing and London according to the management guidance"*Urban Design Guidelines for Beijing's Fifth Facade and Landscape Viewing System*"and "*London View Management Framework: Supplementary Planning Guide*".
- Green space system: Both Beijing and London emphasize the significant effect of green space on production, living and ecology. Green spaces that carry strategic significance will be protected by strict controlling (Beijing ecological control line, prohibition of occupying green belt in London).

图1-10-2　伦敦城市鸟瞰
来源：李艾桦　摄

城市风貌及要素构成 Urban Landscape and Element Composition

《北京城市总体规划（2016年—2035年）》强调城市的整体风貌控制，提出要"塑造传统文化与现代文化交相辉映的城市特色风貌"，按历史、自然要素特征进行风貌分区（图1-10-3），构建整体景观格局，控制风貌要素（表1-10-1），建设高品质公共空间。

北京城市风貌控制要素　　　　　表1-10-1

方面	要素	要求	焦点区域
特色风貌分区	中心城区	拆除或改造与风貌不协调的建筑，加强传统建筑文化内涵表达，传统建筑元素用现代手法与材料表达	中心城区
	中心城区以外	现代城市风貌，与自然环境协调与呼应	中心城区以外
整体景观格局	两轴十片多点的整体格局	突出山水城市景观特征	—
整体城市设计要素	建筑高度	分区控制	中心城区
	城市天际线	特色鲜明、错落有致、富有韵律	老城，重点建筑（群）周边，北部及西部自然，重要街道、河道、功能区
	景观眺望系统	展示城市特色风貌，看城市、看山水、看历史、看风景	—
	第五立面	肌理清晰，整洁有序，可识别性	老城，重点视廊区，机场起降区
	城市色彩	典雅庄重协调	老城，三山五园，城市副中心，其他重要地区
公共空间	街道	高品质，人性化，连通，可达	—
	衔接大型公共服务设施		
	城市绿道		
	滨水空间		
	街区开放		
	步行道		
	公园绿地开放		

来源：作者梳理，资料来自《北京城市总体规划（2016年—2035年）》

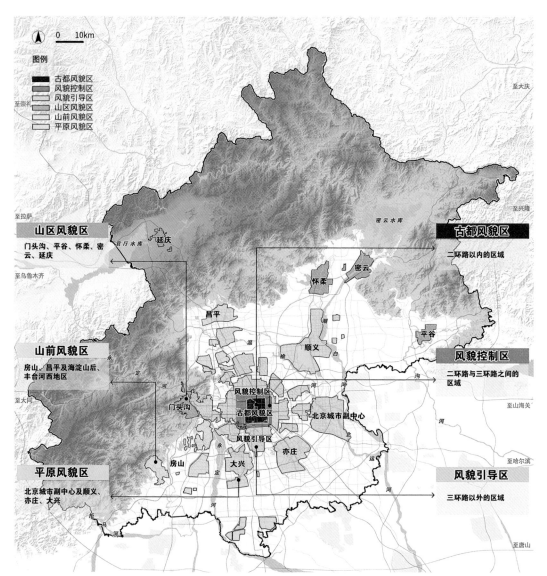

图1-10-3　北京风貌分区
来源：《北京城市总体规划（2016年—2035年）》

《伦敦规划2021》未对城市总体风貌提出要求，主要通过历史文化遗产的保护，间接保护城市风貌。其中与风貌相关的内容有风貌分区（图1-10-4）、战略景观、公共领域三方面（表1-10-2）。

伦敦城市风貌控制要素　　　　　　表1-10-2

方面	要素	要求
风貌分区	不同历史时期的风貌特征分区	体现独特的地方特性
战略景观（对景观做出美学、历史、文化或其他贡献的地标）	伦敦全景	保护前景、中间地带和背景
	河流远景	
	城市景观	
公共领域（建筑物之间的所有公共空间，公有+私有；对生活质量有重大影响，获得地方感、安全感、归属感、社会与人的健康）	使用时间与年龄	基于全时间、全年龄的理解进行场地运用
	多功能	体现个性特征
	与周围建筑联系	相互支持，建筑物起到激活、自然监控公共领域的作用
	管理和维护	开放，免费，可达性，安全
	绿色基础设施	
	座椅	鼓励停留，舒适
	免费饮用水	适当提供，改善健康
	街道：干净的空气，各种各样的行人，方便过街，有阴凉和遮蔽，有驻足休息的地方，不是很喧闹，人们选择步行、骑行或公交，使人感到放松，有可看和可做的事，使人感到安全	鼓励和促进积极的步行
	构建公共领域的建筑	多功能，有吸引力，可达，舒适性，良好的声学设计，安全
	无障碍路面	—
	标识	易读
	照明	安全，利于夜间活动，减少光污染

来源：作者梳理，资料来自"The London Plan 2021"

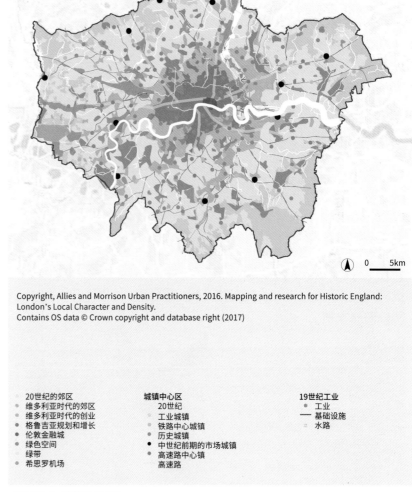

Copyright, Allies and Morrison Urban Practitioners, 2016. Mapping and research for Historic England: London's Local Character and Density.
Contains OS data © Crown copyright and database right (2017)

0　　5km

20世纪的郊区	城镇中心区	19世纪工业
维多利亚时代的郊区	20世纪	工业
维多利亚时代的创业	工业城镇	基础设施
格鲁吉亚规划和增长	铁路中心城镇	水路
伦敦金融城	历史城镇	
绿色空间	中世纪前期的市场城镇	
绿带	高速路中心城镇	
希思罗机场	高速路	

图1-10-4　伦敦风貌分区
来源：外文文献原图《伦敦规划2021》（The London Plan 2021）

景观眺望系统 Landscape Viewing System

《北京城市总体规划（2016年—2035年）》提出构建展示城市特色风貌的城市景观眺望系统，包括看城市、看山水、看历史、看风景4种类型的视廊，重点强化城市整体、山水城市、传统景观、门户节点等景观意向（图1-10-5）。在2021年6月发布的《北京第五立面和景观眺望系统城市设计导则》中，北京提出了49条战略级眺望景观视廊和84条重要级眺望景观视廊，对每条景观视廊设定具体线路、详细控制要求、技术方法等（图1-10-6、图1-10-7）。

- 战略级眺望景观视廊：已经形成的具有代表性、独一无二的公众眺望景观，是北京乃至国家的核心景观形象。在景观视廊内的各类要素须按要求进行严格管控。

- 重要级眺望景观视廊：城市内识别度较高的公众眺望景观，有利于城市重点区域及门户意向的形成。这一级别的景观视廊是城市重点地段空间组织的基础。

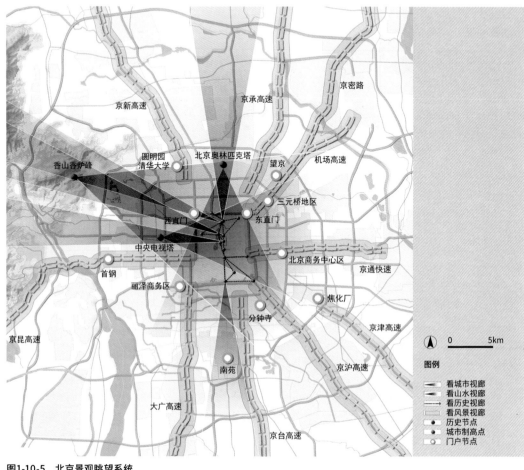

图1-10-5　北京景观眺望系统
来源：《北京第五立面和景观眺望系统城市设计导则》，北京市规划和自然资源委员会提供

核心视廊
眺望对象视阈左右扩大5度。
屋顶形式
以中国传统和化简的中式屋顶为主，禁止采用西式装饰符号。
屋顶材质
材质宜采用灰色瓦，禁止使用琉璃瓦、彩钢板。
屋顶色彩
所有现代建筑禁止采用黄色或红色系屋顶。
屋顶设施
屋顶设备应规范整齐摆放，不露于立面，重点地区进行隐蔽美化处理。
广告牌匾
建筑物顶部、裙楼顶部禁止设置牌匾标识。屋顶禁止摆放广告牌或LED发光标识等。
建筑高度 建筑体量 建筑色彩
保证视廊道的通畅，避免建筑遮挡。

景观协调区
核心视廊左右外扩15度。
屋顶设施
屋顶设备应规范整齐摆放，不露于立面，重点地区进行隐蔽美化处理。
广告牌匾
建筑物顶部、裙楼顶部禁止设置牌匾标识。屋顶禁止摆放广告牌或LED发光标识等。
屋顶形式
以中国传统和化简的中式屋顶为主，禁止采用西式装饰符号。
建筑高度 建筑体量 建筑色彩
组织好视廊景观协议区的建筑形体的和谐，做好图底关系，突出历史建筑。

背景协调区
建筑高度
组织好视廊背景协调区的建筑高度，突出历史建筑，保证不影响整体视图的美观。

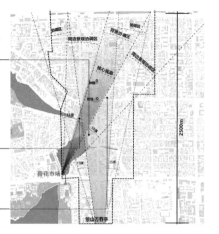

图1-10-6　北京景观视廊管控手段
来源：作者改绘，底图来自《北京第五立面和景观眺望系统城市设计导则》，北京市规划和自然资源委员会提供

图1-10-7　景山向北眺望景观视廊
来源：钱高洁 摄

根据《伦敦规划2021》，伦敦景观眺望系统的核心是保护战略层面对伦敦形象有重要影响的建筑或城市景观，包括伦敦全景、河流远景、城市景观等3种类型，共27处战略景观（图1-10-8），其中13处与圣保罗大教堂、威斯敏斯特宫和伦敦塔有关，尤为重要，被称为眺望景观，相关城市开发活动会执行更严格的审查。战略景观管理的目的是保护观赏者能够从指定观赏地点识别和欣赏地标，避免开发行为尤其高层建筑的破坏，在大伦敦市长发布的《伦敦景观管理框架：补充规划指南》（*London View Management Framework: supplementary planning guidance*）中，详细规定了每个战略景观的空间构成、控制要点。

- 战略景观。为了能够完整保护观景体验，将战略景观分为观景点（从人视角评估开发项目对观看景观的影响）、前景和中景（此区域内建筑不能损害观景实线）、背景（建筑不可损害景观整体构图）三个部分和若干要素分别提出详细的管理要求。

- 眺望景观。由景观视廊和周边协议区（定性控制）两部分组成（图1-10-9），体现了严格的数值控制和相对灵活的政策导向相结合。

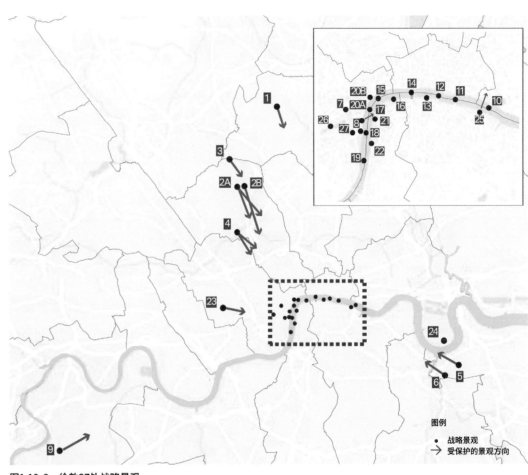

图1-10-8 伦敦27处战略景观
来源：外文文献原图《伦敦规划2021》（The London Plan 2021）

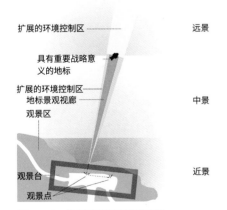

图1-10-9 伦敦景观视廊管控手段
来源：作者改绘，底图来自"London View Management Framework: supplementary planning guidance"

绿色空间体系 Green Space System

《北京城市总体规划（2016年—2035年）》提出建设更加完整的全域绿色空间体系，设定生态控制线进行刚性约束。

- 绿色空间体系的作用：保护生物多样性，优化生态格局，应对气候变化，改善环境，绿色生活。
- 网络化绿色空间结构（图1-10-10）："一屏"山区生态屏障，实现水源涵养、水土保持、防风固沙、生物多样性保护等重要生态服务功能；"三环"即一道绿隔城市公园环、二道绿隔郊野公园环、环首都森林湿地公园环；"五河"河湖水系，防洪排涝，创造宜人滨水空间；"九楔"九条楔形绿色廊道，通过河流水系、道路廊道、城市绿道连接实现网络化。
- 生态控制线刚性约束（表1-10-3）：划定生态控制线、生态保护红线、永久基本农田保护红线，严格管理、控制，生态空间只增不减，土地开发强度只降不升，保护绿色空间不被蚕食。

北京市生态控制线刚性约束		表1-10-3
约束线	**基础**	**所占面积**
生态控制线	以生态保护红线、永久基本农田保护红线为基础，将具有重要生态价值的山地、森林、河流湖泊等现状生态用地和水源保护区、自然保护区、风景名胜区等法定保护空间划入生态控制线	占市域面积比例：73%（2020年）75%（2035年）80%以上（2050年）
永久基本农田保护红线	坚决落实最严格的耕地保护制度，坚守耕地规模底线，加强耕地质量建设，强化耕地生态功能，实现耕地数量质量生态三位一体保护	2020年150万亩
生态保护红线	以生态功能重要性、生态环境敏感性与脆弱性评价为基础，划定全市生态保护红线	占市域25%左右

来源：作者梳理，资料来自《北京城市总体规划（2016年—2035年）》

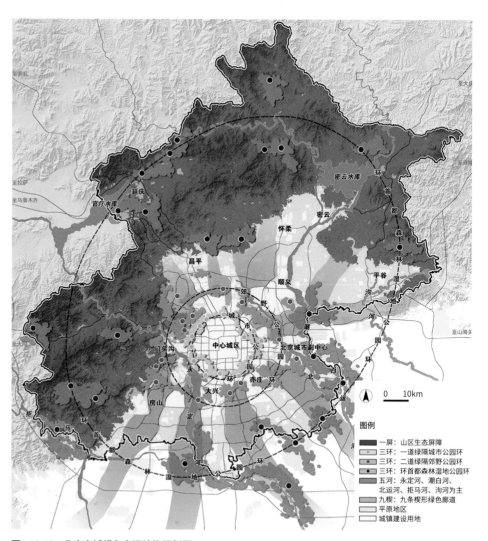

图1-10-10 北京市域绿色空间结构规划图
来源：《北京城市总体规划（2016年—2035年）》

伦敦有完整的绿色空间体系，基于绿色空间的战略价值，差异化设定绿色空间管理策略。推广"绿色基础设施"（All London Green Grid，简称ALGG）的设计和交付，即从灰色基础设施向绿色基础设施的转变，以确保环境、社会和经济效益，这是一个进步，从认为伦敦是一个以公园、绿地和乡村为点缀的城市，到欣赏绿色空间网络作为城市基础设施的一部分。

- 绿色基础设施功能：适应气候变化、提升健康生活、保护生物多样性等13项功能（表1-10-4）。
- 绿色基础设施网络：绿带、都市开放空间、地方绿色和开放空间、生态保育地、城市绿化、树木和林地（表1-10-5、图1-10-11）。

伦敦绿色基础设施管理策略　　　　表1-10-5

策略	绿带	都市开放空间	地方绿色和开放空间*	生态保育地	城市绿化	树木和林地
禁止占用且不可以土地交换	√	—	—	√保护，减少影响	—	—
可以占用但需土地交换	—	√需充分理由	√缺乏地区（其他地区鼓励加强）	√发展利益明显超过生态利益的情况下	—	√
价值	战略性	战略性	战略性+社区	战略性+社区	社区	整个城市
指标	≥22%伦敦土地面积	—	—	—	绿色空间因子*：建议住宅0.4，商业0.3	2050年森林覆盖率提高10%
2050年绿色空间≥50%						

来源：作者梳理，资料来自"The London Plan 2021"
*绿色空间因子=[（因子A×面积）+……+（因子N×面积）]/占地面积，A到N为地标覆盖类型，数值[0,1]，衡量绿色空间占比情况

绿色基础设施功能　　　　表1-10-4

	ALGG功能												
	1	2	3	4	5	6	7	8	9	10	11	12	13
	适应气候变化	提高开放空间可达性	保护和改善生物多样性	提高可持续的交通联系	提升健康生活	保护和改善遗产等	加强独特的目的地打造	推进可持续设计	强化绿色空间功能	推进可持续的食物生产	改善空气质量和音景	改善城市边缘区的可达性	保护泰晤士河岸空间
ALGG目的													
目的1 对伦敦绿色、开放的自然和文化空间战略网络进行保护和加强，将城市的日常生活与一系列体验和景观、城镇中心、公共交通节点、城市边缘的乡村、泰晤士河以及主要就业和住宅区联系起来		●	●	●	●	●	●			●		●	●
目的2 鼓励更多地使用和参与伦敦的绿色基础设施；推广伦敦绿色和开放空间网络内的主要目的地，并促进市民对伦敦自然和文化景观的欣赏；加强游客设施，拓展和升级步行和自行车网络，使所有在伦敦工作、生活和参观的人，拥有地方感和归属感		●		●	●	●	●			●			
目的3 作为城市基础设施的关键组成部分，应确保绿色和开放空间网络的高质量、高品质设计与多功能性，以应对21世纪的环境挑战，尤其是气候变化	●		●		●	●	●		●	●	●		

来源：作者梳理，资料来自"The All London Green"

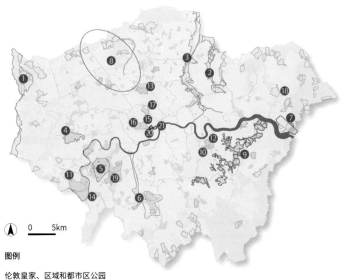

0　5km

图例

伦敦皇家、区域和都市区公园
　都市开放土地
　绿带
　区域公园
　区域公园机遇区
　都市区公园

Source: GLA
© Grown Copyright and database right 2013. Ordnance Survey 100032216 GLA

图1-10-11　伦敦主要的绿色空间
来源：外文文献原图《伦敦规划2021》（The London Plan 2021）

1.11 城市交通系统 Urban Transportation System

总述 General Statement

城市交通规划是城市总体规划中重要且必要的组成部分，构建安全、便捷、高效、绿色、经济的城市交通系统是一个城市健康发展的基石。本节主要对比城市交通与土地开发、城市交通基础设施建设、城市居民出行结构以及城市停车规划管理四个方面。

相同点

- 交通基础设施建设：北京和伦敦均重视公共交通基础设施建设和城市停车规划管理。
- 绿色出行方式：北京和伦敦均积极推行公共交通为主的出行模式，倡导绿色出行。

不同点

- 《北京城市总体规划（2016年—2035年）》中开拓性地提出将交通承载力作为土地开发的约束条件之一；伦敦坚持实施公共交通引导土地开发，且以公交可达性水平（PTALs）作为开发强度和设施配置依据。
- 道路网密度：受城市肌理、历史成因等因素影响，伦敦城市道路网密度明显高于北京。
- 出行结构：绿色出行比例中，北京自行车比例显著高于伦敦；而伦敦则以轨道交通对绿色出行的贡献更大。
- 停车位配置指标：北京公共建筑机动车停车配建指标自2021年4月1日以来开始实施分区差别供给，分区尺度相对大且泛；而伦敦以公交可达性水平指标作为精细化分区分类的指标，进一步细化停车位配置的上限指标，缩减不必要的停车位供给。

借鉴性

- 选择交通承载力指标引导城市开发：建议参考伦敦采用的公共交通可达性和承载力指标来引导城市未来开发和城市更新。
- 提升路网密度：建议采用"窄马路、密路网"的规划理念，在新建区域尽量避免尺度过大的街区。对于城市而言，道路设施供给重点在提高道路网密度；街区路网建设重在丰富次干路、支路系统。
- 构建多层次轨交服务模式：建议推进通勤铁路建设，提供多层次、多模式的轨道交通出行服务。

图1.11-1 北京城市交通尺度

Urban traffic planning is the important and necessary part in City Master Plan; building a safe, convenient, efficient, green and economical urban traffic system is the cornerstone of city's healthy development. This section mainly compares four aspects, namely urban traffic and land development, construction of urban traffic infrastructure, urban residents travel structure and urban parking planning management.

Similarities
- Traffic infrastructure construction: Beijing and London emphasize construction of public traffic infrastructure and management of urban parking planning.
- Green traveling: Both of Beijing and London promote the travel structure centered on public transportation, advocating green traveling.

Differences
- It is innovatively proposed in *City Master Plan of Beijing (2016—2035)* that traffic carrying capacity should be regarded as one of the constrains for land development; London insists on implementing that public transport guides the land development and takes the public transportation access level (PTALs) as the basis for development intensity and facility allocation.
- Density of road network: Influenced by urban texture, historical causes and other factors, the density of road network in London is much higher than that in Beijing.
- Travel structure: In the proportion of green traveling, the proportion of bicycle in Beijing is significantly higher than that in London; However, rail transit contributes more to the green traveling in London.
- Configuration indicator of parking spaces: Since April 1, 2021, the parking spaces for motor vehicles of public building in Beijing have been provided in different districts. The partial scale is relatively large and extensive; In London, the accessibility of public transport is used as a criterion to refine the zoning and classifying indicators, further divide the upper limit of parking spaces configuration and reduce unnecessary provision for parking spaces.

References
- Promoting urban development with different traffic carrying capacity indicators: It is suggested to learn from London which adopts public transport accessibility indicators and carrying capacity indicators to guide urban development and urban renewal in the future.
- Improving the density of road network: It is suggested to adopt the planning concept of "narrow road and dense road network", in other word, to try to avoid oversized blocks in the new area and improve the density of road network that is crucial for road facilities supply of city; Block road network construction focuses on increasing the number of the sub-trunk road and branch road system.
- Building multi-level rail transit service mode: It is suggested to enhance commuter rail construction, providing multi-level and multi-mode rail transit travel service.

图1-11-2 伦敦城市交通尺度
来源：元丽英 摄

交通与土地开发　Transportation and Land Development

《北京城市总体规划（2016年—2035年）》开拓性地提出了"综合交通承载力"，将综合交通承载力作为土地开发的约束性条件，从源头着手缓解交通问题，治标治本，双管齐下。

发展历程：北京各时期的城市发展与城市道路建设的关系比与轨道交通[1]的关系更密切（图1-11-3）；2008年后轨道交通进入快速建设时期，成为解决交通问题的有效措施[2][3]。

- 出行水平较低的非机动化交通主导阶段（1949—1985年）：自行车是最主要的出行方式。
- 出租车主导发展的机动化前期阶段（1986—1995年）：促进了道路网建设及驾驶员数量的增加，为机动化来临做好铺垫。
- 私家车迅速增长的快速机动化阶段（1996—2007年）：道路网建设加快，尤其快速路骨架效应凸显；与此同时，北京地面公共交通也开始得到快捷地发展（图1-11-4）。
- 轨道交通时代来临，进入轨交等大容量公交为主导的快速发展阶段（2008年至今）：轨道交通进入年年开新线时代，且加速向周边地区辐射，加速了京津冀一体化融合，实现"一小时出行圈"。

规划要求：坚持以人为本、可持续发展，将综合交通承载能力作为城市发展的约束条件。

- 建立交通与土地利用协调发展机制，加强轨道交通站点与周边用地一体化规划及场站用地综合利用。
- 适度超前、优先发展交通基础设施，提前控制交通战略走廊和重大交通设施用地。

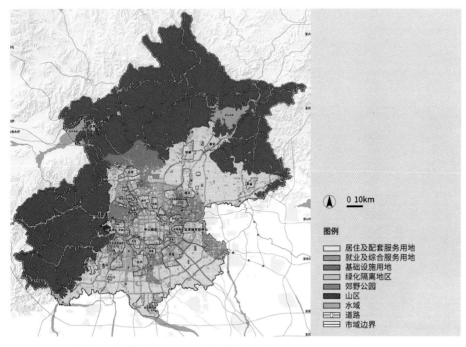

图1-11-3　北京城市用地与城市道路、高速路之间的关系示意图
来源：《北京城市总体规划（2016年—2035年）》

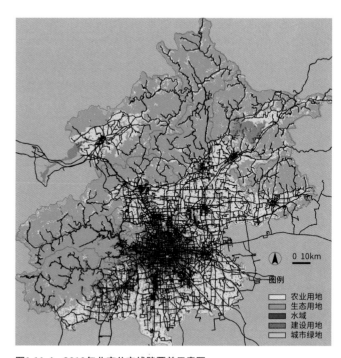

图1-11-4　2019年北京公交线路覆盖示意图
来源：北京市交通委员会. 北京市地面公交线网总体规划[R]. 2020.

---

①本页中北京的"轨道交通"包括地铁、轻轨、市郊铁路。
②历版北京城市总体规划。
③毛保华，郭继孚，陈金川. 北京城市交通发展的历史思考[J]. 交通运输系统工程与信息，2008（6）.

伦敦致力于公共交通引导开发，将公交可达性水平作为土地开发的评估指标，从源头引导公共交通出行，实现城市交通可持续发展将有着重要的价值。

发展历程：伦敦城市发展进程就是被交通塑造的过程。

- 霍华德田园城市理论是伦敦规划的基础。
- 1945年，同心圆+放射路网骨架基本形成，但伴随经济发展出现了城市郊区"卧城化"，以及中心城交通压力猛增的交通问题。
- 1965年之后，沿着轨道交通①向外延展，强化放射状结构（图1-11-5）。
- 2004年之后，《伦敦规划》提出："空间政策不能脱离现状及规划的交通可达性与承载力单独考虑"，将公共交通可达性水平与土地开发、停车指标动态关联。
- 2016年3月，《伦敦规划》中提出通过与邻近地区的战略伙伴合作确保有效的交通政策，持续改善公共交通系统，增加公共交通容量；2019年开始实施横贯铁路1号线和横贯铁路2号线。

规划要求：以现状和规划的公共交通可达性和承载力为评估指标（图1-11-6）。

- 公交可达性水平（PTALs）评估交通可达性、居住容积率、停车泊位供给之间的适配性等。

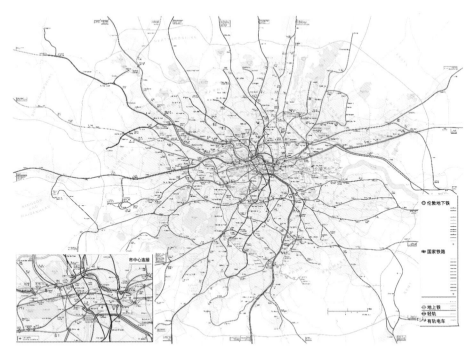

图1-11-5 伦敦轨道交通线网与沿线地区
来源：周正宇，等. 北京市交通拥堵成因分析与对策研究[M]. 北京：人民交通出版社股份有限公司，2019.

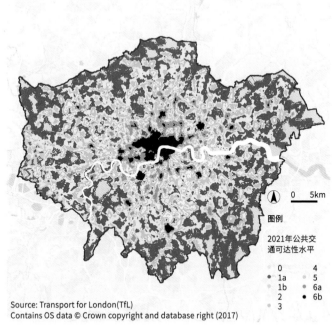

Source: Transport for London(TfL)
Contains OS data © Crown copyright and database right (2017)

图1-11-6 伦敦规划到2021年底的公共交通可达性水平
来源：外文文献原图《伦敦规划2021》（The London Plan 2021）
注：数字越大，可达性越强。

---

①本页中伦敦的"轨道交通"包括国铁、地铁、轻轨。

城市交通基础设施 Urban Transportation Infrastructure

北京城市道路网骨架基本形成，交通基础设施建设整体水平稳步上升，为形成以公共交通为主的绿色出行提供有力支撑。

现状情况[①]

- 2019年交通行业固定资产投资达到1213.1亿元，其中公共交通及相关配套占比达33.5%。
- 2019年城区道路总里程6156.0km，快速路：主干路：次干路：支路比例为1.0：2.6：1.7：10.5（表1-11-1）。
- 2019年轨道交通里程达到699.3km，运营线路23条，轨交网密度达到0.44km/km^2（图1-11-7）。

规划要求

- 对外构建安全、便捷、高效、绿色、经济的综合交通体系，以及加强交通枢纽节点的建设。
- 对内全力提升规划道路网密度和实施率（图1-11-8）。

北京交通规划与现状指标　　　　　　　　　　　　　　　　　　　　　　　　　表1-11-1

年份	道路网密度 （km/km^2）	轨道交通里程 （km）
现状（2019年）	4.5（中心城区）	699.3
规划（2020年，北京暂未公布实际数据）	8.0（新建地区）	—
规划（2035年）	8.0（集中建设区）	—

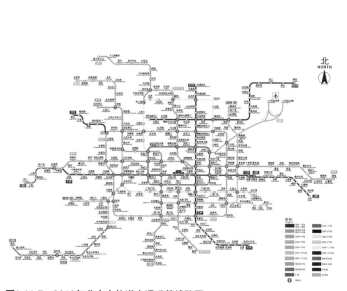

图1-11-7　2019年北京市轨道交通运营线路图
来源：北京交通发展研究院. 北京交通发展年度报告[R]. 2020.

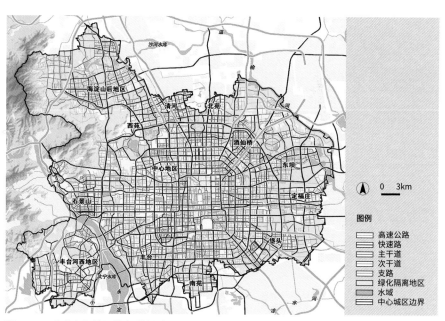

图1-11-8　北京中心城区道路系统规划图
来源：《北京城市总体规划（2016年—2035年）》

---

①北京交通发展研究院. 北京交通发展年度报告[R]. 2020.

伦敦现状：已形成密度较高的道路和轨道交通网络；《伦敦交通战略》（2018）中提出增加公交交通体验，出行人群精细化分类，使交通资源对全体用户更公平。

现状情况

• 形成了较为典型的"小街区、密路网"结构，因而整体路网密度较高。伦敦地铁建设最早，网络形成也比较早，现在是世界上网络规模最大的地铁系统之一[①]（图1-11-9、表1-11-2、图1-11-10）。

规划要求

• 《伦敦交通战略》（2018）中提出的举措之一就是打造集密度高、可靠性佳、可达性好的路网。

• 给予更多社会群体使用公共交通的机会。

伦敦交通现状指标 表1-11-2

年份	道路网密度（km/km²）	轨道交通里程（km）
现状(2018年)	18.1(首都功能核心区) 9.8（中心城区） （统计口径排除不向公众开放的所有道路）	1225 其中：788（国铁）、408（地铁）、29（轻轨）

来源：王如昀. 国际观察079|伦敦·北京双城记之四：公共交通有限战略[Z]. 城市规划云平台(cityif), 2019.

图1-11-9 2020年伦敦轨道交通线网图
来源：伦敦交通局. 伦敦轨道交通线路图. www.tfl.gov.uk

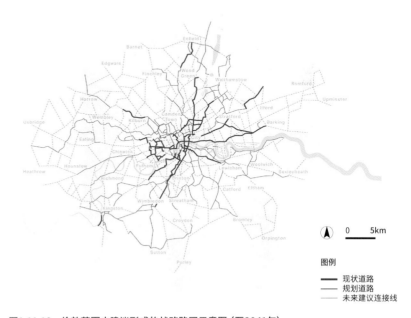

图例
—— 现状道路
—— 规划道路
—— 未来建议连接线

图1-11-10 伦敦范围内建议形成的战略路网示意图（至2041年）
来源：外文文献原图《伦敦交通策略》(Mayor of London .Mayor's Transport Strategy)

①尹欣彤. 我国城市轨道交通发展现状与对策研究[R]. 理论研究，2017（8）.

城市居民出行结构　Travel Structure of Urban Residents

《北京城市总体规划（2016年—2035年）》提出坚持公共交通优先战略，倡导绿色出行。

现状情况

- 绿色出行占比较高，2019年中心城区绿色出行比例为74%（表1-11-3、图1-11-11）。
- 轨道交通线网不断完善。
- 地面公交服务方式不断创新和公交实时信息服务水平提升（表1-11-3），2019年全市公交线路1620条，总运营里程453.7km，公交站点覆盖率大幅提升（图1-11-12）。

规划要求

- 提供便捷可靠的公共交通；提升公共交通接驳换乘环境；建设步行和自行车友好城市。

北京交通现状与规划指标　　　　　　　　　　　　　　　　　　　　　　　　　　表1-11-3

	城市绿色出行比例（%）	轨道交通日均客运量（万人次）	人均机动车保有量（辆/人）
现状	74.1（2019）	1085.6（2019）	0.3（2019）
规划	>75 (2020)；80 (2035)	—	—

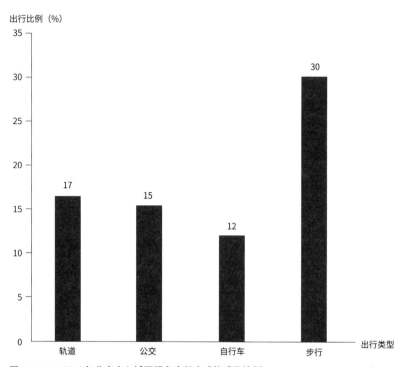

图1-11-11　2019年北京中心城区绿色出行方式构成及比例
来源：作者自绘，数据来自北京交通发展研究院. 北京市交通年度报告[R]. 2020.

图1-11-12　2019年北京地面公交线路分布示意图
来源：北京市交通委员会. 北京市地面公交线网总体规划(草案)[R]. 2020.

伦敦提供强大而富有弹性的公共交通网络，确保绿色出行，增加用户的公交体验感。

现状情况

• 2017年伦敦绿色出行比例为63%，其中轻轨+地铁+国铁合计22%（表1-11-4、图1-11-13）。

规划要求

• 到2041年，步行、自行车及公共交通出行比例占伦敦总出行方式的80%（图1-11-14）。

• 提供优质、易于获得、价格合理、具有吸引力的公共交通。

• 最有效的利用土地，充分实现现在及未来公共交通、自行车及步行路线的连贯性和可达性，并确保缓解对伦敦交通网络和配套基础设施带来的任何影响。

• 完善连续的步行网络，规划适用较高自行车停车标准的区域。

伦敦交通现状与规划指标　　　　　　　　　　　　　　　　　　　　　　　　表1-11-4

	城市绿色出行比例（%）	轨道交通日均客运量（万人次）	人均机动车保有量（辆/人）
现状	67（2013）	379.2（2018）	0.3
规划	80（2041）	—	—

来源：作者整理，数据来自伦敦交通局．CIS201303 commuters characteristics (CIS2013-03通勤者特性)[R]．2017.

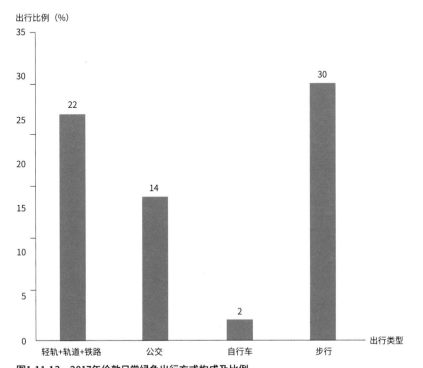

图1-11-13　2017年伦敦日常绿色出行方式构成及比例
来源：作者自绘．数据来自伦敦交通局．CIS201303 commuters characteristics (CIS2013-03通勤者特性)[R]．2017.

伦敦中央活力区
实施公交优先区域（增长区和城镇中心）
低排放公交区域
最繁忙的公交路线
拟建Silvertown隧道（潜在新公交线路）
有轨电车网络
道路
战略枢纽

现在和潜在的快速通道
现有的快车和限时停车服务
潜在的轨道快车和有限的停车走廊
潜在的放射式快车和有限的停车走廊

伦敦市中心
牛津街改造
伦敦市中心公交优先路段

0　5km

图1-11-14　2041年伦敦公交网络规划
来源：外文文献原图《伦敦交通策略》(Mayor of London.Mayor's Transport Strategy)

停车规划管理 Parking Planning Management

北京现状：停车欠债由来已久，停车矛盾长期存在。规划中提出了构建科学合理的停车管理体系，分区域实施差别化的交通需求管理。

现状情况

- 北京市机动车保有量增速逐渐放缓，但整体仍呈上升趋势（图1-11-15）；停车供需矛盾长期存在（图1-11-16）。
- 2021年4月1日起实施的《公共建筑机动车停车配建指标》实行分区域差别供给，二环路以内、二环路至三环路之间、三环路至五环路之间、五环路以外依次划分为一类、二类、三类和四类地区。

规划要求

- 构建符合市场化规律的停车价格体系，完善市场定价、政府监管指导的价格机制。
- 利用科技手段提升停车位使用效率。
- 对小汽车采取控拥有、限使用、差别化的原则。

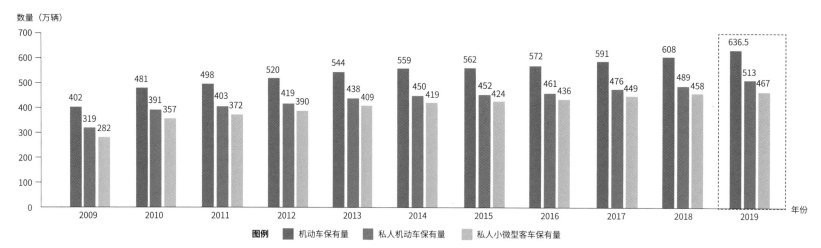

图1-11-15　2009—2019年北京市机动车、私人机动车和私人小微型客车保有量
来源：资料来自《2020年北京市交通年度报告》

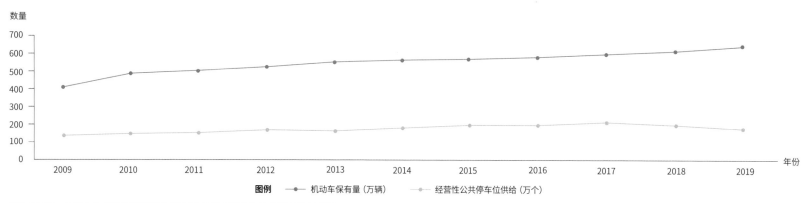

图1-11-16　北京中心城区备案机动车停车位供给及机动车保有量和增长趋势
来源：作者自绘，数据来自《北京统计年鉴》（2010—2020年）

伦敦实施分区分类设置停车位配置标准，分区实施拥堵收费，精细化管理更有助于解决停车难问题。

现状情况

- 2003年伦敦实施拥堵收费策略后，居民出行结构发生变化，公共交通（含国铁、地铁等轨道交通和公交）分担率逐年增加，由2002年基值86.05%增长到2008年88.95%；交通拥堵水平略有下降，由2002年基值2.3min/km下降到2009年2.1min/km。[①]
- 伦敦在2019年4月发布超低排放区政策。

规划要求

- 内容：鼓励公共交通，分类提供最少的必要车位；伦敦中央活力区不设置私人停车设施，且收取高额停车费。
- 分区：越靠近中心区，停车位越少。可分为伦敦中央活力区、内伦敦地区、外伦敦地区、伦敦以外地区。
- 分类：分为住宅、办公、零售、酒店和休闲场所，以及在非住宅场所配置残疾人停车位（表1-11-5~表1-11-8）。
- 分车型：为自行车、汽车、超低排放车辆等不同车辆类型提供停车位。

非住宅残疾人停车位配置标准　　　　　　表1-11-5

功能	指定停车位（占总停车位百分比）	扩大泊位（占总停车位百分比）
办公	5%	5%
教育	5%	5%
零售、娱乐休闲	5%	4%
运输停车场	5%	5%
宗教建筑、火葬场	至少两个或6%，取大者	4%
体育设施	参考英国体育指南	

来源：资料来自"The London Plan 2021"

住宅停车位的最高配置标准　　　　　　表1-11-6

地点	最大停车位数量（个/单元）
伦敦中央活动区；内伦敦地区机遇区；大都会和主要城镇中心所有地区的PTAL5—6；内伦敦地区公交可达性水平4	0
内伦敦地区公交可达性水平3	0.25
内伦敦地区公交可达性水平2 内伦敦地区公交可达性水平4 外伦敦地区机遇区	0.5
内伦敦地区公交可达性水平0~1 外伦敦地区公交可达性水平3	0.75
外伦敦地区公交可达性水平2	1
外伦敦地区公交可达性水平0~1	1.5*

来源：资料来自"The London Plan 2021"
* 如果小单元（通常是一般工作室和一居室公寓）占了一个开发项目的一部分，那么停车位供应该反映出需求的减少，从而整个场地停车位供应每单元少于1.5个。

办公建筑停车位的最高配置标准　　　　表1-11-7

地点	最大停车位数量
伦敦中央活动区和内伦敦地区	无车
外伦敦地区机遇区	每600m²建筑面积最多可提供1个
外伦敦地区	每100m²建筑面积最多可提供1个
伦敦以外地区（一份发展计划文件显示，当地采用了较为宽松的配置标准）	每50m²建筑面积最多可提供1个

来源：资料来自"The London Plan 2021"

零售业停车位的最高配置标准　　　　　表1-11-8

地点	最大停车位数量
伦敦中央活动区和所有区域的公交可达性水平5~6	无车
内伦敦地区 外伦敦地区机遇区 外伦敦地区零售店面积低于500m²	每75m²建筑面积最多可提供1个
伦敦以外的地区	每50m²建筑面积最多可提供1个

来源：资料来自"The London Plan 2021"

[①]刘明君，朱锦，毛保华. 伦敦拥堵收费政策、效果与启示[J]. 交通运输系统工程与信息，2011（06）.

1.12 住房体系 Housing System

总述 General Statement

居住是城市最基本的功能之一，实现居民住有所居是城市规划的目标所在。本节主要对比城市住房现状（供给情况、房价趋势及房价收入比）、城市住房规划建设的要点、职住平衡在通勤时耗上的反映这三个方面，以期获得借鉴。

相同点

• 北京和伦敦均着力解决住房问题，多样化供给；新供应住房注重保障一定比例的保障性住房或可负担住房。

• 北京和伦敦房价指数与房价收入比均呈上升趋势。

• 北京和伦敦通勤耗时和通勤距离均呈现增长趋势，大尺度的职住不平衡是共性问题。

不同点

• 伦敦制定了确保经济适用房供给目标实现的落实机制和考核指标。

• 减少房屋空置的政策力度不同。北京鼓励发展第三方租赁服务企业；伦敦从法律上限制房屋空置，强制降低房屋空置率。

• 北京房价收入比高于伦敦。

• 从通勤耗时来看，北京职住不平衡在宏观和微观尺度上都很突出，伦敦微观职住相对平衡。

借鉴性

• 适当借鉴伦敦保障房落实考核指标和后期跟踪机制。

• 强化法律手段来限制房屋空置。

• 增强微观尺度空间功能混合，考虑不同社会阶层的收入差距和工作特点，分类提供住房，从源头上减少长距离出行，促进职住平衡。

图1-12-1　北京城市住房
来源：北京市建筑设计研究院有限公司提供，周文娟 摄

Dwelling is one of the most basic functions for a city. The purpose of urban planning is to achieve full residents' housing. This section mainly compares 3 aspects, including current situation of urban housing (supply, housing price trend and price-to-income ratio), the key points of urban residential planning and construction, and the job-housing balance reflecting in commuting consumption. The writer hopes to obtain references through comparing.

Similarities

- Both Beijing and London are focusing on housing problems and diversifying supply; The new housing supply will focus on ensuring a certain proportion of basic-need or affordable housing.
- The house price index and housing-price-to-income ratio of Beijing and London are on the rise.
- Commuting time and commuting distance are both on the rise in Beijing and London, and the large-scaled job-housing imbalance is a common problem for both cities.

Differences

- London has established implementation mechanism and assessment indicators to ensure affordable housing supply targets are met.
- Policies to reduce housing vacancy vary in intensity. Beijing encourages the development of third-party leasing service enterprises; London has a legal limit on housing vacancy, forcing a reduction in housing vacancy rates.
- The housing-price-to-income ratio of Beijing is higher than London.
- From the point of view of commuting time consumption, the imbalance between job and housing is prominent in Beijing in terms of both macro and micro scales, while in London, it is relatively more balanced.

References

- Appropriately draw lessons from London's affordable housing implementation and assessment indicators and post-tracking mechanism.
- Strengthen laws to limit housing vacancies.
- Enhance the mixing of spatial functions at micro scale and consider the income gap between and work characteristics of different social classes to provide accommodation respectively. We need reduce long-distance commuting from the source to improve the balance between jobs and housing.

图1-12-2　伦敦老街环岛地铁站周边住宅楼
来源：张冰雪 摄

伦敦中央活力区的中央政府机构高度集中分布在1km半径的特定区域，便于机构之间联络沟通，保障了决策执行和管理运行的高效性，此区域也是提倡混合功能的伦敦中央活力区中唯一的单一功能区。

- 伦敦中央活力区的中央政府机构分布比较紧凑，沿白厅街轴线、威斯敏斯特桥轴线，呈十字形分布（图2-6-6）。
- 这一区域在功能用途、街道尺度、交通模式、建筑风貌等方面具有独特之处，例如白厅街主要功能是中央政府机构办公和政府人员通行，因此街道尺度宽阔，环境形象庄严、整洁，街道两侧多是历史建筑，街景充满艺术感。

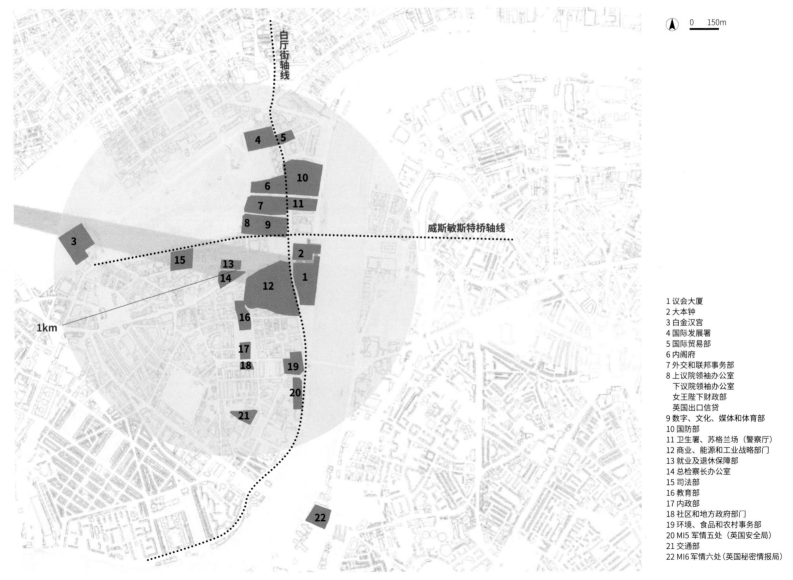

1 议会大厦
2 大本钟
3 白金汉宫
4 国际发展署
5 国际贸易部
6 内阁府
7 外交和联邦事务部
8 上议院领袖办公室
　下议院领袖办公室
　女王陛下财政部
　英国出口信贷
9 数字、文化、媒体和体育部
10 国防部
11 卫生署、苏格兰场（警察厅）
12 商业、能源和工业战略部门
13 就业及退休保障部
14 总检察长办公室
15 司法部
16 教育部
17 内政部
18 社区和地方政府部门
19 环境、食品和农村事务部
20 MI5 军情五处（英国安全局）
21 交通部
22 MI6 军情六处（英国秘密情报局）

图2-6-6　伦敦中央活力区主要中央政府机构分布示意图
来源：杨滔绘制，底图来自外文文献原图《伦敦视图管理框架补充规划指南2012》（London View Management Framework Supplementary Planning Guidance 2012）

2.7 城市风貌 Urban Landscape

总述 General Statement

城市风貌是指在核心区的空间品质和特色，城市、建筑与景观环境等方面提出规划、建设、管理等实施风貌管理的框架设计。北京首都功能核心区与伦敦中央活力区都是历史悠久的城市核心区，在城市风貌上，需要保持鲜明特征、塑造优良环境、突出空间魅力，本节研究聚焦在整体风貌现状及规划要求，建筑高度、景观视廊、天际线，街巷风貌这几个方面。

相同点

- 整体风貌现状及规划要求：传统风貌是北京首都功能核心区与伦敦中央活力区的独特且共同的特征。两个区域均重视对传统风貌的保护且强调新建筑与传统建筑的协调与融合。
- 建筑高度、景观视廊、天际线：两个区域均重视以景观视廊、高层建筑等方面的综合管控来保护传统风貌。
- 街巷风貌：均注重根据各自的特色进行街巷风貌塑造。

不同点

- 整体风貌现状及规划要求：北京首都功能核心区强调老城整体保护，延续古都历史格局；伦敦中央活力区则以历史文化遗留的环境作为背景，逐渐加入的新元素也成为风貌特征的一部分。
- 建筑高度、景观视廊、天际线：北京首都功能核心区以老城整体保护为目标，统筹考虑风貌保护、城市安全与减量发展，进行建筑高度管控，考虑较为全面；伦敦中央活力区以确保不影响景观走廊、世界遗产和保护区为目标，划定不适合高层建筑的区域，更注重视觉效果。
- 街巷风貌：北京首都功能核心区更关注推进传统胡同、历史街巷保护；伦敦中央活力区既重视历史街巷特征，又关注地方现代活力提升。

借鉴性

- 建筑高度、景观视廊、天际线：伦敦中央活力区中有2处世界遗产，按面积计算，有70%～80%为保护区，既要保护历史风貌，又要容纳经济发展、建设高层建筑，为此设立了灵活的高层建筑标准：一是根据所处区位、与景观视廊关系，不同区域设定不同高度上限；二是在符合标准的基础上，各自治市可在本地规划中确定哪些区域适合、较适合或不适合建高层建筑；三是相邻区域通过协商机制，共同评估高层建筑开发的影响，协调跨区高层建筑的问题。

图2-7-1 从北京景山公园万春亭向西看北海公园
来源：张立全 摄

Urban landscape refers to the framework design putting forward planning, construction, management, etc. to implement landscape management in the space quality and characteristics, city, architecture, landscape environment, etc. of the core area. Core Area of the Capital and Central Activities Zone are both city core areas with a long history. In terms of urban landscape, it is necessary to maintain distinctive characteristics, shape excellent environment and highlight spatial charm. In the Section, the current situation and planning requirements of overall landscape, building height, landscape corridor, skyline and street landscape were studied.

Similarities
- Current situation and planning requirements of overall landscape: Traditional landscape is the unique and common characteristic of Core Area of the Capital and Central Activities Zone. Both regions attach importance to the protection of traditional landscapes and emphasize the coordination and integration of new buildings and traditional buildings.
- Building height, landscape gallery and skyline: Both regions attach importance to the comprehensive management and control of landscape corridors and high-rise buildings to protect traditional landscapes.
- Street landscape: Both of them attach importance to shaping the street landscape according to their own characteristics.

Differences
- Current situation and planning requirements of overall landscape: Emphasizes the overall protection of the old city and continuation of the historical pattern of the ancient capital; while Central Activities Zone takes the environment left over from history and culture as the background, where the new elements gradually added have become part of the landscape characteristics.
- Building height, landscape gallery and skyline: Core Area of the Capital takes the overall protection of the old city as the goal, and takes into account the landscape protection, urban safety and reduction development for building height control, which is more comprehensive; while Central Activities Zone aims to ensure that it does not affect landscape corridors, world heritage and protected areas, and demarcates areas unsuitable for high-rise buildings, which pays more attention to visual effects.
- Street landscape: Core Area of the Capital pays more attention to promoting the protection of traditional hutongs and historical streets; while Central Activities Zone not only pays attention to the characteristics of historical streets, but also pays attention to the promotion of local modern vitality.

References
- Building height, landscape gallery and skyline: There are two world heritages in Central Activities Zone, 70% to 80% of which are protected areas. Not only historical landscape should be protected, but also economic development should be accommodated and high-rise buildings be built. Therefore, flexible high-rise building standards have been set up: First, different height upper limit is set in different areas according to the location and the relationship with the landscape gallery; second, each municipality can determine which areas are suitable, more suitable or not suitable for building high-rise buildings in local planning on the basis of meeting the standards; third, adjacent regions jointly assess the impact of high-rise building development and coordinate the problems of high-rise buildings across regions through negotiation mechanism.

图2-7-2 从对讲机大厦向东看伦敦塔桥
李锦生 田燕国 摄

整体风貌现状及规划要求　Current Situation and Planning Requirements of Overall Landscape

北京首都功能核心区现状空间形态平缓开阔，老城具有"凸"字形城廓，历史文化古迹众多。《首都功能核心区控制性详细规划（街区层面）（2018年—2035年）》中提出要塑造平缓开阔、壮美有序、古今交融、庄重大气的城市形象，加强核心区空间秩序管控与特色风貌塑造，延续古都历史格局，烘托两轴统领、四廓定界、平缓开阔、壮美有序的整体空间秩序。

- 塑造舒朗庄重的中央政务空间形象，建立贯穿规划、建设、管理全过程的风貌管控体系，展现新时代大国气概、民族精神、首都形象。
- 加强老城整体保护（图2-7-3），使老城成为保有古都风貌、弘扬传统文化、具有一流文明风尚的世界级文化典范地区，彰显独一无二的壮美空间秩序。其中，两轴、四重城廓、六海八水、九坛八庙、棋盘路网是老城空间格局的重要特征，是奠定老城空间地位的重要载体，加强格局保护是老城整体保护最重要的任务。
- 以天安门广场为核心，继承发展传统中轴线和长安街形成的两轴格局，重塑首都独有的壮美空间秩序。
- 加强风貌分区管控，强化核心区传统风貌基调。划定古都风貌保护区、古都风貌协调区和现代风貌控制区三类风貌区，对建筑风貌与公共空间进行差异化管控与引导，形成彰显首都风范、尽展古都风韵、古今包容共生的核心区特色风貌。

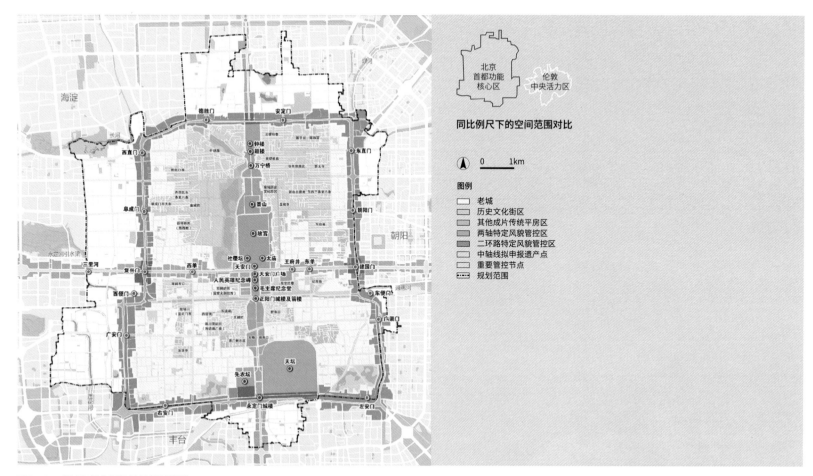

图2-7-3　老城传统空间格局保护示意图
来源：《首都功能核心区控制性详细规划（街区层面）（2018年—2035年）》；同比例尺下的空间范围对比图边界来自北京市行政区域界线基础地理底图（首都功能核心区）；外文文献原图《伦敦规划2021》（The London Plan 2021）

伦敦中央活力区的城市风貌建立在独特历史环境之上，主要风貌特征包括：市中心发展成熟的环境，泰晤士河及其绿色空间，皇家公园和广场，高密度的商业、办公、居住及文化功能混合用地，国家和国际重要机构等独特的建筑类型和空间场所（图2-7-4）。伦敦中央活力区通过发展规划、策略和其他举措维护独特的环境和遗产，将新城市与老建筑交织在一起，形成了具有相当历史价值的城市风貌。

- 高品质的风貌特征以及独特文化是伦敦中央活力区作为一个世界城市核心区的优势。深厚的历史积淀也为城市未来的发展提供了重要的背景。
- 文化遗产不仅吸引游客来访，也吸引商业落地，并带动了经济发展。由此产生的经济效益又能够用以改善环境、提升品质、维护历史风貌，形成了良性循环。
- 伦敦中央活力区规划中提到：建筑开发要考虑与周围城市结构、肌理、模式、形式、开放空间、交通线路、相邻建筑物规模、城市天际线的关系。创新设计方法，保持与原有城市环境的和谐，保护独特的空间结构与环境特征。伦敦中央活力区的适度提高密度、促进功能混合、最大化发挥用地潜力等措施能够在尊重原有城市环境的基础上产生创新的设计。因此，在当地高密度和相对狭窄的街道形成的近人尺度中，留存或产生了一系列世界级建筑。

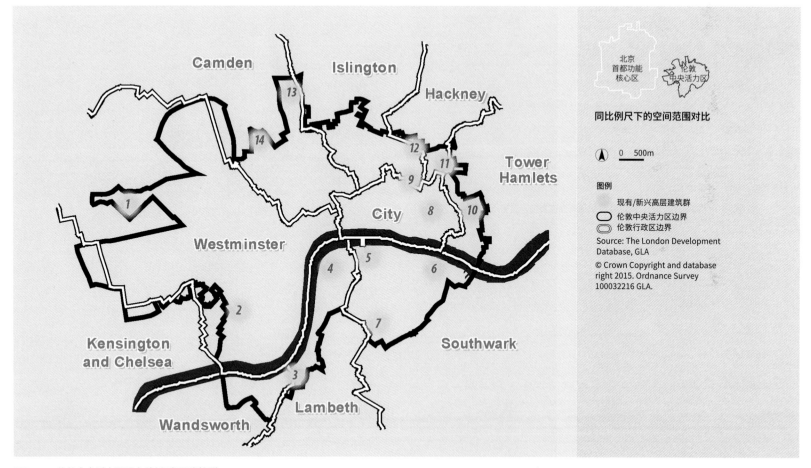

图2-7-4　伦敦中央活力区现有/新兴高层建筑群
来源: 外文文献原图《中央活力区补充规划指引2016》（CENTRAL ACTIVITIES ZONE SUPPLEMENTARY PLANNING GUIDANCE 2016）；同比例尺下的空间范围对比图边界来自北京市行政区域界线基础地理底图（首都功能核心区）；外文文献原图《伦敦规划2021》（The London Plan 2021）

建筑高度、景观视廊、天际线　Building Height, Landscape Gallery and Skyline

北京首都功能核心区以老城整体保护为目标，统筹考虑风貌保护、城市安全与减量发展，划定原貌、多层、中高层三类建筑高度管控分区，对核心区实施最严格的建筑高度管控（图2-7-5）。

- 营造特色景观视廊，感受历史空间联系。围绕看城市、看山水、看历史、看风景主题，按照战略级、地区级划定两级景观视廊，优先对36条战略级景观视廊加强建筑高度、建筑色彩、建筑体量和屋顶形式的综合管控，形成眺望视线通畅、观赏对象清晰的景观效果，逐步恢复历史空间感受（图2-7-6）。

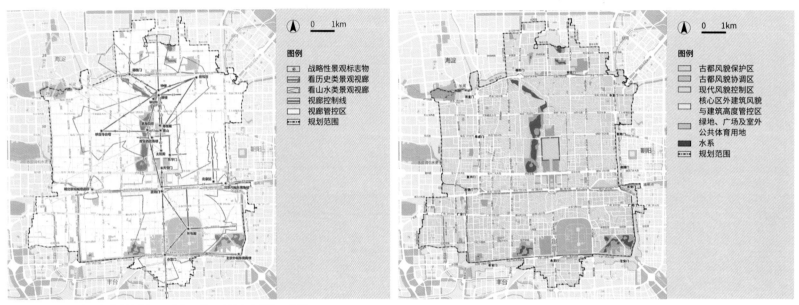

图2-7-5　景观视廊保护控制规划图、建筑风貌及建筑高度管控示意图
来源：《首都功能核心区控制性详细规划（街区层面）（2018年—2035年）》

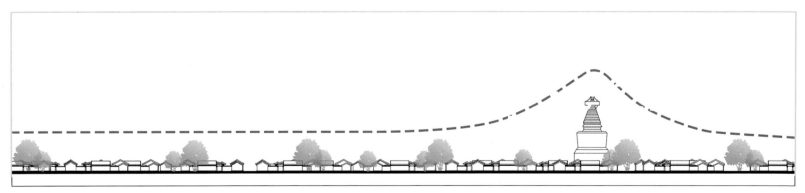

图2-7-6　白塔寺附近天际线
来源：《北京历史文化街区风貌保护与更新设计导则 2019》

伦敦中央活力区范围内，部分建筑高度受到圣保罗大教堂景观廊道和区内其他历史建筑保护要求的限制；区内允许新的开发项目，也包括高层建筑，但要接受非常严格的规划控制。控制标准虽然严格，规则却比较简单，使得设计创意能够在限度内自由发挥。

- 规划提倡对高层建筑采用计划导向的方法。各行政区在其本地规划中确定哪些区域适合、较适合或不适合高层建筑，评估和预测高层建筑开发的累积影响。邻近的行政区共同商讨，确保采取一致的方法来确定高层建筑的适当区域，特别是在行政区边界附近保证和谐的过渡[①]（图2-7-7、图2-7-8）。
- 规划中以确保不影响景观走廊、世界遗产和保护区为目标，划定不适合高层建筑的区域，以区域东侧和南侧为主，局部聚集高层建筑；用地标性建筑塑造城市天际线（图2-7-9）；分层级控制景观视廊。

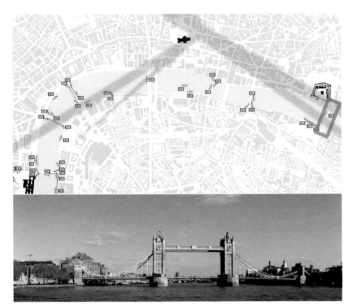

图2-7-7 伦敦塔桥（Tower Bridge）在景观视廊上的位置及观景效果
来源：底图来自外文文献原图《伦敦视图管理框架补充规划指南2012》（London View Management Framework Supplementary Planning Guidance 2012）；塔桥 田燕国 摄

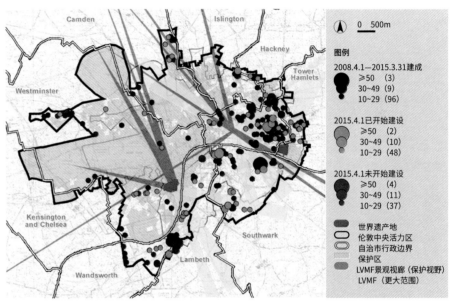

图2-7-8 伦敦中央活力区高层建筑和景观视廊分布（2008—2015年新建和在建）
注：高层建筑指导致天际线发生重大变化，或高于临界尺寸的建筑（临界尺寸是指：毗邻泰晤士河25m，伦敦金融城150m，伦敦30m）
来源：外文文献原图《中央活力区补充规划指引2016》（CENTRAL ACTIVITIES ZONE SUPPLEMENTARY PLANNING GUIDANCE 2016）

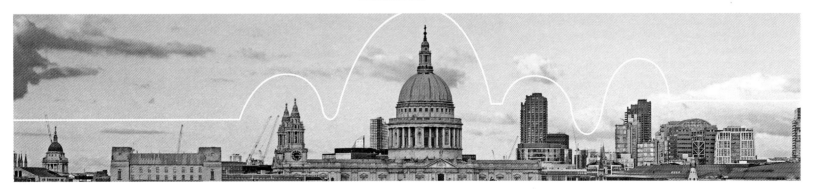

图2-7-9 圣保罗大教堂区天际线
来源：作者绘制，底图 李艾桦 摄

①Mayor of London. Central Activities Zone Supplementary Planning Guidance 2016 [R/OL]. 2016-3.

街巷风貌　Street Landscape

北京首都功能核心区要推进传统胡同、历史街巷保护；强化特色风貌街巷塑造，描绘鲜活的生活图景。

- 加强传统胡同与历史街巷保护，将其中风貌与尺度尚存的传统胡同、历史街巷作为永不拓宽的道路并加以重点保护，守住老城传统街巷肌理与空间尺度。通过核心区街巷环境治理加强特色塑造，形成具有不同时代特征、不同功能特点的特色风貌街巷。
- 重点加强对街巷内各类环境要素的整体性、精细化、差异化管控，营造风貌特色突出、功能类型多样、空间形态丰富的特色街巷，展示核心区首都风范、古都风韵、时代风貌多元共生的街巷景观，打造更具文化魅力的公共空间环境。
- 东四、西四地区是经过统一规划、布局较为规整的街区肌理（图2-7-10、图2-7-11）；什刹海地区是依托原有自然环境而形成的、布局较为自由的街区肌理（图2-7-12）；白塔寺地区是人文环境历史变迁而形成的、布局较为自由的街区肌理（图2-7-13）。[①]

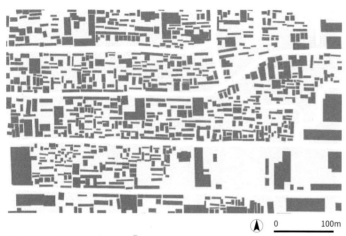

图2-7-10　东四地区街巷肌理[①]

图2-7-11　西四地区街巷肌理[①]

图2-7-12　什刹海地区街巷肌理[①]

图2-7-13　白塔寺地区街巷肌理[①]

①北京市规划和自然资源委员会. 北京历史文化街区风貌保护与更新设计导则[R/OL]. 2019-03.

伦敦中央活力区以街景设计的方式提升街区活力，建立功能混合的共享空间，增强连通性，建立街区中的步行网络。

- 以街景设计为人们提供包容的空间，支持经济、文化和社区活动。尊重地方特征，考虑景观属性，注重活力提升；提高可达性，改善步行环境，通过优质的街道家具和公用设施改善出行体验，使人们能够舒适地沿着街道漫步。

- 鼓励各行政区、开发商、土地所有者和其他合作伙伴在开发创造街道或公共空间时，确保行人能够安全、顺畅地穿过道路；考虑在行人人数较多且人行道空间有限的街道上提供步行共享空间，或在临时市场、食品摊或露天咖啡厅座位等固定时段才会占用街道空间的位置错峰提供步行共享空间；制定政策，临时关闭街道，用于举办活动或临时转换其他功能。

- 《伦敦视廊管理框架补充规划指引》（*London View Management Framework Supplementary Planning Guidance 2012*）中提出了四种类型的景观，位于伦敦中央活力区的有三种，即以地标建筑为视点的线性景观（Linear Views）、沿着泰晤士河的河流景观（River Prospects）、街区中的城市景观（Townscape Views）[①]，包括了如议会大厦、圣保罗大教堂、泰晤士河等著名景观节点，各具特色（图2-7-14～图2-7-17）。

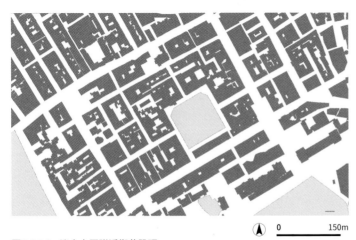

图2-7-14 议会大厦附近街巷肌理
来源：作者改绘，底图来自"London View Management Framework Supplementary Planning Guidance 2012"

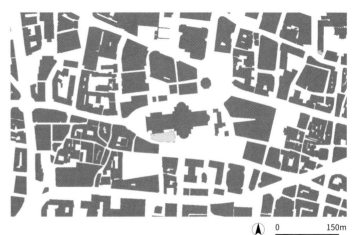

图2-7-15 圣保罗大教堂附近街巷肌理
来源：作者改绘，底图来自"London View Management Framework Supplementary Planning Guidance 2012"

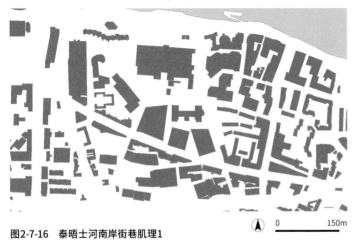

图2-7-16 泰晤士河南岸街巷肌理1
来源：作者改绘，底图来自"London View Management Framework Supplementary Planning Guidance 2012"

图2-7-17 泰晤士河南岸街巷肌理2
来源：作者改绘，底图来自"London View Management Framework Supplementary Planning Guidance 2012"

①Mayor of London. London View Management Framework Supplementary Planning Guidance 2012 [R/OL]. 2012-3.

2.8 公共空间 Public Space
总述 General Statement

公共空间作为供公共活动使用的城市空间既是视觉审美的物质对象，也是人们感受城市意向，形成地域文脉和场所认知的重要空间对象，是城市社会生活和公众交往的平台，首都功能核心区的公共空间的建设目标主要在于展现国家形象和优化人居环境，因此本节主要对比这两种类型的公共空间。

相同点
- 展现国家形象的公共空间：空间分布集中，具有政治与文化意义。
- 优化人居环境的公共空间：空间分布广泛，设计注重与周边环境结合，适应公众需求。

不同点
- 展现国家形象的公共空间：天安门广场面积较大，体现出国家首都恢宏的气质。特拉法加广场面积较小，通过科学丰富的更新改造，实现了空间活力的重塑。
- 优化人居环境的公共空间：北京首都功能核心区重视围绕老城核心价值载体，挖掘文化内涵、保留老城文脉，将历史记忆、城市风貌、现代生活融为一体；伦敦中央活力区的公共空间一部分是历史遗存，逐步增设了与环境协调的基础设施和公共服务设施，此外还在老旧片区进行了全面更新，打造了具有现代功能形态、充满活力的空间。

借鉴性
- 展现国家形象的公共空间：需兼具政治性与生态性，借鉴林荫路的整体环境设计，完善长安街生态性的绿色空间，也可选取生态性与文化性俱佳的适宜街道作为备选，例如北海公园南侧的文津街。
- 优化人居环境的公共空间：加强生活性街道的公共空间属性，伦敦中央活力区统筹考虑街道的通行能力、商业发展、公共空间需求，鼓励功能混合和空间共享。

图2-8-1　北海公园
来源：田燕国 摄

As a city space for public activities, public space is not only a material object of visual aesthetics, but also an important space object for people to feel the city intention and for forming regional context and place cognition. It is a platform for urban social life and public communication. The construction goal of the public space in the functional core area of the capital is mainly to display the national image and optimize the living environment. In the Section, these two types of public spaces were mainly compared.

Similarities

- Public space displaying the national image: Concentrated space distribution has political and cultural significance.
- Public space optimizing the living environment: Wide space distribution and coordination between design and surrounding environment meet the needs of the public.

Differences

- Public space displaying the national image: Tiananmen Square has a large area, reflecting the magnificent temperament of the national capital. Trafalgar Square has a small area, realizing the space vitality rebuilding through scientific and abundant renovation.
- Public space optimizing the living environment: Core Area of the Capital attaches importance to the core value carrier of the old city, excavates the cultural connotation, preserves the context of the old city, and integrates historical memory, urban landscape and modern life; while part of the public space in Central Activities Zone is a historical relic. Infrastructure and public service facilities coordinated with the environment have been gradually added. In addition, the old areas have been completely renovated, creating a modern functional and vibrant space.

References

- Public space displaying the national image: It is both political and ecological. It draws from the overall environmental design of avenue to improve the ecological green space of Chang An Avenue. Suitable streets with excellent ecology and culture can also be selected as alternatives, such as Wenjin Street on the south side of Beihai Park.
- Public space optimizing the living environment: Strengthen the public space attribute of the living street. Central Activities Zone takes into account traffic function, commercial development and public space demand of the street, and encourages function mixing and space sharing.

图2-8-2 圣詹姆斯公园
来源：田燕国 摄

展现国家形象的公共空间：街道 Public Space Displaying the National Image: Street

北京首都功能核心区的国家礼仪线路、广场等主要分布在长安街和中轴线两轴上（图2-8-3）。

- 长安街是城市的东西向轴线，以国家行政、文化、国际交往功能为主，体现庄严、沉稳、厚重、大气的形象气质。街道尺度宏大，空间开阔，对称布局，呈序列感，具有完整统一的结构特征（图2-8-4）。

- 以长安街中轴线为骨架、历史文化要素为基底，重塑水绿空间。

- 《首都功能核心区控制性详细规划（街区层面）（2018年—2035年）》提出要重点管控长安街沿线建筑形态与公共空间，形成严整有序的建筑界面与连续开放的公共空间，展现宏伟庄重的国家形象。同时提高绿化空间的连续性与开放性。

- 文津街东起北长街，西至府右街，全长771m。元代属宫苑之地。清代称西安门大街东段。1911年后改称西安门内大街。1931年，因国立北平图书馆（今国家图书馆分馆）将承德避暑山庄文津阁内保存的《四库全书》移藏进馆，故此街改称文津街。[①]文津街紧邻故宫、景山公园、北海团城，景致优美宜人，极具中华特色，可作为兼具生态性与文化性的国家礼仪备选线路。

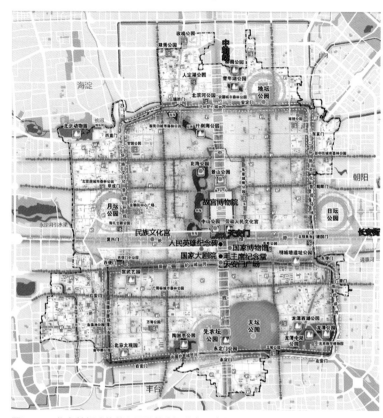

图2-8-3　北京首都功能核心区公共空间分布示意图
来源：底图来自《首都功能核心区控制性详细规划（街区层面）（2018年—2035年）》

图2-8-4　天安门与长安街
来源：田燕国 摄

---

①北京市方志馆. 中南海让出来的文津街[Z/OL]. 北京市住房和城乡建设委员会官网. 2018-07-30.

伦敦中央活力区的国家礼仪线路、广场等集中分布在中部和西部，靠近中央行政机构（图2-8-5）。

- 林荫路（The Mall）是伦敦主要的仪式线路，具有优美的生态特色，连接着白金汉宫（西端）和特拉法加广场（东端）。它在许多国事活动、皇室游行时都会使用，是17世纪60年代为查理二世（Charles II）设计的，是圣詹姆斯公园（St James's Park）景观设计的一部分，由约翰·纳什（John Nash）在1827年正式确定，并在20世纪初进行了重大改造。[1]

- 当有外国元首访英时，元首会乘坐皇室马车通过林荫路拜访英国女王。[2]届时，林荫路的两旁会挂着英国和到访国家元首所属国的国旗，庄严的同时也显得色彩缤纷（图2-8-6）。

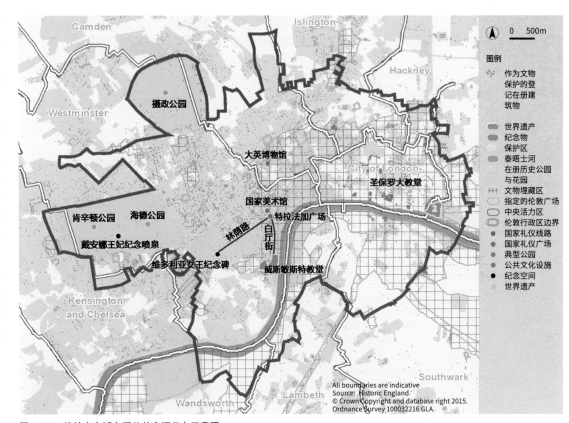

图2-8-5　伦敦中央活力区公共空间分布示意图
来源：底图来自外文文献原图《中央活力区补充规划指引2016》（CENTRAL ACTIVITIES ZONE SUPPLEMENTARY PLANNING GUIDANCE 2016）

图2-8-6　林荫路
来源：李文华 摄

①Mayor of London. London View Management Framework Supplementary Planning Guidance 2012 [R/OL]. 2012-3.
②伦敦街头张灯结彩迎接习近平访英 [N/OL]. 腾讯新闻. 2015-10-19.

展现国家形象的公共空间：广场　Public Space Displaying the National Image：Square

天安门广场是北京中轴线上重要的空间节点，是国家的"心脏"，应整体提升周边空间形象与景观品质，维护广场空间的对称性和界面的完整性，彰显天安门广场的庄严雄伟和美丽，凸显中央政务、国际交往、国事活动核心承载区的地位（表2-8-1、图2-8-7）。

● 天安门成为现代意义上的广场，源于1914年，至今已跨过百年历史。新中国对天安门广场的历次扩建与修改，实现了对广场政治意义的强化。天安门广场近三十年间的变化缓慢而谨慎，一些改变体现在细枝末节处，它的政治符号意味始终如一。[1]

天安门广场改造大事记　　　　　　　　　　　　　　　　　　　　　　　　　表2-8-1

时间	进程
1949—1952年	以新中国中央人民政府成立盛典为标志，天安门广场进入一个崭新的历史时期。毛泽东主席提出把天安门广场建成一个"百万人广场"，选定人民英雄纪念碑的位置（周恩来总理选定）和旗杆（长安街南侧丁字形广场南墙东西连线与南北中轴线的交叉点）的位置。人民英雄纪念碑先后征求设计方案240多个，并制作模型广泛征求各领域专家意见，到1952年开始着手兴建
1954年	从1950年至1954年间，北京市规划部门陆续做了15个方案，对天安门广场的性质、周边建筑规模、对旧建筑的处理以及广场的尺度等问题展开了热烈的讨论
1956年	苏联专家在1954年规划方案的基础上归纳了10个方案，在党的第八次代表大会期间，在北京市政府举办的城市规划展览中与城市总体规划一起展出，以征求各方面的意见
1958年	在过去编制的25版规划方案基础上整合，着手大规模改建天安门广场；这一时期人民英雄纪念碑落成；同期，在广场东侧建成了人民大会堂，西侧建成了中国革命历史博物馆（现为中国国家博物馆）；这是一次真正意义上的规划建设，是天安门广场有史以来第一次脱胎换骨的改建，具有里程碑的意义
1976—1977年	1976年11月12日正式确定了毛主席纪念堂建在天安门广场人民英雄纪念碑和正阳门等距各200米的建筑方案；1977年9月9日，毛主席纪念堂建成
1985—1991年	形成《关于天安门广场和长安街规划综合方案的建议（草案）》，涉及建筑高度控制、红墙保护、绿地提升、服务设施完善等，于1985年8月上报党中央、国务院。在1991年更新了天安门广场旗杆的基座和升降驱动机构及控制系统
1998年	为庆祝新中国成立50周年，对天安门广场、长安街及其延长线进行了一次规模最大的整治。此次改造将天安门广场上铺设的混凝土方砖全部更换为花岗岩石材；广场的扩声系统和照明系统全部进行了更新和完善；规范了人行步道的宽度，统一要求达到4.5～6m；增加便民设施；新增了两块绿地，美化了空间环境，提高了绿化质量

来源：作者梳理，资料来自董光器. 古都北京五十年演变录[M]. 南京：东南大学出版社，2006.

---

①陈佳. 天安门广场百年进化史[Z/OL]. 人民政协网. 2015-12-09.

特拉法加广场位于伦敦市中心，通过改造形成了充满活力且易达的公共空间，最大限度地保持了历史公共空间的原貌，并很好地维护了原有的纪念意义（表2-8-2、图2-8-8、图2-8-9）。

- 特拉法加广场坐落在伦敦市中心的威斯敏斯特城（City of Westminster）和伦敦金融城（Square Mile）之间，即伦敦政治与经济中心之间，占地面积4.8公顷。因其特殊的纪念意义和空间地理位置被视为英国的国家广场。特拉法加广场改造项目将持续多年的伦敦中央活力区城市环境改造工作推向了高峰，是英国城市复兴的重要成果，为之后的历史空间改造项目提供了有价值的实践经验。[1]

特拉法加广场改造大事记　　　　　　　　　　　　　　　表2-8-2

时间	进程
1845年	特拉法加广场的提出源于摄政时期建筑师约翰·纳什（John Nash）提出的复兴查令十字街区（Charing Cross）计划，最终由查尔斯·巴里爵士（Sir Charles Barry）于1845年完成设计建造
20世纪90年代中期	城市复兴战略的兴起及政府对城市设计的重视催生了伦敦的"世界广场计划"（World Squares for All），包括振兴位于伦敦市中心的白厅（Whitehall）以及两端的特拉法加广场、议会广场（Parliament Square）这一历史区域
1996年	伦敦市政府委托空间句法咨询公司（Space Syntax Limited）针对特拉法加广场和威斯敏斯特广场之间的公共空间系统进行总体分析，结果显示广场的主要问题包括：交通路线阻隔和步行系统混乱
2000年	选举产生的第一个全伦敦范围的市长肯·利文斯通（Ken Livingstone）十分注重伦敦公共空间建设，他将"世界广场计划"视为一次"现成"的、"高度可见"的胜利，并借此宣称要将特拉法加广场打造为"一个充满活力且易达的地方……同时保持传统角色，成为言论自由的论坛"。随后，特拉法加广场改造项目的管理责任也转交随后诞生的大伦敦政府（GLA: Great London Authority）
2003年	行政首长的积极推动加快了工程进度，历时18个月后，2003年6月完成了"世界广场计划"的第一阶段（即特拉法加广场）改造。福斯特事务所（Foster + Partners）受指导小组委托，成为特拉法加广场改造的总体设计团队，空间句法、阿特金斯等咨询公司前期的技术分析和市民问卷为其提供了充分的设计依据来梳理车行交通、打通步行连接；拓宽人行道，并对街道设施（座椅、路灯、标识系统、巴士候车亭等）的形式、色彩、材料进行整合；增加基础设施及无障碍设计

来源：作者梳理，资料来自《伦敦特拉法加广场历史公共空间的活力重塑》

图2-8-8　特拉法加广场
来源：田燕国 摄

图2-8-9　特拉法加广场雕塑
来源：田燕国 摄

①于丹阳，杨震.案例实践｜英国城市设计与城市复兴【连载】③伦敦特拉法加广场历史公共空间的活力重塑[Z/OL].《国际城市规划》公众号.2019-08-08.

优化人居环境的公共空间　Public Space Optimizing the Living Environment

北京首都功能核心区正在推动公共空间精细化与艺术化塑造，围绕老城核心价值载体，运用综合性手段，大幅提升核心区公共空间的精细化与艺术化水平，尽展古韵新生。

- 鼓励因地制宜建设尺度亲切、实用有趣的公共空间，鼓励将散布于北京首都功能核心区的消极空间、小微空间改造为开放、多元的积极空间，形成一批与古都风貌相协调、与公众需求相适应的公共活动场所，构建散发古风古韵、融入现代生活的公共空间体系。[①]
- 以空间织补的方式渐进性优化公共空间体系（图2-8-10）。例如前门三里河及周边地区恢复整治项目，通过挖掘内涵、整治环境、提升品质，逐步恢复玉带河故道、明清通惠河、北运河故道三条古河道。
- 开放现有公共空间的边界，营造更加方便可达的公共空间环境。例如北京皇城根遗址公园与周边城市空间统筹规划，融入城市景观。
- 建设口袋公园，利用微小和闲置的用地弥补公共空间的不足。例如王府井口袋公园（图2-8-11），设计中保留老城文脉，从旧日城市生活细节中提炼灵感，采用传统建筑砖墙意向，营造惬意的休憩与交流空间。

图2-8-10　前门三里河及周边地区恢复整治
来源：田燕国 摄

图2-8-11　王府井口袋公园
来源：胡明心 摄

①中国共产党北京市委员会，北京市人民政府. 首都功能核心区控制性详细规划（街区层面）（2018年—2035年）[R/OL].（2020-08-30）[2020-10-10].

伦敦中央活力区公共空间的设计具有安全、无障碍、包容、连接、易于使用和维护的特点，与周围环境结合紧密，有着高品质的景观环境和街道家具等，能够改善居民生活质量，吸引留住人群，让人们放松地聚集，享受社会交往。

- 有地标性公园如莱斯特中央公园（图2-8-12），由土地所有者、伦敦商业改善区中心、威斯敏斯特市议会和伦敦交通局共同参与、投资；以带状石头座椅来框定花园边界，改进照明和街道管理，改善户外餐饮，将其打造成为国际地标性区域。
- 有社区型公园如罗素公园（图2-8-13），由私人所有，其所在的伦敦卡姆登区地方政府只行使管理权。此公园约建于18世纪末，周围都是大学校园，不同肤色的人在罗素公园中晒太阳、休息，花园中央的喷泉吸引着孩子们玩水嬉戏。公园周围的建筑是很典型的18、19世纪的历史保护建筑，简单、灵活、比例优雅。这些建筑从建成到现在经历过各种各样的用途。
- 有室外公共空间如国王十字区（图2-8-14），重新定义了现代商业区形态的开发，这里的公共空间可以给开发带来更大的价值。

图2-8-12 莱斯特中央公园
来源：https://www.leicestersquare.london/kids-week/

图2-8-13 罗素公园
来源：张然 摄

图2-8-14 国王十字区的公共空间
来源：田燕国 摄

2.9 建筑更新 Building Renewal

总述 General Statement

建筑更新是一种将城市中已经不适应现代化城市社会生活的建筑做必要的、有计划的改建活动。核心区作为完全城市化地区，城市建设主要在于更新，本节主要对比历史保护建筑和行政办公建筑的更新方法和案例，伦敦中央活力区以价值为导向建立整体更新工作框架的方式值得借鉴。

相同点

- 更新与实践：更新类型与实践案例多样，如历史保护建筑更新、传统街区更新等。北京首都功能核心区与伦敦中央活力区均包含大量中央政务机构、拥有悠久历史遗存的老城，二者都面临大量的行政办公、历史保护等建筑的更新改造。

不同点

- 历史保护建筑和行政办公建筑：北京行政办公建筑更新中现代建筑改造案例较多，历史建筑修缮后会用于国事活动；伦敦以合适的手段改造历史建筑、植入合适的功能，活化利用的经验较为丰富。

借鉴性

- 更新保护：合理利用是对建筑最好的保护，要先为其找到准确的功能定位和适宜的用途，了解建筑的遗产价值、地方特色和潜力、基础设施的需要等，共同制定适应场地及其周围环境的方案。

图2-9-1　中国国家博物馆改扩建（入口大厅扩建）
来源：张立全 摄

Building renewal is a necessary and planned reconstruction activity for the buildings in the city that are no longer suitable for the social life of modern cities. As a completely urbanized area, the core area mainly lies in the renewal of urban construction. In the Section, the renewal methods and cases of historical protection buildings and administrative office buildings were mainly compared. The value-oriented way of establishing the overall renewal work framework in Central Activities Zone is worth learning.

Similarities

- Renewal and practice: There are various types of renewal and practical cases, such as historical preservation building renewal and traditional block renewal, etc. Both Core Area of the Capital and Central Activities Zone contain a large number of central government agencies and old cities with a long history. Both of them are faced with a lot of renewal and renovation of administrative office buildings and historical protection buildings.

Differences

- Historical protection buildings and administrative office buildings: There are many cases of modern building renovation in the renewal of administrative office buildings in Beijing, and historical buildings will be used for state affairs after repair; while London has rich experience in transforming historical buildings and implanting appropriate functions by appropriate means.

References

- Renewal and protection: Reasonable utilization is the best protection for buildings. It is necessary to first find accurate functional positioning and suitable use, understand the heritage value, local characteristics and potential, and infrastructure demands of buildings, and jointly formulate plans to adapt to the site and its surrounding environment.

图2-9-2 英国大英博物馆改扩建（中庭改建）
来源：何淼淼 摄

历史保护与行政办公建筑更新
Historical Protection and Renewal of Administrative Office Buildings

结合历史建筑及园林绿地腾退、修缮和综合整治，建设具有优美环境和文化品位的场所，基于"历史保护"理念，实现文化引领。

- 历史保护建筑更新的典型案例如北京坊，其以设计导向，延续传统城市空间氛围，营造现代功能，成为北京文化地标。商业业态的科学选择，与城市定位业态融为一体，使得项目更具有活力（图2-9-3）。

尊重原有建筑的文脉，延续外形设计的形象，更新主要体现在新时期的理念与技术上，结合建筑使用特点，把握功能和空间需求。

- 在手法上有空间拓展和空间重塑两种形式。为满足既有建筑规模扩大、空间拓展的需求，重点在于维持建筑的整体性，即在尊重建筑原始风貌的基础上整合加入新建部分，实现新老共生；围绕建筑功能转换的方式是空间重塑，重点在于空间结构优化、功能转换和设备更新等调整。[1]
- 行政办公建筑更新的典型案例如全国妇联机关办公楼改扩建（图2-9-4）。原办公楼在1993年竣工，1994年全国妇联机构正式进驻，为改善现有办公人员的工作条件，对原有办公楼进行改扩建。从尊重妇联历史和建筑文脉角度出发，对建筑外貌不进行更大规模的调整，保持强化原有风格，仍维持浅色外墙、坡屋顶，只是在手法上进行更新处理，符合建筑本身的性格特点，与周围环境协调，体现沉稳、庄重、包容的理念。另因原用地紧张，本着合理用地、紧凑布局的思路，将新扩建部分的北楼及礼仪大厅融入其中，维持了原有群体建筑的城市形象。

图2-9-3　北京坊（左：西立面全景，右：C2~C5西立面室外）
来源：王一东

图2-9-4　全国妇联办公楼改扩建
来源：王一东

---

[1] 侯山. 行政办公建筑更新改造研究[D]. 合肥：安徽建筑大学，2017.

英国已经形成较为完善的建筑更新专门机构、制度及法律法规体系，通过法律，明确建筑更新的内容、程序、资金等一系列问题，保障更新顺利开展。伦敦中央活力区根据严格的政策，允许历史建筑更新，并且尊重其基本特征、建筑和历史的完整性，由专门的政府机构监督。

- 妥善留存历史建筑，必须要先为其找到准确的功能定位和适宜的用途，这个过程中，利益相关者密切合作，了解建筑的遗产价值、地方特色和潜力、基础设施的需要等，共同制定适应场地及其周围环境的方案[1]。历史建筑保护更新的典型案例有：葡萄藤街（One Vine Street, Westminster 图2-9-5）保留原有的建筑线条和材料并加入现代元素；苏豪区富伯特广场国王街（Kingly Street, Fouberts Place, in Soho 图2-9-6）将传统房屋色调和形式与现代玻璃和店面设计结合，同时展现历史特色和时尚感；国王十字粮仓（The Granary Kings Cross 图2-9-7）将粮仓建筑和运输棚与位于圣马丁中心的200m长的新建筑整合在一起，具有了集剧院、舞蹈工作室和中央大道的多种功能。[2]

伦敦中央活力区的中央行政办公建筑大多是历史建筑。这些建筑的妥善留存，源自其一直延续着适宜的功能定位和用途。

- 行政办公建筑更新的典型案例主要有议会大厦（图2-9-8）和唐宁街（图2-9-9）。英国议会大厦已有近千年历史，自2018年开始，英国将斥资至少35亿英镑，花费约10年时间对大厦进行修缮，修缮款的75%会用来更新大厦的各种系统[3]。唐宁街10号是英国首相官邸，象征英国政府的中枢。它是在1735年由建筑师威廉·肯特以两栋原有建筑组合改造成的[4]，在2010年5月大选后，英国政府花费70万英镑（约合人民币711万元）修缮了此处[5]。

图2-9-5 葡萄藤街[2]

图2-9-6 苏豪区富伯特广场国王街[2]

图2-9-7 国王十字粮仓[2]

图2-9-8 议会大厦
来源：张三 摄

图2-9-9 唐宁街
来源：何淼淼 摄

---

① 国际金融地产联盟. 2018中英城市更新及存量改造白皮书[R/OL]. 2018-01-19.
② Mayor of London. Central Activities Zone Supplementary Planning Guidance 2016 [R/OL]. 2016-3.
③ 王会聪. 70年来首次大规模整修！英国拟用10年斥资35亿修议会大厦[Z/OL]. 环球网. 2018-02-02.
④ 沈海滨. 世界上最有名地址——唐宁街10号[J]. 世界文化，2014（04）：46-48.
⑤ 信莲. 英首相花高价装修官邸 被要求公开修缮费用详情[Z/OL]. 中国日报网. 2011-11-08.

2.10 交通出行 Traffic
总述 General Statement

良好的城市道路交通环境不仅是城市的名片，而且是首都职能得以实现的有力保障。本节主要对比城市街道功能、出行方式构成、步行和自行车系统、停车管理策略四个方面的重点内容，以期借鉴伦敦发展经验为北京建设添砖加瓦。

相同点
- 交通需求：均承担着满足国家首都职能的特殊交通需求及城市基本交通需求的使命。
- 自行车出行环境：均鼓励自行车出行，并积极规划和完善自行车出行环境。
- 停车问题：积极解决停车问题。

不同点
- 绿色出行比例：伦敦中央活力区早高峰以轨道交通为主的绿色出行比例在90%以上（2015年），显著高于北京（2019年）。
- 自行车路权及出行环境：北京大部分城市道路断面在规划伊始已设置了自行车车道，后期使用中局部出现路权被挤占等问题，出行环境受到影响；伦敦中央活力区区域则受制于"窄马路"限制，已建道路存在因骑行空间缺失或过于狭窄带来的安全隐患；伦敦中央活力区尝试"街道还于民"，并取得一定成效。
- 严格控制停车位的配置：北京2021年4月1日起实施的停车位配建标准中把二环路以内划为一类地区，属严格控制区，实施上限控制，划分尺度大而泛；伦敦中央活力区停车配置与公交可达性水平动态关联，实施新项目零车位配置。

借鉴性
- 适度挖掘路网潜力：北京首都功能核心区需适度挖掘潜力以提升道路网密度，譬如适当开放大院、增加城市支路，加强微循环系统。
- 出行结构：结合北京首都功能核心区实际情况，借鉴伦敦经验，建议长期构建"轨道交通+慢行（这里指'步行+自行车'）"为主、其他公共交通为辅的出行方式结构，创造绿色、高效、友好的出行环境。未来北京首都功能核心区路网密度提升空间有限，导致路面交通运营时效受限；与之相较，轨道交通出行效率高、出行时间有保障，慢行交通可达性高，二者顺畅接驳，可有力提升整体交通出行效率。

图2-10-1　北京首都功能核心区城市道路交通尺度展示图

Sound urban road traffic environment is not only the city's business card, but also a powerful guarantee for the realization of the capital's functions. In the Section, the key contents in four aspects, namely, city street function, travel mode composition, walking and cycling systems and parking management strategy were mainly compared, so as to draw from London's development experience and contribute to Beijing's construction.

Similarities
• Traffic demand: Both of them undertake the mission of meeting the special traffic demands of the national capital function and the basic traffic demands of cities.
• Cycling environment: Both of them encourage cycling and actively plan and improve the cycling environment.
• Parking problem: Actively solve parking problems.

Differences
• Green travel proportion: In the morning peak of Central Activities Zone, the proportion of green travel mainly by rail transit is over 90% (2015), which was significantly higher than that of Beijing (2019).
• Bicycle right of way and travel environment: Bicycle lanes have been set up in most urban road sections in Beijing at the beginning of planning, while some problems such as road rights being squeezed out in later use have affected the travel environment; while Central Activities Zone is subject to the restriction of "narrow roads", and the built roads have potential safety hazards caused by lack of riding space or narrowness. Central Activities Zone has tried to "return the streets to the people", which have achieved certain results.
• Allocation strictly controlling the parking lot: In the parking lot allocation and construction standard implemented in Beijing from April 1, 2021, the Second Ring Road is classified as a first-class area, which is strictly controlled. The upper limit control has been implemented, and the division scale is large and extensive; while the parking allocation in Central Activities Zone is dynamically correlated with the accessibility level of public transport, and zero parking lot allocation in new projects has been implemented.

References
• Exploit the potential of road network appropriately: Core Area of the Capital should be exploited moderately to improve the density of road network, such as opening the courtyard properly, increasing the urban branch roads and strengthening the microcirculation system.
• Travel structure: In combination with the actual situation of Core Area of the Capital and drawing from London's experience, it is suggested to build a long-term travel mode structure with "rail transit + slow traffic (here refers to 'walking + cycling')" as the mainstay and other public transport as the supplement, so as to create a green, efficient and friendly travel environment. In the future, the space for improving the density of road network in the Core Area of the Capital is limited, which leads to limited timeliness of road traffic operation. In contrast, rail transit has high efficiency, guaranteed travel time and high accessibility to slow traffic. The smooth connection between the two can effectively improve the overall traffic efficiency.

图2-10-2 伦敦中央活力区城市道路交通尺度展示图
来源：田燕国 摄

城市街道功能 City Street Function

北京首都功能核心区城市街道不仅承
担着满足国家首都功能的政务交通需
求及满足城市基本交通需求的双重使
命，而且是国家首都形象与城市多元
文化展示的窗口。城市街道不仅是街
道，也是道路。北京首都功能核心区
受大院文化影响和历史保护街区等因
素所致，其路网密度明显低于伦敦中
央活力区。

路网密度（图2-10-3）

• 2018年道路网密度[①]
　东城区8.40km/km²；
　西城区8.03km/km²。

城市街道功能[①]（图2-10-4）

• 基本功能的载体
　国家首都形象的窗口；
　城市多元文化的界面；
　城市公共生活的客厅。

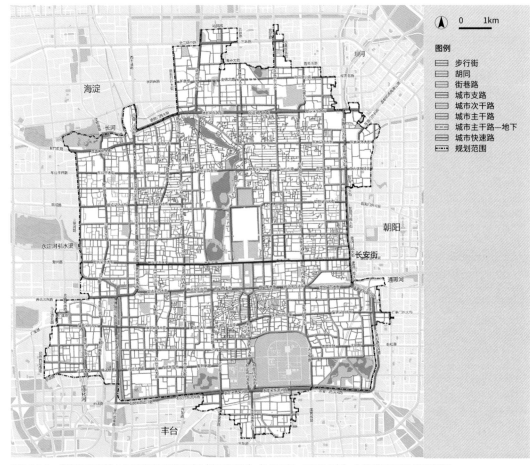

图2-10-3　《首都功能核心区控制性详细规划（街区层面）（2018年—2035年）》中的道路网系统规划图
来源：《首都功能核心区控制性详细规划（街区层面）（2018年—2035年）》

图2-10-4　北京首都功能核心区城市街道风貌展示
来源：依次为元海英 摄、聂博闻 摄、何淼淼 摄、信子怡 摄

①北京市规划和自然资源委员会．北京街道更新治理城市设计导则[R/OL]．2020-07.

伦敦中央活力区城市街道同样承担着满足国家首都功能的特殊交通需求及满足城市基本交通需求的使命；就路网密度而言，伦敦受"小街区、窄马路、密路网"的城市格局和历史成因等因素影响，使得伦敦中央活力区区域的路网密度较高。

路网密度[1]（图2-10-5）

- 2018年伦敦中央活力区道路网密度达18.1km/km²。

城市街道功能[2]（图2-10-6）

- 是街道，也是道路；不仅承担交通职能，而且突出街道的人文关怀；
- 场所Place；
- 运输Movement；
- 可达Access；
- 停车Parking；
- 附属设施Drainage，utilities and street lighting。

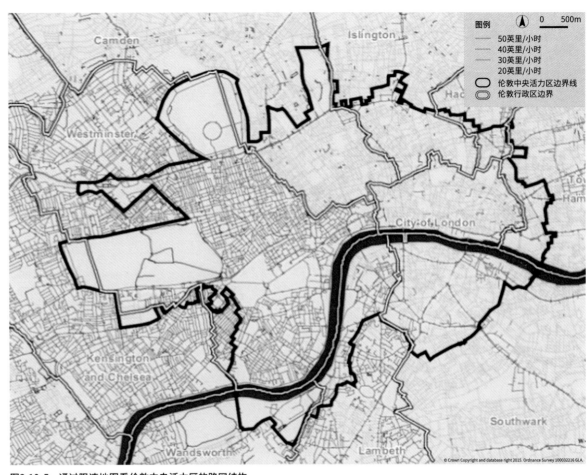

图2-10-5 通过限速地图看伦敦中央活力区的路网结构
来源：外文文献原图《中央活力区补充规划指引2016》（CENTRAL ACTIVITIES ZONE SUPPLEMENTARY PLANNING GUIDANCE 2016）

图2-10-6 伦敦中央活力区城市街道风貌展示
来源：元海英 摄

---

①王如昀. 国际观察079 | 伦敦·北京双城记之四：公共交通优先战略[Z/OL]. 城市规划云平台（cityif）. 2019-07.
②Transport for London. Streetscape Guidance 2009：A Guide to Better London Streets[R/OL]. 2009.

出行方式构成 Travel Mode Composition

北京首都功能核心区2019年工作日绿色出行方式比例为74.1%，其中轨道、公交占比31.8%；[①]地面路网运营表现拥堵。考虑北京首都功能核心区未来地面路网密度提升空间的有限性及轨交的完善性，倡导持续构建"轨交+慢行（含步行、自行车）"出行方式结构，保障出行时间和出行效率。

出行方式构成

- 2019年工作日由轨道、公交、自行车、步行完成的出行比例达到74.1%（图2-10-7）；其中轨道、公交完成的出行比例达到31.8%[①]。

基础设施建设

- 将形成成熟的轨道交通网络（图2-10-8）。

路网运营现状

- 工作日早晚高峰出行均表现出较为严重的拥堵现象[②]（图2-10-9）。

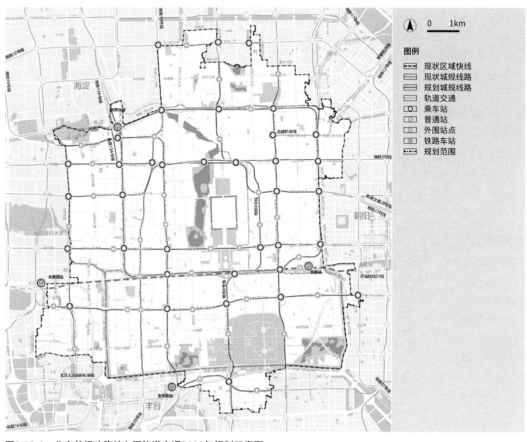

图2-10-8　北京首都功能核心区轨道交通2022年规划示意图
来源：《首都功能核心区控制性详细规划（街区层面）（2018年—2035年）》

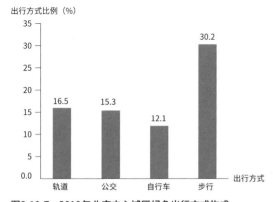

图2-10-7　2019年北京中心城区绿色出行方式构成
来源：作者绘制，数据来自《2020年北京市交通年度报告》

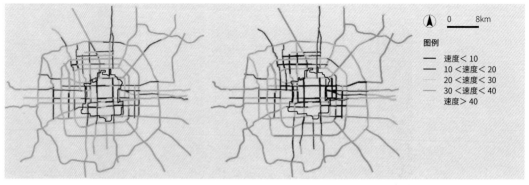

图2-10-9　2014年早（左图）晚（右图）高峰路网运行速度分布图（12月工作日）
来源：《第五次北京城市交通综合调查总报告》
注：第六次北京城市交通综合调查于2019年9月启动，计划于2021年调查数据结束

---

①北京交通发展研究院. 2020年北京市交通年度报告[R/OL]. 2020-07.
②北京市交通委员会，北京交通发展研究中心. 第五次北京城市交通综合调查总报告[R/OL]. 2016-06.

伦敦中央活力区2015年早高峰由公共汽车、铁路（或地铁）完成的出行比例约90%，路面路网运营同样表现出拥堵（每公里延误时间大于1.5min）。[1]为此，伦敦市长的交通战略推行良好的公交体验，致力于绿色出行；未来伦敦中央活力区将继续以公共交通作为最主要的出行方式。

出行方式构成

• 2015年，伦敦中央活力区区域早高峰由公共汽车、铁路或地铁完成出行比例大约90%；已具有较高的公共交通连通性水平（图2-10-10）。

基础设施建设

• 已形成稳定的轨道交通网络（图2-10-11）。

路网运营状况

• 表现为拥堵。从拥堵延误时间分布图可以看出：拥堵导致每公里延误时间大都处于1.5min以上（图2-10-12）。

图2-10-10　截至2021年底伦敦中央活力区公共交通可达性水平的实现目标图（颜色越深可达性越好）
来源：外文文献原图《中央活力区补充规划指引2016》（CENTRAL ACTIVITIES ZONE SUPPLEMENTARY PLANNING GUIDANCE 2016）

图2-10-11　轨道交通线网图
来源：外文文献原图《伦敦交通战略》（Mayor of London. Mayor's Transport Strategy）

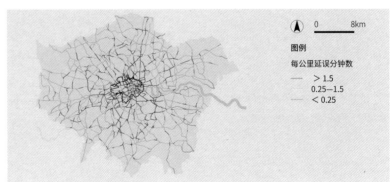

图2-10-12　拥堵导致的每公里延误时间分布图
来源：外文文献原图《伦敦交通战略》（Mayor of London. Mayor's Transport Strategy）

①Transport for London. Mayor's Transport Strategy 2018 [R/OL]. 2018-03.

步行和自行车系统　Walking and Cycling Systems

北京首都功能核心区在道路规划建设伊始设置了较为完善的人行道、自行车车道，虽然后期使用中局部出现路权受到侵占等现象，但整体运营状况良好。北京市政府从法律法规角度出发，在道路设计和城市交通管理中强化"以人为本"的理念，建设步行和自行车友好城市，助力绿色出行。

步行和自行车系统建设现状

- 从法律角度，步行和自行车慢行路权得到合法保障，分别于2013年和2020年9月出台《城市道路空间的合理利用——北京城市道路空间规划设计指南》和北京市地方标准《步行和自行车交通环境规划设计标准》；步行和自行车专项规划设计标准充分实现了以人为本的理念的落实。

- 现状有方便取用的共享自行车及地铁口的自行车停车位（图2-10-13），未来共享自行车出行环境进一步完善优化，顺利接驳。

- 北京首都功能核心区规划以生活服务类街道为主，优先考虑人的出行、休憩与交往需求，降低机动车通行速度，营造了安全舒适的步行与骑行环境（图2-10-14）。

《首都功能核心区控制性详细规划（街区层面）（2018年—2035年）》要求

- 加大步行、自行车路权保障；
- 综合改善慢行体验；
- 建设健步悦骑城区；
- 多举措引导绿色出行；
- 2035年绿色出行比例由2019年的74%提高到85%以上；2050年绿色出行比例不低于90%。

图2-10-13　复兴门地铁口方便取用的共享自行车及自行车停车位
来源：元海英 摄

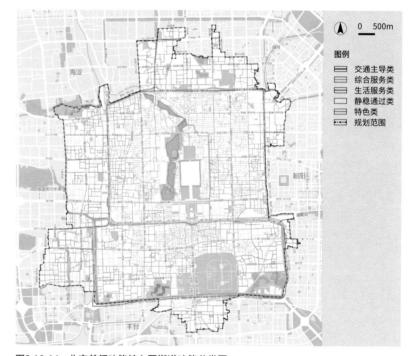

图2-10-14　北京首都功能核心区街道功能分类图
来源：《首都功能核心区控制性详细规划（街区层面）（2018年—2035年）》

图例
- 交通主导类
- 综合服务类
- 生活服务类
- 静稳通过类
- 特色类
- 规划范围

伦敦中央活力区现状受制于"窄马路"影响，已建道路存在自行车道缺失，或因车道过于狭窄带来的安全隐患的现象。伦敦着手尝试"街道还于民"，倡导健康街道、健康人民，打造全球最适宜步行的城市（图2-10-15）。

步行和自行车系统建设现状

* 伦敦2018年7月19日英国首都伦敦市政厅公布城市改造方案，计划把这座国际化大都市打造成为全球"最适宜步行"的城市[①]。
* 已建道路受"窄马路"限制，路面自行车道出现局部不连续或使用路面过窄的现象，自行车出行者交通安全受到影响。

伦敦规划要求：建设步行和自行车友好城市

* 健康街道健康市民[②]（Healthy Streets and Healthy People）是最核心和优先的战略，且该战略是一项长期计划。
* 确立十项健康街道指标[③]（表2-10-1）。

图2-10-15　伦敦中央活力区自行车专用道
来源：张冰雪 摄

十项健康街道指标　　　　　　　　　　　　　　　　　表2-10-1

	指标	释义
1	每个人都是步行者	伦敦的街道应该是每个人散步、休闲和参与社区生活的好地方
2	便于过街	让街道更容易穿过，有利于连接社区，鼓励更多的人步行。人们更喜欢直线通行，并且能够在方便的时候穿过街道。物理障碍、快速或拥挤的交通，会使街道变得难以穿过
3	遮阴挡雨	为市民提供遮阴和遮蔽的设施，免受强风、大雨和阳光直射，这样无论天气如何，都可以使用街道
4	停留和休息的空间	缺乏休息的地方会限制某些人群的活动。确保有驻足和休息的地方对每个人都有好处，包括本地商业，因为这样人们将更愿意到访、花时间在街道上或与他人见面
5	降低环境噪声	减少汽车噪声的影响，有益于促进健康、改善街道环境的氛围、鼓励人们积极旅行和人际交往
6	人们主动选择步行、骑行、公共交通	无论是全程还是作为长途旅行的一部分，步行和骑行都是最健康、最可持续的旅行方式。一个成功的交通系统能够鼓励更多的人经常步行和骑车。只有减少机动车的数量和主导地位，并改善街道体验，这才会发生
7	人们感到安全	街道让整个社区都感到舒适和安全。人们不再担心道路上的危险或个人安全受到威胁
8	可观看可参与	街道有趣、刺激，有吸引人的景色、建筑、植物和街头艺术，有很多人在这里活动，则人们更愿意使用街道，并且如果所需商品和服务离得很近，人们就不太依赖汽车
9	人们感到放松	如果街道不被机动车控制，人行道和自行车道不拥挤、肮脏、杂乱或年久失修，将有更多人选择步行或骑车
10	空气清洁	改善空气质量为每个人带来好处，减少健康不平等

来源：作者梳理，资料来自"Mayor's Transport Strategy 2018"

---

①Transport for London. The Walking Action Plan 2018 [R/OL]．2018-07．
②Mayor of London. The London Plan 2021[R/OL]．2021-3．
③Transport for London. Healthy Streets for London：Prioritising Walking，Cycling and Public Transport to Create a Healthy City [R/OL]．2017．

停车管理策略 Parking Management Strategy

城市停车设施是城市基础设施的重要组成部分，城市停车管理更是综合提升交通效率的有力环节。北京首都功能核心区停车难问题由来已久，从法律和规划建设等多角度多层次着手，停车难的现状正逐渐缓解。

停车管理建设现状

- 2018年5月1日起，正式实施《北京市机动车停车管理条例》，提出停车设施实行分类分区定位、差别供给，适度满足居住停车需求，从严控制出行停车需求，提出将要组织编制机动车停车设施专项规划。
- 2019年8月《南锣鼓巷历史文化街区机动车停车规划》编制完成，以2025年实现远期目标（表2-10-2）。
- 2021年4月1日起北京市地方标准《公共建筑机动车停车配建指标》明确按照"分类分区定位、差别供给，从严控制出行停车需求"的原则，提出公共建筑机动车停车配建指标。停车分区配建原则（表2-10-3）。①
- 东城出现了立体停车新措施②（图2-10-16）。

《首都功能核心区控制性详细规划（街区层面）（2018年—2035年）》要求

- 加强停车治理调控；
- 统筹构建优质均衡的公共服务体系、安全可靠的基础支撑体系和智慧精细的城市管理体系。

图2-10-16　东城区胡同探索立体停车新措施（施工现场及效果图）
来源:《为大社区居民停车找地儿，北京东城两处立体停车场开建》

北京历史文化街区分阶段停车规划目标　表2-10-2

	近期	中期	终期
胡同停车	部分胡同内停车	胡同内日间不停车	基本实现胡同内不停车
公共停车场	挖潜现状公共停车场潜力，严格论证新建公共停车场的必要性	加大周边公共停车场利用力度	合理利用公共停车场
单位停车	提高企事业单位的共享车位比例	大力推进共享停车，逐步降低企事业单位的停车需求	对企事业单位的停车位进行总量控制

来源:《南锣鼓巷历史文化街区机动车停车规划》(2019)

北京市公共建筑机动车停车分区配建原则①　表2-10-3

区域分类	空间范围	公共建筑停车位配建原则
一类地区	二环路以内	严格控制区，公共建筑机动车停车配建指标采取上限控制，提高公共交通服务水平，改善交通出行环境
二类地区	二环路至三环路之间	适度控制区，指标采取上下限控制，执行较低的指标，实现出行车位的低水平供给，引导小客车使用的合理分布
三类地区	三环路至五环路之间、五环路以外的中心城和新城集中建设区、北京城市副中心	统筹平衡区，指标采取上下限控制，略高于二类地区，适度增加出行车位的供给
四类地区	五环路以外除上述地区的其他地区	宽松调节区，指标采取下限控制，略高于三类地区，基本满足出行停车需求

①北京市规划和自然资源委员会. DB11/T 1813—2020 公共建筑机动车停车配建指标[S/OL]. 2021-04-01.
②李瑶，邓伟. 为大社区居民停车找地儿，北京东城两处立体停车场开建[Z/OL]. 长安街知事公众号. 2021-04-01.

伦敦中央活力区现状实施精细化控制使用停车位；新物业项目停车位零配置，针对残疾人士的停车位除外。

停车管理建设现状

• 伦敦中央活力区区域实施停车区划管制、车位划分政策、停车许可证制度，三大制度精细控制停车位及使用管理，这在现状调研中进一步得到证实（图2-10-17）。

伦敦中央活力区规划要求

• 于2016年将居住用地停车配建指标与公共交通可达性指标（PTALs）绑定，上限指标与空间位置（管控治理级别）、居住单元密度（土地开发强度）、房间床位数量（住房可承受程度）和公共交通可达性指标动态关联；即根据现有和未来公共交通的可达性和连通性，设置分区分类的停车配置标准[1]（表2-10-4）。

• 《2018伦敦市长交通战略》要求严格限制建造停车位；在市中心区推广"无车"政策，如确需建造停车位，则只允许超低排放车辆。

• 《伦敦规划2021》严格要求伦敦中央活力区实施新物业停车位零配置；按停车位总数的百分比计算仅供给残疾人车位（表2-10-5）。

图2-10-17　伦敦停车区划管制路标在街区导航图中示意
来源：元海英 摄

伦敦中央活力区区域停车位配置标准[1]　　表 2-10-4

项目类别	地点	最大停车位（个）
办公建筑	伦敦中央活力区	无车
住宅	伦敦中央活力区	无车
零售、娱乐、休闲		无车

伦敦中央活力区区域非住宅残疾人停车标准[1]　　表2-10-5

项目类别	指定停车位（占总停车位供应的百分比%）	扩大泊位（占总停车位供应的百分比%）
办公	5	5
教育	5	5
零售、娱乐、休闲	5	4
运输停车场	5	5
宗教建筑和火葬场	至少两个或6%，取较大者	4
体育设施	参考英国体育指南	

[1]Greater London Authority. The London Plan 2021[R/OL]. 2021-3.

2.11 安全保障 Safety Guarantee

总述 General Statement

安全保障是指对自然灾害、社会突发事件等具有有效的抵御能力，并能在环境、社会、人生健康等方面保持动态均衡和协调发展，能为城市居民提供良好的秩序、舒适的生活空间和人身安全。本节主要对比北京首都功能核心区和伦敦中央活力区的安全保障法律法规体系、安全城市设计两个方面。

相同点

- 安全保障法律法规体系：均遵从国家和城市相关的法律法规体系。
- 安全城市设计：在城市安全建设实施层面上，两个首都功能核心区均开展了安全城市设计的实践。

不同点

- 安全保障法律法规体系：北京首都功能核心区在首都核心区控规中明确了城市安全的重要性，尤其在城市应急管理体系建设方面，遵从国家和城市安全管理，所包含内容广泛、涉猎面广，但安全普及率与社会参与程度不高，缺乏操作性很强的配套文件。伦敦中央活力区的城市安全管理，遵循全国应急管理体系建设及伦敦应急管理体系建设的专门法律规定（包括正式法，大量非强制性的、指导性很强的规范性文件），这使得伦敦中央活力区的城市安全有法可依、实施落地较强。
- 安全城市设计：北京首都功能核心区有一些安全城市设计实践（如长安街等），尚需系统性建设；伦敦中央活力区安全城市设计整体策略上使用层级控制法，覆盖区域、场地、阈界、财产四个尺度。

借鉴性

- 安全保障法律法规体系：北京首都功能核心区需深化城市安全法律法规中操作性强的配套文件，且将社会参与纳入该体系。
- 安全城市设计：推行安全城市设计，并对北京首都功能核心区进行整体规划设计，可借鉴伦敦中央活力区的层级控制法，覆盖区域、场地、阈界、财产四个尺度，兼顾心理安全、空间安全和环境美观性。

图2.11-1 北京天安门广场前的安全保障设施
来源：张文一 摄

Security guarantee refers to the ability to resist natural disasters and social emergencies effectively, and to maintain a dynamic, balanced and coordinated development in the aspects of environment, society and health of life. It mainly compares the security laws and regulations system and safe urban design of Beijing Capital functional core area and London Central vitality area.

Similarities
- Security assurance laws and regulations system: Comply with relevant national and urban laws.
- Safe urban design: At the implementation level of urban safety construction, the two capital functional core areas have carried out the practice of safe urban design.

Differences
- Beijing Capital functional core area has made the importance of urban safety in the control regulations of the capital core area. Especially in the construction of urban emergency management system, it complies with the national and urban safety management, which contains a wide range of contents and covers a wide range of areas, but the safety popularization rate and social participation are not high, and there is a lack of supporting documents with strong operability. The urban safety management of London Central vitality area follows the special laws and regulations for the construction of national emergency management system and London emergency management system (including formal laws and a large number of non mandatory and highly guiding normative documents), which makes the urban safety of London Central vitality area have laws to follow and strong implementation.
- There are some safe urban design practices (such as Chang'an Street) in the functional core area of Beijing capital, which still needs systematic construction; The overall strategy of safe urban design in London's central vitality area uses the hierarchical control method, covering four scales: area, site, threshold and property .

References
- The Core Area of Beijing needs to deepen the supporting documents with strong operability in urban safety laws and regulations, and bring social participation into the system.
- Safe urban design method. The core area of London adopts the hierarchical control method for safe urban design, covering four dimensions of area, site, threshold and property, taking into account psychological safety, space safety and environmental beauty.

图2-11-2 伦敦某大型建筑前的安全保障设施
来源：王鹏英 摄

城市安全规划与建设 Urban Safety Planning and Construction

北京首都功能核心区的城市安全是首都及国家安全的重中之重，一方面需要强化安全保障法律法规体系建设，另一方面可推行安全城市设计，以设计手段加强城市安全防御能力，同时实现安全与美观兼顾的目的。

安全保障法律法规体系

● 北京首都功能核心区主要遵从北京市的相关法律法规，主要包括：2016年3月审议通过《北京市"十三五"时期应急体系发展规划》和《北京市突发事件总体应急预案（2015年修订版）》，2017年3月发布《北京市突发事件应急救助预案》，2018年修订《北京市防汛应急预案》和《北京市空气重污染应急预案》，2019年5月，市安委会印发《北京市城市安全风险评估三年工作方案（2019年—2021年）》。[①]

《首都功能核心区控制性详细规划（街区层面）（2018年—2035年)》中提出

● "落实总体国家安全观，增强政治意识，坚持底线思维，做到平战结合，筑起坚固的国家安全屏障。针对防空袭、防灾害、防事故、防恐怖破坏等需要，在核心区规划建设过程中，高度重视重要目标的综合防护能力建设。加强安全管理和保障，建立统一指挥、统一管理、统一协调的安全保障体系，确保中央党政机关和中央政务活动绝对安全。"重点加强防灾减灾能力、防涝能力、公共安全水平、公共卫生体系建设、综合应急体系建设等方面。[②]

安全城市设计

● 北京首都功能核心区已有安全城市设计的一些实践，尚无专门的规划和政策。

● 安全城市设计是在满足人们一定的基本安全需要情况下，尽可能地达到对城市公共空间的塑造与形象美化的一种城市设计方法。安全城市设计已经在各西方国家或城市有了一定的探讨与实践，并已从不同的出发点在各方面提出各种针对城市防恐设计的设计理论与手法。

● 建议可专项开展安全城市设计规划和建设，可包含城市设计整体策略、街道边界安全设计、街道景观设计、城市小品设计四个尺度[③]（表2-11-1）。

安全城市设计的四个尺度示意   表2-11-1

尺度	内涵	示意
城市设计整体策略	指在城市防恐设计中，对于整个城市或者城市中的核心区域或重要区域所做的设计与策略，属于较大尺度范畴下的防恐城市设计	安全城市设计整体策略示意图
街道边界安全设计	指在街道尺度下的城市安全设计，是对城市设计整体策略的进一步具体细化；主要指从建筑内部到车行道之间的空间，尤其是建筑室内外空间边界处的空间设计	街道边界安全设计示意图
街道景观安全设计	指城市安全设计中相对软化的策略，如以景观作为设计解决方法的安全预防环境设计，这在解决城市安全问题的同时，提供了一个更为支持性的美观化与少侵入性的环境	街道景观安全设计示意图
城市小品安全设计	指利用城市小品来做到隐形城市安全设计的目的。本质上说，城市小品设计可以理解为城市景观设计的补充	城市小品安全设计示意图

来源：作者梳理，资料来自《西方城市重点地区城市防恐空间设计方法与理论综述》

①北京市安全生产委员会. 北京市城市安全风险评估三年工作方案（2019年—2021年）[R/OL]. 2019-05.
②中国共产党北京市委员会，北京市人民政府. 首都功能核心区控制性详细规划（街区层面）（2018年—2035年）[R/OL]. （2020-08-30）[2020-10-10].
③余浩昌. 西方城市重点地区城市防恐空间设计方法与理论综述[D]. 北京：清华大学，2015.

伦敦中央活力区在城市安全方面制定了易操作、易落地的规范文件，建立了特色鲜明的应急管理体系，构建了最广泛的风险防治合作机制；用层级控制法进行安全城市设计，兼顾心理安全、空间安全和环境美观。

安全保障法律法规体系

- 伦敦中央活力区主要遵从英国和伦敦的相关法律法规，包括：2004年颁布施行的《英国突发事件法》，该法的子法《英国突发事件法（应急规划）实施细则（2005）》，配套英国突发事件法的非法律性指南《突发事件的预防和准备、突发事件的应对和恢复》。发动社会力量共同参与，有机统筹减灾预防和应急恢复、分工与合作、政府与社会。

安全城市设计

- 英国政府和相关机构颁布一系列安全城市设计相关的战略、规划、设计指南，指导安全城市设计工作开展，重点防范犯罪和恐怖活动发生。例如英国国家基础设施保护中心（CPNI）发布《综合安全——敌对车辆缓解的公共领域设计指南》（2014），提出采用层级控制法进行安全城市设计，分为区域、场地、阈界、财产四个层级（图2-11-3）[①]：

区域：采用较宽的范畴、规模不一，是最外层的保护，包括更广泛的场地规划、交通管理和访问控制。

场地：本地站点范围内。这是第二级的保护，特别强调最大限度减少车辆敌对接近速度，并创造机会增加对峙距离。

阈界：阈界内即为财产。这通常是防御的最后一道，必须设计成控制或防止车辆通过，并尽量减少袭击事件及爆炸后果。因此，对峙距离要优先考虑。

财产：包括人、有形资产。这一层级，主要通过电子检测关口与层级管理的方式来管理。

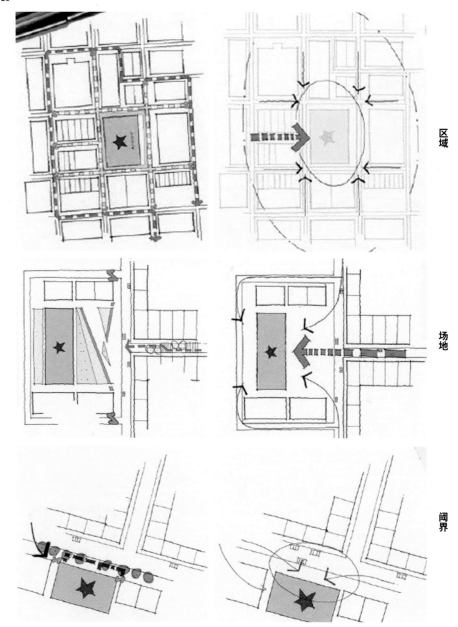

区域

场地

阈界

图2-11-3 安全城市设计的层级控制法示意[①]

---

①原始来源：Embassy Design and Security Act of 2010，111th American Congress，2009.
转引自余浩昌. 西方城市重点地区城市防恐空间设计方法与理论综述[D]. 北京：清华大学，2015.

2.12 管理机制 Management Mechanism
总述 General Statement

管理机制是指管理系统的结构及其运行机理，本质上是管理系统的内在联系、功能及运行原理，是决定管理功效的核心问题。本节主要对比两个核心区的管理机构与制度。

相同点
- 管理层级：两个区域都存在中央、城市、区（自治市）多个管理层级，事权按照约定规则划分，均有多元治理的意识和实践经验。

不同点
- 管理模式：北京首都功能核心区正在完善系统的规划建设与管理体系，管理层级是自上而下的，伦敦中央活力区管理主体较多，且各主体有较高的自治权，是上下级互动模式，统筹协调成本高。伦敦在公众参与及政府和社会资本合作等方面具有更成熟的经验。例如公共服务市场化，使政府部门集中精力在资金的供应、运作的监管上。

借鉴性
- 明确不同层级的政府、政府与市场的职责：伦敦中央活力区是政策区而非行政区，处在"英国—伦敦—伦敦中央活力区—自治市"的自上而下管理层级中，由伦敦政府通过大伦敦规划和独立制定的《中央活力区补充规划指引》来管理，处于伦敦中央活力区中的自治市，制定规划时需要遵守这些文件。作为政策区，伦敦中央活力区形状不规则、边界是可变的，当一个地区的商业活动占比超过50%时，就可以通过申请一定程序来纳入。
- 调动市场力量参与核心区建设：伦敦中央活力区在政府和社会资本合作方面具有成熟的经验，例如大伦敦政府倡导通过公私合作方式增加公共空间的供给，设计、建造、运营与管理的权力都属于私人企业，但向公众开放并提供公共用途，例如伦敦芬乔奇街20号（别称对讲机大厦）顶层的空间花园，就属于这个范畴。

图2-12-1 天安门
来源：田燕国 摄

Management mechanism refers to the structure and operation mechanism of management system. It is essentially the internal connection, function and operation principle of the management system, and it is the core issue that determines the management efficiency. In the Section, the management agency and system of the two core areas were mainly compared.

Similarities

• Management levels: There are multiple management levels in both areas, including central, municipal and district (autonomous city) levels. The administrative powers are divided according to the agreed rules. Both of them have the awareness and practical experience of pluralistic governance.

Differences

• Management mode: Core Area of the Capital is improving the systematic planning, construction and management system, and the management level is from top to bottom; while Central Activities Zone has many management subjects, and each subject has a high degree of autonomy, which is in an interactive mode between top and bottom with a high overall coordination cost. London has more mature experience in public participation and cooperation between government and social capital. For example, the marketization of public services enables government departments to concentrate on the supply of funds and the supervision of operations.

References

• The responsibilities of different levels of government, government and market are clarified: Central Activities Zone is a policy area rather than an administrative area, which is in the top-down management level of "UK-London-Central Activities Zone-municipality". It is managed by the London government through the *Supplementary Planning Guidelines for Central Vitality Area* independently formulated by Greater London. Municipalities located in Central Activities Zone need to abide by these documents when formulating plans. As a policy area, Central Activities Zone has irregular shape and changeable boundary. When the commercial activities in a region account for more than 50%, it can be applied for inclusion through certain procedures.

• Market forces are mobilized to participate in the construction of core areas: Central Activities Zone has mature experience in cooperation between government and social capital. For example, the Greater London government advocates increasing the supply of public space through public-private cooperation. The power of design, construction, operation and management belongs to private enterprises, but it is open to the public and provides public use. For example, the space garden on the top floor of 20 Fenchurch Street (nicknamed Walkie Talkie) belongs to this category.

图2-12-2 白厅街
来源：何淼淼 摄

管理机构与制度　Management Agency and System

北京首都功能核心区正在完善规划、建设、管理体系，保障规划有序实施。

《首都功能核心区控制性详细规划（街区层面）（2018年—2035年）》（图2-12-3）首次将北京首都功能核心区作为一个整体统一编制规划。

- 新中国成立后北京的规划建设工作一直在围绕完善首都功能开展工作，在全市域范围内强化了首都功能的规划建设。东城区和西城区由于历史文化、资源禀赋、发展阶段类似，为了发挥规划引领作用，促进功能优化提升，将两个城区作为一个功能区统一开展规划编制工作，即首都功能核心区。

《首都功能核心区控制性详细规划（街区层面）（2018年—2035年）》的编制历程。

- 《首都功能核心区控制性详细规划(街区层面)（2018年—2035年）》的编制是履行老城保护与复兴的历史责任，也是立足核心区功能重组优化、提升首都功能的历史性工程。为贯彻落实中央指示精神，2017年8月，由北京市政府组织，北京市规划和自然资源委员会、东城区和西城区政府参与，启动控规编制技术准备工作，成立了市级工作专班，逐项开展专题研究。2019年6月以来，市委市政府和首都规划建设委员会办公室多次召开专题会议研究规划成果，广泛征求市人大代表、市政协委员、市级各委办局、首规委成员单位和社会各界意见，认真研究、及时沟通、积极采纳，不断修改完善控规成果。最终经首规委第39次全体会议审议通过后，于2020年4月20日将《首都功能核心区控制性详细规划(街区层面）（2018年—2035年）》正式上报中共中央、国务院，并在2020年8月21日，得到了中共中央、国务院的批复同意。

多级责任主体、创新工作机制和贯穿全过程的多元参与。

- 多级责任主体：《首都功能核心区控制性详细规划（街区层面）（2018年—2035年）》报中共中央、国务院批准，经批准后报市人民代表大会常务委员会备案。北京市承担实施的主体责任，争取中央党政机关及部队驻京单位支持，由首都规划建设委员会负责组织实施。执行中遇有重大事项，应当依照相关规定经首都规划建设委员会审议，及时向中共中央、国务院请示报告（图2-12-4）。
- 创新工作机制：《首都功能核心区控制性详细规划（街区层面）（2018年—2035年）》实施要完善工作机制，加强对规划执行的检查，加强对重要问题的研究。管理机制通过动态管理强化落实监督；专项行动主要为街区整治。
- 多元参与：专家领衔与公众参与。

图2-12-3　北京首都功能核心区规划效果、发展目标
来源：一图读懂：首都功能核心区控规[N/OL].北京市规划和自然资源委员会.2020-08-30.

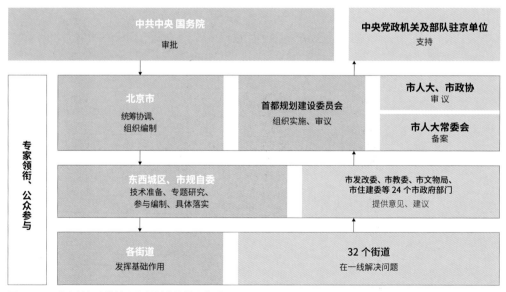

图2-12-4　北京首都功能核心区规划建设管理体系
来源：作者梳理，资料来自首都功能核心区控规工作专班.《首都功能核心区控制性详细规划(街区层面）（2018年—2035年）》解读[R].2020-11.东城区委书记夏林茂.高标准、精细化落实好首都功能核心区控规[N/OL].北京市规划和自然资源委员会.2020-08-30.

伦敦中央活力区是政策区而非行政区，伦敦行政区划与管理体制格局并非一一对应，伦敦中央活力区以伦敦市长制定的发展框架作为规划建设的指引。

中央政府以国家规划政策框架（非法定）指导伦敦政府制定大伦敦规划。市长在大伦敦规划的政策指导下制定伦敦中央活力区发展框架，作为伦敦中央活力区发展的详细指引，并允许自治市灵活制定本地政策。

- 中央政府主要负责制定城市管理方面的政策、起草有关法律，并提供城市建设和管理所需要的资金。在立法上，国家主要规定城市管理的原则和要求。按照法律规定，城市政府结合本地的实际情况，就其所管理的事务，制定具体实施办法。
- 大伦敦规划依据英国国家规划政策框架制定，伦敦市长在大伦敦的政策指导下制定了《伦敦中央活力区发展框架》（图2-12-5），作为伦敦中央活力区发展的详细指南，并允许市政府灵活制定地方政策。
- 伦敦中央活力区是政策区而非行政区，地跨10个自治市，自治市各自有独立的行政权和规划权（图2-12-6）。

公众参与及政府和社会资本合作。

- 英国城市管理中公众参与十分广泛，社会自我管理能力强。对英国政府而言，扩大公民参与是工党政府现代化议程的中心内容。
- 英国的《地方政府法》和《城市和乡村规划法》规定，公众有咨询和参与环境事务的法定权利。同时，英国城市管理的公众参与程度很高，还得益于非政府组织的作用的发挥。
- 社会资本合作（PPP模式）采用正确的策略顺序、有效率的治理结构、稳定的股权结构，以租赁的方式形成内部现金流循环，加入商业贷款，推进基础设施建设，引入文化地标，奠定区域创新、活力的基调。[①]

图2-12-5　伦敦《中央活力区补充规划指南》封面、伦敦中央活力区发展目标
来源："Central Activities Zone Supplementary Planning Guidance 2016""The London Plan 2021"

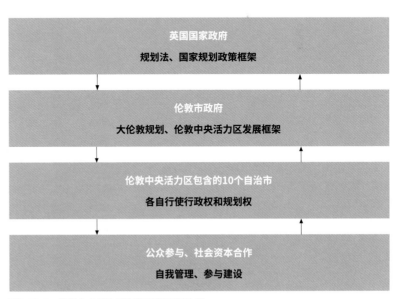

图2-12-6　伦敦中央活力区规划建设管理体系
来源：作者梳理，资料来自马祖琦. 伦敦大都市管理体制研究评述[J]. 城市问题，2006(08):93-97，100. 陆伟芳. "首都公共事务委员会"与伦敦城市管理的现代化[J]. 史学月刊，2010(05):69-75.

①约翰·彭特. 城市设计及英国城市复兴[M]. 武汉：华中科技大学出版社，2016.

2.13 北京未来展望　Future Prospects of Beijing

立足北京首都功能核心区功能重组优化的历史性新起点，关键在于转变发展思路。北京首都功能核心区作为建成区、老城区，需要建立围绕存量空间利用、减量更新的新发展模式，为首都功能保障、老城整体保护、宜居城市建设创造条件。

- 正确地看待异同和借鉴。通过对比，可以看出伦敦中央活力区在世界影响力、经济整体水平、建成环境品质、解决"大城市病"的手段方面有突出的优势；但是需要知道城市问题具有复杂性，要在全面了解和分析其发展的政治、经济、社会、历史等多方面因素的差异的前提下，进行结论的对比和得出。

- 科学地疏解人口和功能。疏解的另一面是功能和空间的重组，伦敦中央活力区经历过疏解导致内城衰退的沉重代价，提示北京需谨慎对待功能的"去与留"。北京首都功能核心区的产业结构和就业结构正在转型升级、迈向高端，成为打造首都城市竞争力、治理"大城市病"的重要支撑，不意味仅发展符合核心区定位的高端产业，也应配备基础性服务业，并为相关从业人员提供基本的生活保障。纵观伦敦、东京、纽约等国际大都市核心区，呈现的是两极人口结构，一方面聚集金融、互联网技术（IT）领域的精英，另一方面也需要家政、保安等服务业人员。

- 重视并改善交通问题。路网结构、出行方式、静态交通是体现交通发展水平的三个重要方面，北京首都功能核心区路网密度远低于伦敦，绿色出行也与伦敦中央活力区有一定差距。通过研究，伦敦中央活力区有很多创新型举措，经过实践检验有良好效果，可供北京借鉴，如窄街区密路网、公交优先、大力提倡绿色出行、减少不必要的停车位设置、分时段分区域收取拥堵费，能够缓解核心区的交通拥堵问题、提高通行效率。绿色出行方面，北京的道路结构更适合自行车出行，可充分利用。

- 保持管理的弹性。伦敦中央活力区的高品质环境、精细化管理很大程度得益于规划和管理的弹性，相关利益方可以充分论证、协商、达成"最优"方案，但这种方式也存在效率低的问题。北京首都功能核心区当前和未来长远看，新建少、改造更新多，可借鉴伦敦中央活力区，在既定的规划和弹性的调整间保持平衡，以规划调控引领首都城市实现良好发展，根据发展阶段和问题的不同，适时动态调整北京首都功能核心区的规划内容和实施重点。

未来，应充分发挥首都深厚的文脉底蕴和文化资源高度聚集的核心优势，推动政务功能与城市功能有机融合，老城整体保护与有机更新相互促进，建设政务环境优良、文化魅力彰显、人居环境一流的首善之区。

北京首都功能核心区与伦敦中央活力区指标汇总　　　　　　　　　　　　　　　　　　表2-13-1

项目	指标（单位）	北京		伦敦		备注
		数据	年份	数据	年份	
经济总量（人民币）	国内生产总值/增加值总额（亿元）	7917.7（国内生产总值）	2019	14153.3（增加值总额）	2012	因伦敦中央活力区地区国内生产总值数据难以获取，使用增加值总额 数据
	地均产值（亿元/km²）	85.6	2019	422.5	2012	同上
	国内生产总值/增加值总额占全市比重（%）	22.4（国内生产总值）	2019	43（增加值总额）	2012	—
	劳动生产率（万元/人）	49.3	2019	129.6	2012	—
功能构成	营业收入/产值排名前五的行业及在全市占比（2018年）（%）	金融业 75.9	2018	金融及保险业 66	2013	—
		批发和零售业 18.8	2018	住宿和餐饮业 37	2013	—
		电力、热力、燃气及水生产和供应业 88.5	2018	商业管理和支持服务业 35	2013	—
		租赁和商务服务业 21.8	2018	专业、科技及技术服务业 60	2013	—
		建筑业 11.8	2018	信息通信业 48	2013	—
就业情况	就业人口占全市比例（%）	15.7	2018	35.2	2013	—
	就业人口规模（万人）	214.1	2018	161	2013	—
	就业人口密度（万人/km²）	2.3	2018	4.8	2013	—
城市规模	人口规模 常住人口数量（万人）	193.1	2019	23.7	2019	—
	占全市人口比重（%）	9.0	2019	2.9	2019	—
	常住人口密度（万人/km²）	2.1	2019	0.8	2019	—
	土地规模 面积（km²）	92.5	2019	33.5	2019	—
	占市域比重（%）	0.6	2019	2.1	2019	—
公共空间	世界遗产（处）	2	2019	3	2019	—
城市交通	城市道路网密度（km/km²）	东城区：8.40 西城区：8.03	2018	伦敦金融城：22 内伦敦：18.1	2018	注：伦敦中央活力区为政策区，而非行政区，未获取以伦敦中央活力区为统计口径的数据，上述数据侧面佐证其路网密度较高
	主要出行方式占比（%）	31.8（包括轨道、公交）74.1（包括轨道、公交、自行车步行）	2019	约90（包括公共汽车、铁路或地铁）	2015	北京数据为中心城区工作日出行方式；伦敦中央活力区数据为区域内自然日出行方式
	自行车出行占比（%）	12.1 (12.6)	2019 (2035)	—	—	伦敦打造全球"最适宜步行"城市

丽泽金融商务区夜景效果图
来源：丽泽规划方案优化升级项目组提供

3 金融商务区
Financial Business District

以金融商务区为研究对象，重点对比研究北京丽泽金融商务区（为北京新兴金融区）和伦敦金丝雀码头（为伦敦发展较成熟的金融区）的规划、建设、管理的理念与模式。本书中，将北京丽泽金融商务区简称为"丽泽金融商务区"，伦敦金丝雀码头简称为"金丝雀码头"。

"金融业是首都第一支柱产业"[①]，对首都"四个中心"的建设以及国际交往功能的提升意义重大。金融商务区的建设有助于推动北京城市发展。目前在北京市全力建设"国家服务业扩大开放综合示范区"和"中国（北京）自由贸易示范区"（简称两区）的国家金融开放政策背景下，金融产业呈现出以中心城区为核心，多区域特色鲜明的差异化发展。其中包括以国家金融管理部门、监管机构、金融机构总部为核心的金融街；以大量外资金融机构为代表的北京商务中心；以数字金融等新兴金融产业等为主要特色的丽泽金融商务区；以科技金融为核心的中关村西区；此外，依据《北京市促进金融科技发展规划（2018年—2022年）》，北京市正在建设大量金融科技产业集群，涵盖金融科技底层技术、银行保险科技、金融安全科技等诸多方面。丽泽金融商务区作为北京紧邻二环和首都功能核心区的成规模建设区，区位重要且特殊，目前已建设实施率约达57%，在北京新总规"新兴金融产业集聚区和首都金融改革试验区"的定位引领下[②]，将着力打造北京"第二金融街"[③]，建设成为支撑首都现代服务业发展的重要功能区、现代化大都市新城区高品质建设的典范地区[④]，对于承接金融街对外疏解的金融商务功能、发展新兴金融业态、带动南部地区发展、推动京津冀协同发展具有重要意义。

伦敦作为全球顶尖金融中心，拥有发达的金融业以及各种专业服务和商业服务产业，伦敦金融城和金丝雀码头早已位居欧洲金融中心前两位；同时，伦敦凭借其在金融生态和信息技术产业方面所积累的丰厚优势，创新开放的营商环境，政府部门、监管机构以及独立的行业协会支持，实现了金融科技生态的多元化发展，伦敦已发展成为最适宜开展金融科技试验的城市，并影响着世界金融科技产业的前进步伐。伦敦市域范围内金融产业主要集中于内伦敦范围，包括金融城、梅费尔地区、金丝雀码头、皇家艾伯特码头等产业集聚区；此外，伦敦金融城周边区域分布着众多世界顶尖的金融科技公司，与传统金融行业、专业服务行业一起，构建了新的金融行业生态体系。金丝雀码头是欧洲第二大金融中心，汇聚了众多银行、金融、法律、咨询、媒体及科技行业巨头们的全球及区域总部[⑤]，提供高品质的购物、酒店、休闲、文化艺术环境，已成为伦敦新地标，是全球金融商务区的标杆项目。

北京丽泽金融商务区与伦敦金丝雀码头有很多相同之处，同时也存在着一定的差异性，对二者进行横向对标有助于进一步提炼金融商务区的典型特征，为未来其他金融商务区的建设起到示范作用。

基于北京的总体要求以及金融商务区的建设现状，通过案例对标提取出成功金融商务区的典型特征，供其他金融商务区进行选择性借鉴：

发展历程：先行投入配套设施建设；多元引入完善、复合的功能业态，提高地区活力；主导产业实现创新发展，金融与科技高度融合，发展高端服务业，形成以人为中心、满足全方位需求的多功能城市中心。

产业结构：注重以新兴金融为导向的多元发展，形成完善的金融商务生态圈、科技创新生态圈，给予创新的政策环境促进金融科技繁荣。

职住平衡：加强区域统筹，通过在一定通勤范围内加大住宅业态比例、加大轨道交通等基础设施建设供给以缓解职住平衡。

城市功能：注重复合的城市功能及科学配比，满足多元化工作、生活需求。

城市风貌：塑造高密度的城市空间形态、现代简约的建筑风貌、舒缓有序的城市天际线与标识性空间，建设小尺度的街区与路网，公共空间与建筑空间、交通空间紧密结合。

立体空间：注重土地高效利用，构建三维立体空间系统，将地上地下重要的城市功能有效组织，互联互通，最大化空间使用效率。

开发运营：在集中建设区域尝试综合开发模式，统一规划、统一设计、统一建设、统一管理、统一运营，保持设计理念的一致性，提升建设效率，便于整体实施和综合管理。

①陈吉宁. 2018金融街论坛年会 北京市市长陈吉宁讲话[R/OL]. 人民网. 2018-05. http://cpc.people.com.cn/n1/2018/0530/c117005-30022313.html.
②中国共产党北京市委员会，北京市人民政府. 北京城市总体规划（2016年—2035年）[R/OL]. (2017-09-29) [2020-10-10].
③徐飞鹏，高枝. 打造首都发展新的增长极，蔡奇 陈吉宁再次调研南部地区发展 [Z/OL]. 识政公众号. 2019-11-10.
④北京丽泽金融商务区管理委员会. 坚持一张蓝图绘到底 丽泽构建发展新格局[Z/OL]. 北京丽泽公众号. 2022-02-18.
⑤Canary Wharf Group. 全面整合设计、开发、建设与管理[Z]. London, 2016.

3.1 基本原理 Basic Principle

基本概念 Basic Concepts

本书所指的金融商务区是一种具有特定属性的中央商务区，是在世界级金融中心城市中承载高端集聚的金融产业、高端现代服务业的聚集区，具备较高等级的国际影响力和较强的区域性经济辐射带动能力，拥有完善的高品质配套设施和较高的建设标准，是一个国家的地标和财富象征。

金融商务区与一般中央商务区的概念辨析（表3-1-1）：

- 中央商务区是世界级城市或区域性中心城市中承载高端现代服务业的产业聚集区；是银行业、保险业、证券交易所、企业总部、高端零售行业、贸易物流业、管理咨询业、律师和会计师行业，以及其他相关产业高度聚集的地区；是城市中交通和通信网络最发达、市政配套最齐全、相关服务最完善的区域；是城市中景观最优美、环境控制投入最大、土地利用最充分、生态可持续考虑最周全的区域；是城市的地标和财富象征，代表着一个城市的发达和繁荣程度，反映了当地经济运行的最高水准。[1]

- 金融商务区在中央商务区一般属性的基础上具有鲜明的特定属性，其仅存在于世界级金融中心城市及全球金融中心排名和全球实力指数排名靠前的全球中心城市中；除承载发达的现代服务业外，最突出的特点为金融产业和金融机构呈现高度的集聚性；入驻银行、金融业相关企业、金融监管机构、企业总部等具有极高的国际影响力；拥有大量的5A级商务办公楼，五星级酒店，城市级购物中心，高端精品公寓，高品质文化、娱乐等设施，具有较高的建设标准；拥有完善的市政交通、通信条件和高效的社会效率；是一个国家的地标和财富象征。

中央商务区、金融商务区的区别与联系　　　　　　　　　　　　　　　　　　　　　　　　　　表3-1-1

	所在城市级别	产业构成与功能业态	空间分布	典型类型
中央商务区	世界级城市或区域性中心城市	产业特征：现代服务业 产业构成：拥有高盈利水平的产业，由若干从事生产与贸易的大集团公司总部、商业银行、证券公司等金融服务机构和广告、会计、咨询等专业化生产服务业组成；具有高等级的零售业、旅馆、酒店、文化、娱乐等服务设施	核心区用地范围：3~7km² 空间分布：传统的中央商务区通常位于城市的地理中心，伴随着信息技术的发展和新的经济形势，中央商务区更青睐于经济中心或经济发展潜力大的地区，泛城市化和泛中心化趋势越来越明显[2] 数量：一个特大城市或区域性中心城市的中央商务区一般只有一两处，少数城市有三到四处[3]	北京商务中心区 上海前滩国际商务区 杭州钱江新城 广州珠江新城 深圳福田CBD 重庆江北嘴中央商务区 巴黎拉德芳斯 新加坡金靴区等
金融商务区	世界级金融中心 全球金融中心排名和全球实力指数排名靠前的超级城市	产业特征：高端集聚的金融产业 主要产业构成：商业银行类、投资银行类和特色服务类金融中心、风险投资类金融中心、新兴金融产业类、其他现代服务业	核心区用地范围：0.5~3km² 空间分布：可以是中央商务区的组成部分，也可独立存在 数量：仅存在于世界级金融中心城市中，数量非常少	北京金融街 上海陆家嘴金融城 香港中环 伦敦金融城 伦敦金丝雀码头 纽约曼哈顿等

来源：作者梳理，资料来自《中央商务区的缘起及发展模式分析》《基于国内外发展经验的中央商务区构建问题探讨》《商务中心、金融中心、商业中心之间的区别与联系》

---

①韩晓生. 中央商务区的缘起及发展模式分析[J]. 城市问题，2014（9）：35-41.

②王征. 基于国内外发展经验的中央商务区构建问题探讨[J]. 理论导刊，2017（05）：32-34，38.

③董光器. 商务中心、金融中心、商业中心之间的区别与联系[J]. 北京规划建设，2010（04）：82-84.

金融商务区以国际水平、高度复合、以人为本、生态绿色、创新驱动为总体建设目标（图3-1-1）。

- 国际水平：立足全球，在规划建设、环境品质、管理服务、经济影响力方面体现国际水平，推动区域经济与世界经济的交往。
- 高度复合：配套完善，构建复合立体的城市功能空间，平衡就业与居住的供给关系，实现产城人融合。
- 以人为本：以人为本，塑造活力共享的人性尺度空间，使人与自然、历史更加贴近。
- 生态绿色：绿色融合，建筑开窗见绿、下楼即绿，实现现代商务空间与生态环境的良好融合。
- 创新驱动：科技创新，注重创新型金融产业发展与智慧城区建设，打造更智能、更高效、更现代的金融商务区。

图3-1-1　金融商务区的总体建设目标

市域金融产业布局　Regional Financial Industry Layout

北京市将全力建设"国家服务业扩大开放综合示范区"和"中国（北京）自由贸易示范区"（简称两区），"两区"建设在首都金融业发展史上具有里程碑意义，将服务保障国家金融管理中心功能，率先落地国家金融开放政策。在已有的金融产业集聚区域如金融街、北京商务中心区、丽泽金融商务区、中关村西区等基础上，北京市正在加快金融科技领域专业服务创新示范区建设，促进金融行业与科技领域深度融合，开启首都金融业发展的新篇章。

- 金融产业布局：北京市域范围内金融产业主要集中于中心城区范围（图3-1-2）。
- 金融产业类型特点：各集聚区的金融产业和企业类型依据自身区域资源进行差异化发展，特色鲜明。其中包括以国家金融管理部门、监管机构、金融机构总部为核心的金融街；以大量外资金融机构为代表的北京商务中心区；以数字金融等新兴金融产业为主要特色的丽泽金融商务区；以科技金融为核心的中关村西区；此外，依据《北京市促进金融科技发展规划（2018年—2022年）》，北京市正在建设大量金融科技产业集群，涵盖金融科技底层技术、银行保险科技、金融安全科技等诸多方面（图3-1-3）。[①]

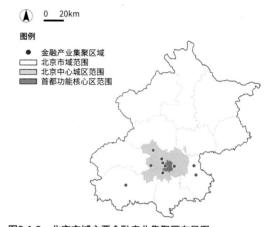

图3-1-2　北京市域主要金融产业集聚区布局图
来源：底图来自北京市行政区域界线基础地理底图边界（全市）

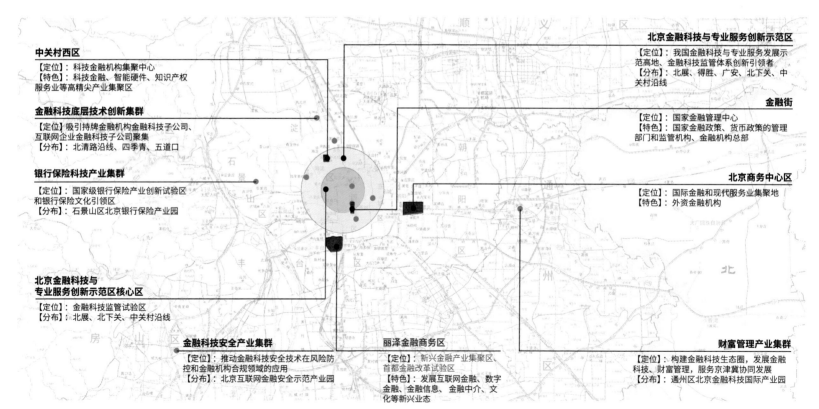

中关村西区
【定位】：科技金融机构集聚中心
【特色】：科技金融、智能硬件、知识产权服务业等高精尖产业集聚区

金融科技底层技术创新集群
【定位】吸引持牌金融机构金融科技子公司、互联网企业金融科技子公司聚集
【分布】：北清路沿线、四季青、五道口

银行保险科技产业集群
【定位】：国家级银行保险产业创新试验区和银行保险文化引领区
【分布】：石景山区北京银行保险产业园

北京金融科技与专业服务创新示范区核心区
【定位】：金融科技监管试验区
【分布】：北展、北下关、中关村沿线

金融科技安全产业集群
【定位】：推动金融科技安全技术在风险防控和金融机构合规领域的应用
【分布】：北京互联网金融安全示范产业园

丽泽金融商务区
【定位】：新兴金融产业集聚区、首都金融改革试验区
【特色】：发展互联网金融、数字金融、金融信息、金融中介、文化等新兴业态

北京金融科技与专业服务创新示范区
【定位】：我国金融科技与专业服务发展示范高地、金融科技监管体系创新引领者
【分布】：北展、得胜、广安、北下关、中关村沿线

金融街
【定位】：国家金融管理中心
【特色】：国家金融政策、货币政策的管理部门和监管机构、金融机构总部

北京商务中心区
【定位】：国际金融和现代服务业集聚地
【特色】：外资金融机构

财富管理产业集群
【定位】：构建金融科技生态圈，发展金融科技、财富管理，服务京津冀协同发展
【分布】：通州区北京金融科技国际产业园

图3-1-3　北京主要金融产业集聚区布局图
来源：底图来自北京市行政区域界线基础地理底图（全市、中心城区）

---

①作者梳理，资料来自《北京城市总体规划（2016年—2035年）》《北京市促进金融科技发展规划（2018年—2022年）》《北京市国民经济和社会发展第十四个五年规划和二〇三五年远景目标纲要》。

伦敦作为全球顶尖金融中心，拥有发达的金融业以及各种专业服务和商业服务产业，伦敦金融城和金丝雀码头早已位居欧洲金融中心前两位；同时，伦敦凭借其在金融生态和信息技术产业方面所积累的丰厚优势，创新开放的营商环境，政府部门、监管机构以及独立的行业协会支持，实现了金融科技生态的多元化发展，伦敦已发展成为最适宜开展金融科技试验的城市，并影响着世界金融科技产业的前进步伐。[1]

● 金融产业布局：伦敦市域范围内金融产业主要集中于内伦敦范围（图3-1-4）。

● 金融产业类型特点：各集聚区的金融产业和企业类型特色突出、功能互补。其中包括以500强公司欧洲总部、主要国际银行和金融机构的总部、世界顶级律所、保险等金融服务机构为核心的金融城；依托行政区、文化商业区汇集大量金融类管理公司，可提供较多商务活动空间的梅费尔地区；可提供大量办公空间，以金融、银行、法律、咨询、媒体总部及科技金融总部为主要特色的金丝雀码头；以及主要面向亚洲金融企业，吸引金融科技、初创型企业入驻的皇家艾伯特码头；此外，伦敦金融城周边区域分布着众多世界顶尖的金融科技公司，与传统金融行业、专业服务行业一起，构建了新的金融行业生态体系[2]（图3-1-5）。

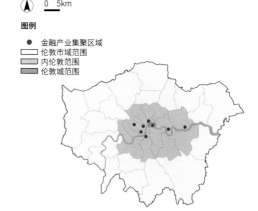

图3-1-4 伦敦市域主要金融产业集聚区布局图
来源：底图来自外文文献原图边界《伦敦规划2021》（The London Plan 2021）

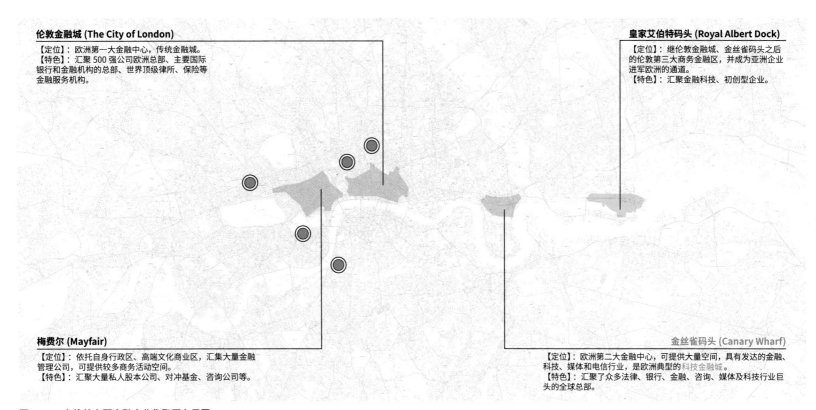

伦敦金融城 (The City of London)
【定位】：欧洲第一大金融中心，传统金融城。
【特色】：汇聚 500 强公司欧洲总部、主要国际银行和金融机构的总部、世界顶级律所、保险等金融服务机构。

皇家艾伯特码头 (Royal Albert Dock)
【定位】：继伦敦金融城、金丝雀码头之后的伦敦第三大商务金融区，并成为亚洲企业进军欧洲的通道。
【特色】：汇聚金融科技、初创型企业。

梅费尔 (Mayfair)
【定位】：依托自身行政区、高端文化商业区，汇集大量金融管理公司，可提供较多商务活动空间。
【特色】：汇聚大量私人股本公司、对冲基金、咨询公司等。

金丝雀码头 (Canary Wharf)
【定位】：欧洲第二大金融中心，可提供大量空间，具有发达的金融、科技、媒体和电信行业，是欧洲典型的科技金融城。
【特色】：汇聚了众多法律、银行、金融、咨询、媒体及科技行业巨头的全球总部。

图3-1-5 内伦敦主要金融产业集聚区布局图
来源：底图来自外文官网原图. 英国地形测量局底图. https://www.ordnancesurvey.co.uk/

①动点科技. 从金融到金融科技，解构伦敦制胜之道[EB/OL]. (2021-02-03)[2021-06-17]. https://baijiahao.baidu.com/s?id=1690603002800295493&wfr=spider&for=pc.
②作者梳理，资料来自《大伦敦规划》（The London Plan 2021，2021年3月）、《英国金融科技国家报告》（UK Fintech State of the Nation，2019年5月）.

重点金融商务区 Key Financial Business District

本书选取北京丽泽金融商务区作为重点研究对象。丽泽金融商务区是北京紧邻二环和首都功能核心区的成规模待建区，具备优越的自然生态条件、悠久的历史文化底蕴、便利的轨道交通条件。同时，直通北京大兴国际机场的城市航站楼坐落于此，将更好地承接金融街功能疏解，重点发展互联网金融、数字金融、金融信息、金融中介、金融文化等新兴业态[1]，打造"第二金融街"。

- 区位：北京市丰台区中北部，紧邻二环和首都功能核心区。
- 规模：总规划用地面积约5.8km²，其中核心区用地面积约2.8km²（图3-1-6），核心区范围内地上总建筑面积建议约650万m²（含现状、在建及规划数据，总数包括现状住宅面积约117万m²）。
- 自然资源：莲花河、丰草河两河环绕，另用地西侧、南侧属北京市一道绿隔地区，为此区域提供了大量的生态景观绿化基底。
- 历史文化：金中都城遗址所展现的金中都文化、起源于唐代的莲花河所蕴含的水文化、中国戏曲学院所传递的戏曲文化使区域充满了丰沛的文化底蕴。
- 轨道交通条件：区域内轨道交通条件便利，可实现五线换乘，形成高水平对外综合交通枢纽。地铁14、16、11号线可与中关村、新首钢高端产业综合服务区、北京商务中心区等重点功能区便捷连通，并通过北京南站、丰台火车站重要对外交通枢纽，与雄安新区、天津滨海新区等连接；地铁丽泽—金融街直连线可以有效、直接地加强金融商务区之间的沟通往来；北京大兴机场线使丽泽与大兴国际机场直接相连，城市航站楼可实现快速值机。

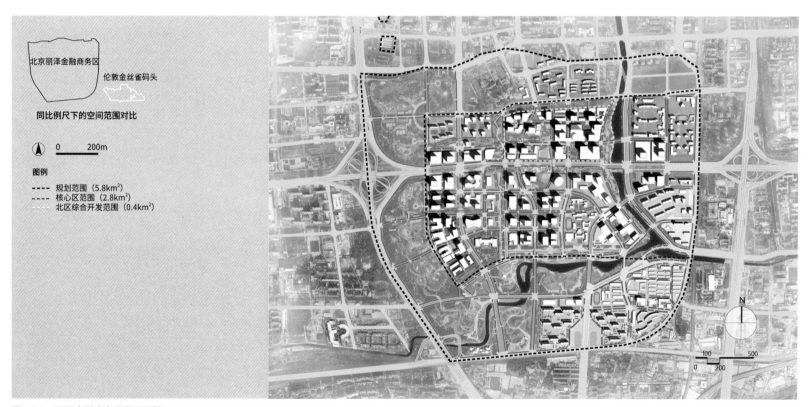

图3-1-6　丽泽金融商务区总平面图
来源：丽泽规划方案优化升级项目组提供

---

①中国共产党北京市委员会，北京市人民政府. 北京城市总体规划（2016年—2035年）[R/OL].（2017-09-29）[2020-10-10].

本书选取伦敦金丝雀码头作为重点研究对象。金丝雀码头曾经是伦敦东部泰晤士河上的重要港口，经20世纪80年代的区域再生计划，已发展成为欧洲第二金融中心，汇聚了众多法律、银行、金融、咨询、媒体以及科技行业巨头们的全球及区域总部[①]，这里不但可为其提供高品质的大量办公空间，同时创造了全天候的零售、餐饮、休闲等生活配套，便利的酒店和公寓设施、多样的开放空间以及全年丰富的文化体验，是全球金融商务区的标杆。

- 区位：伦敦泰晤士河下游，距离市中心约4.5km，距离伦敦城市机场约4.6km。
- 规模：总规划用地面积约0.51km²（不含水域），地上总建筑面积为250万m²（含现状、在建及规划数据）（图3-1-7）。
- 自然资源：用地四周被水系环绕。
- 历史文化：位于泰晤士河畔的道克兰码头区（Dockland），曾是伦敦最重要的港口，同时金丝雀码头位置恰好位于伦敦城市发展的空间轴线上（由伦敦塔桥至千禧穹顶，代表了伦敦的历史与新生）。[②]
- 轨道交通条件：道克兰地区轻轨（DLR）、朱比利地铁线，以及即将开通的伊丽莎白线，可以将伦敦金融城、伦敦西区、希斯罗机场、伦敦城市机场便捷联系，与金融城通勤时间约为10min左右。

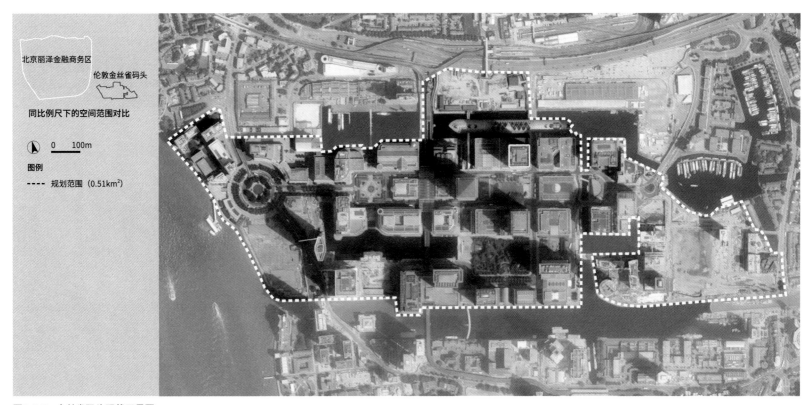

图3-1-7　金丝雀码头现状卫星图
来源：作者自绘，底图来自Google Map

①Canary Wharf Group. 全面整合设计、开发、建设与管理[Z]. London，2016.
②韩晶. 伦敦金丝雀码头城市设计[J]. 世界建筑导报，114（02）：100-105.

3.2 北京要求 Requirement for Beijing

金融对北京建设"四个中心"的支持力度进一步加大。北京新总规、"十四五"规划、金融业相关发展规划提出全面提升金融业核心竞争力，大力发展与大国首都地位相匹配的现代金融业，全力服务国家金融管理中心功能，加快金融科技与专业服务创新示范区建设，建设全球金融科技创新中心等要求；同时北京市委市政府对丽泽金融商务区提出了把握"两区"建设机遇，坚持"金融+科技"，大力发展现代金融商务新业态，打造"第二金融街"，建设金融科技创新示范区等具体要求。

关键词：高端引领、现代服务业、新兴产业集聚区、首都金融改革试验区

突出高端引领，优化提升现代服务业。聚焦价值链高端环节，促进金融、科技、文化创意、信息、商务服务等现代服务业创新发展和高端发展，优化提升流通服务业，培育发展新兴业态。培育壮大与首都战略定位相匹配的总部经济，支持引导在京创新型总部企业发展。

丽泽金融商务区是新兴金融产业集聚区、首都金融改革试验区。重点发展互联网金融、数字金融、金融信息、金融中介、金融文化等新兴业态，主动承接金融街、北京商务中心配套辐射。完善区域配套，加强智慧型精细化管理。

——《北京城市总体规划（2016年—2035年）》

关键词：现代金融业、金融创新、国家金融管理中心、全球金融科技创新中心、数字金融示范区

全面提升金融业核心竞争力，大力发展与大国首都地位相匹配的现代金融业，在有效防范风险的前提下推进金融创新，更好地支持实体经济发展。全力服务国家金融管理中心功能。加快金融科技与专业服务创新示范区建设，建设全球金融科技创新中心。支持丽泽金融商务区建设数字金融示范区。

——《北京市国民经济和社会发展第十四个五年规划和二〇三五年远景目标纲要》

关键词：金融改革发展、金融服务实体经济、金融数据治理和基础设施建设、金融风险防控

北京是国家金融管理部门、国家金融机构和重要金融基础设施所在地。加强国家金融管理中心功能建设，积极培育发展与大国首都地位相匹配的现代金融业，在金融改革发展上走在全国前列。提高金融服务实体经济水平，在科技金融、文化金融、绿色金融和普惠金融等方面推出一系列举措。要继续加强多层次资本市场建设。推进金融领域数据治理和基础设施建设，巩固金融科技领先地位。加强金融风险防控，坚决维护首都金融安全稳定，守住不发生系统性风险的底线。

——2021年2月，北京市市委书记蔡奇在金融工作座谈会中讲话

关键词：国家金融科技创新与服务中心、"各具特色、互动协同"、特定区域和楼宇聚集

努力把北京建设成为具有全球影响力的国家金融科技创新与服务中心，形成"首都特色、全国辐射、国内示范、国际标准"的金融科技创新示范体系。 支持金融科技企业在特定区域和楼宇聚集，加强全面监管，形成"各具特色、互动协同"的北京市金融科技发展格局。

——《北京市促进金融科技发展规划（2018年—2022年）》

关键词：金融+科技、第二金融街、金融科技创新示范区、数字金融示范区

三环里新城看丽泽。丽泽金融商务区是新一轮城南高质量发展行动计划中的重点功能区，要牢牢把握"两区"建设机遇，坚持"金融+科技"，大力发展现代金融商务新业态，打造"第二金融街"，建设金融科技创新示范区。要用好"两区"政策，拓展金融科技应用场景，吸引新兴金融业态集聚。要着力打造数字金融示范区，支持中国人民银行数字货币研究所发展，鼓励金融机构、科技机构在丽泽开展数字金融创新。

————2021年6月5日，北京市市委书记蔡奇同志到丽泽金融商务区调查研究的指示精神

关键词：新兴金融、数字金融、生态、文物保护、商务配套融为一体

丽泽金融商务区要把造环境放在优先位置，将生态、文物保护、商务配套融为一体。坚持金融业定位，严把入口关，聚焦新兴金融、数字金融，努力形成数字金融示范区。

————2020年11月12日，北京市市委书记蔡奇同志到丰台区调查研究的指示精神

关键词：承接金融街外溢辐射、发展金融商务新业态

高标准规划建设丽泽金融商务区，主动承接金融街外溢辐射，积极发展金融商务新业态，打造第二金融街。

————2019年11月9日，北京市市委书记蔡奇同志到丰台区调研检查的指示精神

3.3 发展历程 Development Course
总述 General Statement

金融商务区发展历程显现出不同的经济体制下的资源配置方式以及开发建设特点。主要对比丽泽金融商务区和金丝雀码头的发展阶段特点，对标范围为丽泽金融商务区规划范围（5.8km²）和金丝雀码头规划范围（0.51km²）。

相同点

- 发展理念和发展模式：二者都经历了发展理念和发展模式的转变。都是从最开始的大量基础设施投入、兴建大量办公建筑、配套生活服务设施较少、人气聚集程度不强转变为后期的重视多业态引入，完善地下商业、公共空间、步行系统建设，形成灵动的办公环境与国际化生活圈，为更多企业及办公人员带来人性化的工作和生活方式。

不同点

- 发展路径：丽泽金融商务区是政府主导的特定功能区，采用先规划后建设的发展路径，通过政府强有力的手段自上而下推动建设工作，其产业规划起点较高，并预留了充分的产业发展用地和建筑空间。金丝雀码头是以开发商为主导的商业开发行为，采取市场主导模式，政府更多地通过政策引导和商业规则予以引导，使这个区域保持高度的活力和灵活度。

借鉴性

- 金融商务区的建设时序：建议先行投入配套设施建设，改善交通设施并使之与城市交通网络相联系，提高工作、生活的便利性，吸引人气；通过多元引入完善、复合的功能业态，提高地区活力，集聚人气；主导产业实现创新性发展，金融与科技高度融合，大力发展高端服务业，形成以人为中心、科技为驱动，满足全方位需求的多功能城市中心。
- 金融商务区的发展路径：高效的政府行为使市场机制能够有效运作，有效的市场机制能够使政府政策更加有效落实。高效的政府体制需和有效的市场机制相互作用，使金融商务区良性发展。

图3-3-1　丽泽金融商务区
来源：吕博 摄

The development process of financial business district shows the characteristics of resource allocation and development and construction under different economic systems. The characteristics of Lize Financial Business District and Canary Wharf in the development phase are mainly compared. The benchmarking scope is the planning areas of Lize Financial Business District (5.8km²) and Canary Wharf (0.51km²).

Similarities
• Development concept and development model: Both of them have experienced changes in their development concept and development model. Both of them have changed from a large amount of infrastructure investment, the construction of a large number of office buildings, less supporting living service facilities and weak popularity at the beginning to the emphasis on the introduction of multi-format, improvement of the construction of underground business, public space and walking system, formation of a smart office environment and an international living circle in the later period, bringing humanized work and lifestyle to more enterprises and office workers.

Difference
• Development path: Lize Financial Business District is a specific functional area led by the government. It adopts the development path of planning first and building second, and promotes the construction work from top to bottom by the powerful means of the government. Its starting point of industrial planning is high, and sufficient industrial development land and architectural space are reserved. The Canary Wharf is a commercial development behavior led by developers, adopting a market-oriented model. The government guides the region more through policy guidance and business rules, so as to maintain a high degree of vitality and flexibility.

Reference
• Construction sequence of financial business district: It is suggested to invest in supporting facilities first, improve transportation facilities and connect them with urban transportation network, and increase the convenience of work and life, so as to attract popularity. It is also suggested to improve regional vitality and gather popularity by introducing perfect and complex functional formats through diversification; lead realization of innovative development by industries, high degree of integration of finance and science and technology, vigorous development of high-end service industries, and formation of a multi-functional city center with people as the center and science and technology as the driving force, so as to meet all-round needs.
• Development path of financial business district: Efficient government behavior enables market mechanism to operate effectively, and effective market mechanism enables government policies to be implemented more effectively. The efficient government system needs to interact with the effective market mechanism to make the financial business district develop soundly.

图3-3-2 金丝雀码头
来源：张轩宇 摄

发展阶段 Development Phase

丽泽金融商务区的发展过程包含规划、建设、提升三个阶段。经历了规划与建设的初始十年后，在坚持生态文明建设、历史传承与发展、完善城市治理体系、有效防治"大城市病"等时代背景下，丽泽面临着新的机遇与挑战，将以承接金融街对外疏解的金融商务功能、发展新兴金融业态、带动南部地区发展、推动京津冀协同发展为目标，充分发挥生态、文化和交通基础设施等方面的比较优势，建设成为支撑首都现代服务业发展的重要功能区、现代化大都市新城区高品质建设的典范地区。

规划阶段

北京市总体金融产业布局为地区发展提供机遇。

- 上位规划提供重大契机：2008年《关于促进首都金融业发展的意见》提出金融产业布局要求，明确定位北京是"国家金融决策、管理、信息、服务中心"，并提出"一主、一副、三新、四后台"的北京市金融业发展总体布局，丽泽金融商务区被正式确定为三新之一。该金融产业布局对该地区的城市空间提出新的要求，也为丽泽地区乃至丰台区的发展提供了机遇。
- 方案征集与法定规划编制：2008年，丽泽金融商务区规划秉承"生态商务区、立体交通网、金融不夜城和信息高速路"四大理念，经历了方案征集、方案综合、控规编制三个阶段，吸引了多家国内外顶级规划专业团队参与。2011年，《北京丽泽金融商务区控规及城市设计导则》获批复。

建设阶段

初期建设以办公建筑和市政基础设施为主，入驻产业类型集中在金融、保险、投资、地产等领域。

- 自2011—2022年间，丽泽金融商务区陆续实施供地，建成并投入使用率约57%[①]。
- 已实施项目以办公建筑为主，入驻产业类型集中在金融、保险、投资、地产等领域。
- 丽泽南区的主干路、次支路已基本建成。地下车行环廊建成约50%[①]。

提升阶段

聚焦新兴金融产业和现代服务业的发展需求，转变传统规划理念，强调"以人为本"，提高人的生活环境品质；关注"城市病"，加强对文化、生态、城市基础设施等资源的科学保护和高效利用。

- 上位规划提出新的要求：2017年《北京城市总体规划（2016年—2035年）》定义丽泽金融商务区是新兴金融产业集聚区、首都金融改革试验区。
- 市委市政府领导多次调研指示：提出丽泽金融商务区要与金融街一体化发展，主动承接金融街、北京商务中心区外溢配套辐射。
- 丽泽规划方案优化升级：伴随城市航站楼、机场线等新的对外交通设施条件置入，以建设高品质商务区为目标，对标国际，于2018年编制《丽泽金融商务区规划优化提升方案》，优化交通、绿地、教育和职住平衡等内容。

---

①作者梳理，资料来自北京丽泽金融商务区管理委员会提供已建数据。

金丝雀码头发展经历了基础建设、金融集聚、金融科技发展三个阶段。先期投入基础设施并逐步与市区建立便捷的轨道交通联系，吸引人气；随后更多关注就业人群需求，注重多业态发展与国际化生活圈的打造，集聚人气；数字化时代强化创新发展，激发"新活力"。

基础建设阶段

开发公司投入了大量水、电、气、高速通信网等基础设施建设工作，但由于轨道交通设施并未与城市交通网络建立有效联系，导致办公建筑整体出租率不高[1]。

- 重振港口区计划：1960—1970年，港口业由繁荣逐步没落直至关闭；1980年英国政府决定重振港口区。
- 全面规划改造：1981年成立半政府机构道克兰码头区开发公司（LDDC），全面规划改造；1986年金融大爆炸引发全球金融一体化浪潮，电子交易方式兴起。1987年7月，奥林匹亚与约克公司与道克兰码头区开发公司签下了金丝雀码头的开发协议，开发项目正式启动。计划把金丝雀码头区域发展成以金融服务为主的高端商务区。
- 进行基础建设：1988—1991年，第一阶段完工，并配套高速通信设施，金融与电信成为支柱产业；1992—1993年，奥林匹亚与约克公司破产，而后重组为金丝雀码头发展公司；1993年，莱姆豪斯（Limehouse）交通连接系统正式开通。
- 大量金融机构入驻：1993年，欧盟成立，吸引一批欧洲金融机构入驻。

金融集聚阶段

多业态发展为地区经济发展提供活力，灵动的办公环境与国际化生活圈为更多企业及办公人员带来人性化的工作和生活方式。

- 金融城与金丝雀码头联系日益紧密：1997年"第二次金融大爆炸"，之后金融城向东延伸进入金丝雀码头；1998年，连接伦敦市中心与新城区的交通体系建成，交通便利性大幅提升；1998年，道克兰码头区开发公司（LDDC）关闭；2001年，朱比利地铁线（Jubilee）建成通车，连接伦敦市区与金丝雀码头。
- 产业高端化、多元化发展：经济复苏后，金丝雀码头的办公建筑出租率升高，蓬勃发展。金融、商业、服务业、餐饮、酒店、出版业、娱乐业、教育等多业态发展，为地区经济发展提供活力；1998年，英国金融行为监管局（FCA）的前身英国金融服务管理局（FSA）搬入金丝雀码头；1999年金丝雀码头集团（Canary Wharf Group）上市，总值25亿美元，四年价值增长4倍；2000年金丝雀码头逐渐转型成为伦敦重要的国际金融中心。
- 形成国际化生活圈：2002年，第二阶段完工，完善地下商业、公共空间、步行系统建设，形成灵动的办公环境与国际化生活圈。

金融科技发展阶段

金融与新技术结合，大力发展高端服务业，更加注重城市功能复合化建设，提供高效率的工作生活模式，激发城市发展"新活力"。

- 金融科技爆发：2008年金融危机后，传统金融业受到冲击，与新技术结合成为未来金融产业大势所趋；2013年，金丝雀码头集团（Canary Wharf Group）开设金融科技孵化中心Level 39，三年内，成长为欧盟规模最大的金融科技孵化中心；2014年，英国金融行为监管局（FCA）设立创新中心，全球首创沙盒实验模式，大量金融科技（FinTech）企业汇聚成长。
- 拓展发展空间：2014年，金丝雀获得东扩至木头港（Wood Wharf）的规划批准。规划有30栋大楼、综合商业地产，可容纳工作人口数量翻倍。
- 持续推动和支持金融创新：2016—2036年伦敦经济将持续变化，新的部门、企业将不断涌现。需要推动和支持创新，确保形成发展空间，满足其发展需求；互联网金融走向3.0时代，2017年成为金融科技元年。

---

[1]作者梳理，资料来自金丝雀码头集团采访记录。

3.4 产业结构 Industrial Structure

总述 General Statement

产业结构是金融商务区经济发展的核心动力。主要对比产业发展优势、产业构成、产业发展路径三个方面，对标范围为丽泽金融商务区核心区范围（2.8km²）和金丝雀码头规划范围（0.51km²）。

相同点

- 产业发展优势：丽泽金融商务区和金丝雀码头在政策支持、区位、交通、空间等方面的优势具有极高的相似度，都利于传统金融增量与金融科技产业的集聚与发展。
- 产业构成：丽泽金融商务区和金丝雀码头与传统金融城在产业上的联系与区别关系相似，都在承载传统金融城所溢出的传统金融产业的同时多元发展其他产业，与传统金融城保持差异化发展。均注意引入不同规模、不同经营业务的公司，形成优势互补、协同发展态势，提升区域经济活力；注重初创企业的培育，形成持续的发展动力。

不同点

- 入驻企业级别：金丝雀码头入驻企业大部分为世界500强企业，构成了一个涉及金融、贸易、公司服务的世界性网络，能够吸引越来越多的跨国公司在此集聚，在经济辐射方面具有非同一般的世界级影响力；丽泽金融商务区入驻企业大部分为国内龙头企业，目前为初步发展阶段，未来有较大的提升空间。

借鉴性

- 产业构成：建议在金融产业方面发展传统金融产业及增量、大力发展金融科技产业，尝试引入金融监管子机构，创新金融监管机制；配备国际顶尖的法律、会计、咨询等专业服务机构，同时引入科技、能源等赋能型产业，创造产业生态圈。
- 产业发展路径：通过优质配套设施吸引大型金融机构入驻，形成完善的金融商务生态圈；打造孵化平台培育科技氛围，积极打造科技创新生态圈；给予创新的政策环境促进金融科技繁荣。
- 提升国际影响力：通过政策吸引积极争取世界与中国500强进入北京的机会，通过大型机构的引入打响丽泽金融商务区的国际名片。

图3-4-1 丽泽金融商务区
来源：丽泽SOHO官网

Industrial structure is the core power of economic development in financial business district. Such three aspects of industrial development advantages, industrial composition and industrial development path are mainly compared. The benchmarking scope is the core area of Lize Financial Business District (2.8km^2) and the planning area of Canary Wharf (0.51km^2).

Similarities

- Industrial development advantages: The advantages of Lize Financial Business District and Canary Wharf in policy support, location, transportation, space, etc. are very similar, which are beneficial to the traditional financial increment and the agglomeration and development of financial technology industry.
- Industrial composition: Lize Financial Business District and Canary Wharf have similar connections and differences with traditional financial cities in terms of industry. They all carry the traditional financial industries overflowed by traditional financial cities, and at the same time develop other industries in a diversified way, thus maintaining differentiated development with traditional financial cities. Both of them pay attention to introducing companies with different sizes and business operations to form a complementary and coordinated development trend and enhance regional economic vitality; pay attention to the cultivation of start-up enterprises to form sustainable development momentum.

Difference

- Level of settled enterprises: Most of the enterprises settled in Canary Wharf are Fortune 500 enterprises, constituting a worldwide network involving finance, trade and corporate services, which can attract more and more multinational companies to gather here. Thus, it has extraordinary world-class influence in terms of economic radiation. Most of the enterprises settled in Lize Financial Business District are domestic leading enterprises, which are at the initial development phase and have great room for improvement in the future.

Reference

- Industrial composition: It is suggested to develop traditional financial industry and increment in financial industry, vigorously develop financial technology industry, make efforts to introduce financial supervision sub-institutions, and innovate financial supervision mechanism. It is also suggested to equip international top professional service institutions such as law, accounting and consulting, and introduce enabling industries such as science and technology and energy, so as to create an industrial ecosystem.
- Industrial development path: Attract large financial institutions to settle in through high-quality supporting facilities to form a perfect financial business ecosystem; build an incubation platform, cultivate a scientific and technological atmosphere, and actively create a scientific and technological innovation ecosystem; provide an innovative policy environment to promote the prosperity of financial technology.
- Improve international influence: Actively strive for the opportunity for the Top 500 companies from the world and China to enter Beijing through policy attraction, and popularize the international business card of Lize Financial Business District through the introduction of large-scale institutions.

图3-4-2 金丝雀码头
来源：陈轩宇 摄

产业发展优势 Industrial Development Advantages

"十四五"时期的"两区"建设背景将为丽泽金融产业的开放发展带来新的机遇，临近金融街的区位优势、五线换乘的交通优势、与大兴机场直连的轨道线网以及可实现快速值机的城市航站楼、大面积的办公空间、深厚的人文底蕴、良好的生态环境，将为丽泽的金融产业集聚提供优质的城市空间资源。

政策背景与行业机遇	**"十四五"时期的"两区"建设将进一步扩大首都金融开放；同时，丽泽金融商务区定位为新兴金融产业集聚区、首都金融改革试验区，将为丽泽金融产业先试先行提供良好的政策背景和机遇。** • 北京市"十四五"规划提出：全面推动国家服务业扩大开放综合示范区建设，全力打造以科技创新、服务业开放、数字经济为主要特征的自由贸易试验区。北京要抓住"两区"建设机遇，进一步扩大金融开放，对在京机构获得更多金融业务牌照、跨境资金流动、建设金融科技应用场景试验区等方面加大支持力度；希望中外金融机构扎根北京发展，将更多新设机构落户北京[1]。 •《北京城市总体规划（2016年—2035年）》将丽泽金融商务区定义为：新兴金融产业集聚区、首都金融改革试验区，有望引入新兴金融产业并在监管政策等方面实现突破。据悉，北京市首个央行数字货币应用场景已在丰台丽泽落地[2]。	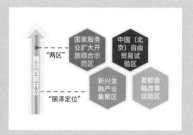
区位优势	**靠近金融街，有利于与银行总部、金融机构总部、监管部门建立便捷联系，促进传统金融增量产业快速集聚、创新监管机制；同时可大力发展初创金融科技企业，形成多元金融产业生态圈。** • 金融街聚集着大型银行、金融机构总部，丽泽金融商务区距离金融街空间距离约6km，可充分发挥区位优势，吸引银行资管子公司、大型传统金融机构的科技分支等既需要独立于总部设立、需要大量办公空间，同时又因业务交流需求需要离总部近的企业类型入驻[3]。 • 金融机构集聚，可为初创金融科技企业提供贷款，促进初创企业入驻，促进良性循环。 • 靠近一行两会，方便与监管部门沟通，建立试验性监管机制和政策创新通道。	
交通优势	**城市航站楼与大兴国际机场建立快速通道，五条轨道交通网与金融街、北京中心城各主要功能区建立紧密联系。** • 核心区范围内的丽泽城市航站楼与大兴机场实现轨道直连，航站楼可完成值机、行李托运等环节，仅需约20min便可轻装到达大兴机场，便于金融人士商务出行。 • 地铁11号线、14号线、16号线、北京大兴机场线和丽泽商务区—金融街共5条轨道交通线网在丽泽金融商区核心区范围内可实现一站换乘，同时可支撑丽泽在约30min内即可到达北京中心城各主要功能区，站点半径500m范围内可基本实现对金融产业用地全覆盖。 • 丽泽—金融街线将进一步加强两个区域间的联系，轨道通勤时间可控制在约15min以内。	
空间优势	**丽泽金融商务区是三环路以内最大的成片城市功能区，在空间、配套、租金等方面拥有比较优势；同时深厚的文化底蕴、良好的生态景观资源也为产业集聚提供了优良的城市空间。** • 丽泽是三环路以内最大的成片城市功能区，拥有大面积的办公空间；可提供相对于金融街、中央商务区更有竞争力的租金优势；更容易利用后发优势打造激发创新的、灵活开放的办公空间；在周边配套相应的餐饮、健身、咖啡厅等配套设施。 • 丽泽拥有深厚的人文底蕴，在依托金中都遗迹、水文化、戏曲文化营造景观空间，提升文化氛围的同时可引入优秀的商业运营，提供年轻人喜欢的人文活动，营造现代感、体验性和内容化的新形态和新地标，集聚人气。 • 丽泽拥有大片绿化空间，莲花河与丰草河两河环绕，提供了良好的生态环境，可提供大量的室外活动空间、运动场所、滨水景观带，是公司选址和人才吸引的重要考量因素。	

①作者梳理，资料来自《北京市国民经济和社会发展第十四个五年规划和二〇三五年远景目标纲要》、北京市市委书记蔡奇就推动金融业高质量发展调查研究在金融工作座谈会中讲话。
②新京报. 首个央行数字货币应用场景落户丰台丽泽[EB/OL]. (2020-12-29) [2021-06-17]. https://baijiahao.baidu.com/s?id=1687385628334643388&wfr=spider&for=pc.
③作者梳理，资料来自"丽泽规划方案优化升级项目"中波士顿产业策划。

金丝雀码头紧抓行业发展趋势，充分发挥区位优势、交通优势与空间优势，前瞻性布局产业发展：与传统金融城保持密切联系并注重差异化发展；大力发展轨道交通条件，与市中心、城市机场建立快捷联系，提供便利通勤条件；提供大容量的办公空间与高质量的城市环境，创造国际化生活圈，吸引产业集聚并形成生态网络。

政策背景与行业机遇	**顺应全球金融发展浪潮，紧抓各阶段金融产业发展机遇。** • 1986—1999年，伦敦金融大爆炸、欧盟成立，引发全球金融一体化浪潮，金融业对电子交易方式需求激增，金丝雀码头通过率先配套高速通信设施、与伦敦市区建立便利的轨道交通连接网络、建立大量办公空间，吸引一批欧洲金融机构进驻。 • 2000年左右，伴随金融产业的不断集聚，金丝雀码头顺应就业人员对工作生活环境品质提高的需求，打造灵活的办公环境与多元国际化的生活圈，由一个金融商务区转型为伦敦重要的国际金融中心。 • 2009年至今，金融与科技结合成为未来金融产业大趋势，金丝雀码头实现政策创新，开设金融科技孵化中心（Level 39），成为欧洲最富影响力的金融科技孵化器，为中小科技创新企业提供平台；发起智能城市科技计划（Cognicity）；英国金融行为监管局设立创新中心，全球首创沙盒实验模式，大量金融科技企业汇聚成长[①]。	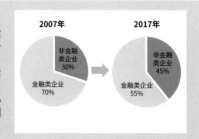
区位优势	**靠近传统金融城，承载溢出的传统金融产业；同时多元发展其他产业，与传统金融城保持差异化发展。** • 金丝雀码头距离伦敦金融城空间距离约4.5km，轨道通勤时间约10min，金丝雀码头充分利用区位优势，为传统银行机构提供大量办公空间，各银行机构可与伦敦金融城的国际总部保持密切联系。 • 充分发挥空间优势，与伦敦金融城差异化发展，伦敦金融城定位于传统金融中心，客户群主要面向传统金融机构及大型企业总部，功能业态以写字楼为主，通常与客户签订长期性租约；金丝雀码头定位于金融科技集聚中心，客户群主要面向传统金融机构及金融科技初创企业，功能业态更加多元，以写字楼、酒店、公寓、商业零售、公共服务为主，建筑功能提倡混合用途；可与客户签订短期、弹性租约，更加灵活[②]。	
交通优势	**3条轨道交通网与市中心、机场建立便捷联系，提供了便利的通勤条件。** • 金丝雀码头距离伦敦城市机场约4.6km，即将开通的伊丽莎白线（Elizabeth Line）约40min便可直达伦敦希斯罗国际机场，伦敦城市机场提供了便捷的航班和快速的办理登机时间（仅需20min），连接约20个海外目的地[①]。 • 道克兰地区轻轨（DLR），与市中心直接相连，轨道通行约10min可抵达金融城，约20min可抵达伦敦城市机场。 • 朱比利地铁线（Jubilee），轨道通行约10min可抵达金融城，约15min可抵达伦敦城市机场。	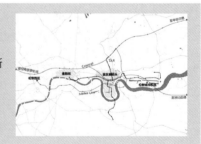
空间优势	**依托码头区复兴计划，投入大容量的商业地产开发，提供产业所需办公空间；同时注重建筑与开放空间、文化、交通要素的高度融合，营造高质量的城市环境，创造国际化生活圈，吸引产业集聚。** • 凭借道克兰地区的码头复兴计划，金丝雀码头修建了最先进的、适合现代商务办公所需的大面积建筑空间，同时完善地下商业、公共空间、步行系统建设，形成灵动的办公环境，创造国际化生活圈。 • 港区文化的保留和延续，定期策划、策展，打造多样性文化节日活动，营造文化氛围。 • 景观与港口和交通相结合，营造自然宁静的运河景观，创造宜人的滨水空间。	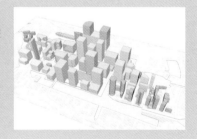

①Canary Wharf Group．全面整合设计、开发、建设与管理[Z]．London，2016．
②作者梳理，资料来自"丽泽规划方案优化升级项目"中波士顿产业策划。

产业构成 Industrial Composition

建议丽泽金融商务区充分发挥新兴赋能，通过引入银行—资管、外资私募基金、外资保险等传统金融增量，金融监管机构，金融科技企业入驻，并协同发展专业服务和其他新兴产业，发展多元化业务。

- 产业类型（建议）：（1）传统金融：银行—资管子公司、私募基金—外资、保险—外资；（2）金融科技：传统金融机构科技子公司、互联网金融企业、孵化初创金融科技企业；（3）金融监管：北京银保监局、证监局、央行金融科技委员会等监管机构分支，知名金融行业协会；（4）专业服务：法律服务、人力资源机构、咨询、知识产权服务、会计、税务等；（5）其他新兴产业：互联网独角兽等初创公司、500强总部等[1]（表3-4-1）。
- 企业规模（建议）：优先吸纳规模大、实力强、有品牌影响力的公司，实现金融产业的快速、有效集聚；同时注重对初创企业的扶持和孵化，形成未来持续的增长动力。

丽泽金融商务区产业体系建议 表3-4-1

产业类型		主要企业类型
金融业	传统金融业类	银行资管子公司、外资保险、外资私募基金等
	金融科技类	传统金融机构科技子公司、规模互联网金融企业、初创金融科技公司
	金融监管类	北京银保监局、证监局、央行金融科技委员会等监管机构分支；知名金融行业协会
金融专业服务	法律、会计、咨询等	法律服务、人力资源机构、咨询、知识产权服务、会计、税务等
其他新兴产业	科技、新能源、电子信息、生物技术、医疗健康等新兴产业	互联网独角兽等创新型企业、世界500强企业总部、中国500强企业总部
商业服务	酒店、餐饮、商业等	五星级酒店、精品餐饮及高端商业

来源：作者梳理，资料来自"丽泽金融商务区规划优化提升项目"中波士顿产业策划

租赁建议[1]

丽泽金融商务区人均办公面积：建议约15m²，以求打造一个更宽松的办公环境[1]
提供相对于北京中央商务区更加有竞争力的租金 • 未来面对中央商务区的竞争，丽泽应提供较为优惠的租金，吸引互联网新兴龙头入驻
利用后发势优势打造激发创新的办公空间 • 有净高充足、采光好的无柱办公空间 • 拥有开放公共空间及个性化的办公产品 • 满足互联网企业对于网络、电量等硬件设施的需求
为创新企业提供便于交流的平台，便于企业之间交流融合

[1]作者梳理，资料来自"丽泽规划方案优化升级项目"中波士顿产业策划。

金丝雀码头通过引入传统金融、金融科技、专业服务等不同类别和不同规模的企业，推动产业结构向多元化发展，焕发经济活力。

- 产业类型：（1）传统金融：瑞士信贷、汇丰银行、巴克莱银行、花旗银行等；（2）金融科技：金融科技孵化中心等；（3）金融监管：英国金融行为监管局创新中心等；（4）专业服务：安理国际律师事务所、克利福德律师事务所、毕马威会计事务所等；（5）其他产业：英特尔、汤森路透等科技媒体与电信公司；壳牌国际、英国石油公司等制造业、工业及能源公司[1]（表3-4-2）。
- 企业规模：金融机构以大型总部型为主，而专业服务以小型为主，种类较多，呈差异化、多样化发展趋势（图3-4-3）。同时在招商策略上，金丝雀码头积极引入中小型企业，增强区域活力。

金丝雀码头产业体系　　　　　　　　　　　　　　　　　　　　表3-4-2

	产业类型	企业类型	代表企业
金融业	传统金融业类	银行与金融机构	瑞士信贷、汇丰银行、巴克莱银行、花旗银行等
	金融科技类	金融科技企业	金融科技孵化中心等
	金融监管类	政府监管机构	英国金融行为监管局创新中心等
金融专业服务	法律、会计、咨询等	法律服务、人力资源机构、咨询、知识产权服务、会计、税务等	安理国际律师事务所、克利福德律师事务所、毕马威会计事务所、惠誉国际、标准普尔、穆迪投资、埃森哲、波士顿咨询集团等
		科技、媒体与电信公司	汤森路透、英特尔、印孚瑟斯技术、美国第一资讯集团等
其他新兴产业	科技、媒体、电信、制造业、能源等	制造、工业及能源公司	壳牌国际、英国石油公司、道达尔、雪佛龙英国、巴尔弗·贝蒂公司等
商业服务	酒店、餐饮、商业等	五星级酒店、精品餐饮及高端商业	四季酒店、万豪酒店、商业购物中心、设计师品牌店等

来源：作者梳理，资料来自Google Maps、英国房产资讯、Canary wharf Group《全面整合设计、开发、建设与管理》

租赁建议[1]

- 金丝雀码头人均办公面积：12m²（2019年）

- 租金：短期、弹性约期，约4000元/m²（根据2016年平均租金统计估算）

- 租赁方式构成：平均单栋建筑面积约5万m²，50%的面积为整栋租赁，30%的面积为大客户租赁，20%为散租（2010年，图3-4-3）

- 客户类型与体量：大型以总部型客户为主，办公楼面积从1.3万m²到11.5万m²不等，且呈明显的档次差异，很好地兼顾了各类型的企业，总体出租率一直保持在较高水平

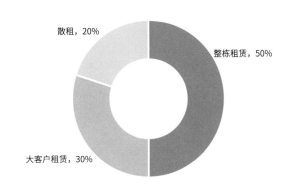

图3-4-3 金丝雀码头租赁方式构成（2010年）
来源：丽泽规划方案优化升级项目组提供

---

[1]作者梳理，资料来自"丽泽规划方案优化升级项目"中波士顿产业策划。

产业发展路径 Industrial Development Path

建议丽泽金融商务区发挥政策和区位优势，吸引龙头企业入驻，为园区发展打好基础；由主管部门牵头搭建创新平台，提供专业支持、建立产业基金，满足创新型的中小型企业要求，使产业链相关企业集聚，扩大业务能级，形成效应；持续推动政策创新，传统金融、金融科技、专业服务联动，形成产业完整生态。

1	发挥政策和区位优势，吸引龙头企业入驻，为园区发展打好基础
	推动普惠政策：人才引进、营商环境、法律保障等方面的普惠政策实施； 创新政策突破，先试先行：建议引入北京银监会、证监局、保监局、央行金融科技委员会等监管机构，在资金流通、审批速度、牌照发放等方面提供支持； 园区管理：建立产业负面清单，准入及运营评价体系，层层甄选以保证入驻企业质量； 办公环境：与金融街和中央商务区错位发展，打造高端新颖业态，营造创意氛围
2	由主管部门牵头搭建创新平台，提供专业支持、建立产业基金，满足创新型的中小型企业要求，使产业链相关企业集聚，扩大业务能级，形成效应
	企业融资方面：统筹设立融资平台，设立产业发展投资基金，同时申请财政拨款专项资金，撬动国开行、国资企业资本、商业银行等资金； 人才方面：建立外企服务中心，建立园区人才互动服务平台； 信息方面：打造具有金融咨询、财富管理产品推广、科技金融成果应用等功能的金融产业发展平台。建立科技信息共享平台，整合高校、企业实验室等资源； 公共活动：引入知名金融协会组织论坛、峰会等高规格业内活动
3	持续推动政策创新，传统金融、金融科技、专业服务联动，形成产业完整生态
	新兴金融产业：监管创新（探索监管沙盒模式，推动金融科技企业探索创新）、吸引国内外最前沿创新的金融科技结构、推动金融科创企业探索创新、打造新兴产业生态环境； 总部经济：形成总部经济聚集区品牌，成为京津冀总部经济高光区； 专业服务：专业服务企业与区域内金融、总部、互联网企业形成协同效应

本页资料来源：作者梳理，资料来自"丽泽规划方案优化升级项目"中波士顿产业策划。

金丝雀码头通过基础设施建设、政府支持、园区举措吸引龙头企业入驻，建立金融商务生态；打造科技孵化平台，塑造科技创新生态圈，主动引领产业发展；依托区域内的英国行为监管局建立创新中心与沙盒模式，助力金融科技企业发展。

1	通过基础设施建设、政府支持、园区举措吸引龙头企业入驻，建立金融商务生态	
	基础设施建设：便利的交通、多样化的办公环境、高速宽带网络； 政府支持：税收返还、简化审批手续； 园区举措：减免租金，为入驻企业提供完善的园区服务，如人才培训机制、一站式政务处理中心等	
2	打造科技孵化平台，塑造科技创新生态圈，主动引领产业发展	
	科技孵化：打造孵化平台金融科技孵化中心，提供投资、课程和商业服务，主办创新交流活动，全面支持创新孵化； 创新交流：联合企业、政府、创投共同打造Cognicity Hub创新交流平台，重点扶持新兴企业、初创企业，提供创新科技产品发布、概念发表展示空间	
3	依托区域内的英国行为监管局建立创新中心与沙盒模式，助力金融科技企业发展	
	金融创新：2014年英国行为监管局"创新中心"在金丝雀码头成立，为金融创新企业提供与监管对接渠道，帮助企业取得有限授权等各种支持； 金融监管：2015年启动"监管沙盒"，帮助金融科技公司在有限度的监管环境、风险可控的环境中进行开发，推动产品服务创新	

本页资料来源：作者梳理，资料来自"丽泽规划方案优化升级项目"中波士顿产业策划。

3.5 职住平衡 Job-housing Balance

总述 General Statement

职住平衡是指提高就业人员就近居住的配置率，并加强通勤保障功能，使就业和居住的分布更加平衡。主要对比就业人群及居住圈层分布情况，重点阐述区域统筹，对标选取金融商务区周边较大的区域范围。

相同点

- 就业人群：丽泽金融商务区和金丝雀码头在规划范围内的就业人口总量相当，约为22万。
- 就业人群的居住圈层分布情况：丽泽金融商务区和金丝雀码头均依托周边可居住资源，在区域范围内缓解职住平衡问题。

不同点

- 居住供给路径：丽泽金融商务区在规划之初便重点考虑职住平衡问题，在规划范围及更大的区域协调居住总量；金丝雀码头随市场需求调整居住供给。

借鉴性

- 缓解职住平衡措施：在半小时通勤时间的范围内就近加大住宅业态比例；加大轨道交通等基础设施建设，提高可达性，确保在更大空间范围内满足职住平衡。

图3-5-1 丽泽金融商务区
来源：吕博 摄

Job-housing balance refers to improving the allocation rate of the employed population living nearby, and strengthening the commuting security function, so as to make the distribution of employment and residence more balanced. The distributions of employed population and residential circles are mainly compared, focusing on regional overall planning, and selecting a larger area around the financial business district for benchmarking.

Similarities
• Employed population: The total employed population of Lize Financial Business District and Canary Wharf in the core area is about 220 thousand.
• Distributions of employed population and residential circle: Both of Lize Financial Business District and Canary Wharf rely on the surrounding habitable resources to alleviate job-housing balance in the region.

Difference
• Residential supply path: At the beginning of planning, Lize Financial Business District focused on the job-housing balance, and coordinated the total amount of residence in the planning scope and larger area; while Canary Wharf adjusted the housing supply with market demand.

Reference
• Measures to alleviate job-housing balance: Increase the proportion of residential formats within the scope of half-an-hour commuting time. Increase infrastructure construction such as rail transit, improve accessibility, and ensure that the job-housing balance is met in a larger space.

图3-5-2 金丝雀码头二期住宅
摄影：张轩豪摄

就业人群及居住圈层分布情况 Distributions of Employed Population and Residential Circle

- 丽泽金融商务区规划范围内就业人口总量约22万人（规划数据，2030年），未来丽泽金融商务区将吸引企业高管、商务白领、科技人才、创业人才四大产业主体人群[①]，并带动服务业等区域发展支持人群聚集（表3-5-1）。
- 在半小时交通圈内（60km²）提供长租公寓、商品住宅、公租房等多种形式，可满足80%就业人口的居住需求，其余需在更大范围内解决（图3-5-3）。

北京丽泽金融商务区就业人群类型   表3-5-1

大类	中类	小类
产业主体人群	企业高管	金融机构高管、500强高管、互联网企业高管、律所/会计事务所合伙人
	商务白领	金融机构员工、500强员工、律师/会计师
	科技人才	大型互联网独角兽企业员工
	创业人才	初创企业人才
区域发展支持人才	城市公共服务人群	医生、护士、教师
	城市基础服务人群	交通物流服务、住宿餐饮服务、其他支撑性服务人员

来源：作者梳理，资料来自"丽泽金融商务区规划优化提升项目"

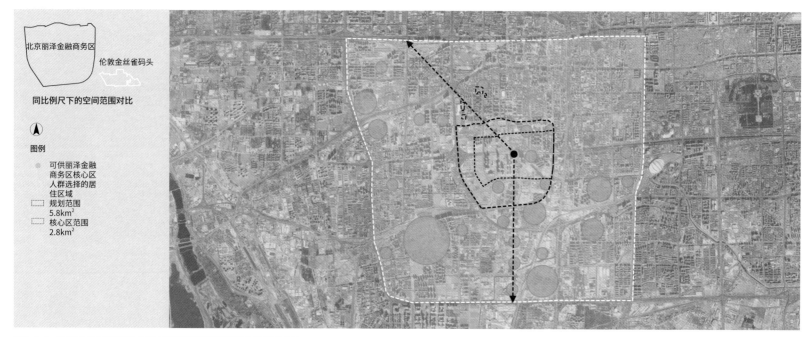

图3-5-3 丽泽金融商务区半小时交通圈范围可利用居住空间分布图
来源：作者自绘，底图下载自Google Map

---

① 根据"丽泽规划方案优化升级项目"中波士顿产业策划资料整理。

- 金丝雀码头规划范围内就业人口总量约21.5万人（表3-5-2）①。
- 除金丝雀码头所开发的住宅、公寓、酒店外②，在周边15min通勤范围内也分布有一定的居住空间可供选择（表3-5-2、图3-5-4）；同时，便捷的轨道交通条件使金丝雀码头的就业人群得以在更大的市域范围内解决居住问题（表3-5-3）。

金丝雀码头15min通勤范围内可居住空间总量　　　表3-5-2

居住空间总量		居住类型
已建（2022年）	18.4万m²	住宅、酒店、服务型公寓
在建及未建（2030年）	33.5万m²	住宅、服务型公寓
周边半岛 （狗岛、格林威治半岛、里莫斯半岛）	—	酒店、商业住宅

来源：作者梳理，数据来自《绿地英国重估"伦敦之巅"项目，金丝雀码头还值得投资吗?》

金丝雀码头就业人群的居住地分布（2011年）　　　表3-5-3

居住地	产业类型	人数	占比
英格兰和威尔士	内伦敦	45300	43.6%
	外伦敦	31000	29.8%
	伦敦以外	27200	26.2%
英格兰和威尔士以外		400	0.4%

来源：作者梳理，数据来自Greater London Authority. Commuting in London[Z]. London，2014.

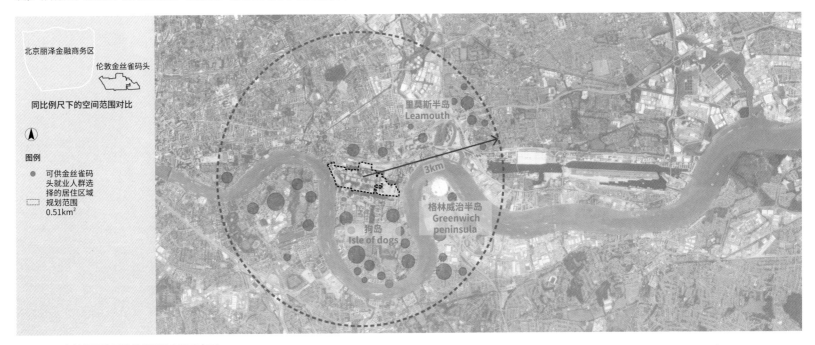

图3-5-4　金丝雀码头周边半岛居住空间分布图
来源：作者自绘，底图来自Google Map

---

①英国投资客. 绿地英国重估"伦敦之巅"项目，金丝雀码头还值得投资吗? [EB/OL]. (2018-12-18) [2021-06-17]. https://www.sohu.com/a/282707290_627135.
②作者梳理，数据来自Canary Wharf Group《全面整合设计、开发、建设与管理》。

3.6 功能构成 Functional Composition
总述 General Statement

混合的功能构成模式是金融商务区良性运转的关键。主要对比功能构成及规模、建筑功能复合两个方面，对标范围为丽泽金融商务区核心区范围（2.8km^2）和金丝雀码头规划范围（0.51km^2）。

相同点
- 功能构成及规模：丽泽金融商务区与金丝雀码头均强调混合的功能构成，以满足多元化的工作生活需求。

不同点
- 功能构成及规模：功能构成比例不同，丽泽金融商务区与金丝雀码头相比，其办公比例基本一致；为办公服务的公寓、酒店比例稍低；商业、公共配套比例更高（本项比较基数不含丽泽现状住宅）。

借鉴性
- 建筑功能复合：应创造多功能混合性空间，使各类空间相互渗透并形成相互依存的经济关系，形成连续的功能链条和网络，进而产生整体的活力。

图3-6-1 丽泽金融商务区
来源：吕博 摄

Mixed functional composition model is the key to the sound operation of financial business district. Such two aspects of Functional composition and size as well as architectural function composite are mainly compared. The benchmarking scope is the core area of Lize Financial Business District (2.8km^2) and the planning area of Canary Wharf (0.51km^2).

Similarities
• Functional composition and size: Both Lize Financial Business District and Canary Wharf emphasize mixed functional composition to meet diversified working and living needs.

Difference
• Functional composition and size: The functional composition ratio is different. Compared with the office ratio of Canary Wharf, that of Lize Financial Business District is basically the same. The proportion of apartments and hotels for service is slightly lower. The proportion of commercial and public supporting facilities is higher (the comparison base of this item does not include current residence in Lize).

Reference
• Architectural function composite: Multi-functional mixed spaces should be created, so that all kinds of spaces can penetrate each other and form interdependent economic relations, and form continuous functional chains and networks, thus generating overall vitality.

图3-6-2 | 金丝雀码头
来源：梁霞 摄

功能结构及规模　Function Structure and Size

丽泽金融商务区通过对标全球典型商务区的案例，以及对现有商务区人员需求进行大数据统计，合理优化提升商务办公所需的酒店、公寓、商业及公共配套等比例（约为60%：30%：10%，详见表3-6-1），建成服务高端人才、符合全球商务区发展趋势的混合园区。

- 地上建筑规模（建议）：约650万m²（含现状住宅面积约117万m²）。
- 商务办公（建议）：建筑规模约390万m²，占比60%，依托于水绿景观资源分布。
- 居住（建议）：建筑规模约190万m²（含现状住宅面积约117万m²），占比29%，主要包括住宅、公寓及酒店。
- 服务配套（建议）：建筑规模约70万m²，占比11%，主要为商业及公共配套。其中商业包括购物、餐饮、娱乐等设施；公共配套包括医疗机构、教育和文化设施等，除独立占地的教育设施外，大部分结合商务办公共同设置。

丽泽金融商务区核心区各功能建议类型及规模（含2022年已建、在建及2030年规划数据）　　表3-6-1

功能		建议建筑面积（万m²）	类型	建议规格	建议分布
商务办公		约390（占比60%）	写字楼	5A级写字楼	依托于水绿景观资源分布
居住		约190（占比29%）	酒店	五星级酒店	依托于水绿景观资源分布
			公寓	精品公寓	
			住宅	商品房及回迁房	靠近集中商业布置
服务配套	商业配套	约50（占比8%）	购物综合体	单个建筑面积约9万~10万m²	结合商务办公集中区域布置
			高档影城	单个建筑面积约1万m²	结合购物综合体布置
			健身场所	单个建筑面积约1000~3000m²	结合办公、住宅底商布置
			精品超市	单个建筑面积约4000m²	结合办公、住宅底商布置
	公共配套	约20（占比3%）	医疗机构	高端医疗综合体（单个建筑面积约1万~3万m²）小型国际高端医疗机构（单个建筑面积约3000m²）小型精品专科医疗机构（单个面积不超过500m²）社区卫生服务机构	社区卫生服务机构结合居住社区布置；其他结合商业、办公设置
			教育设施	高品质十二年一贯制学校幼儿园幼教设施	十二年一贯制及幼儿园独立选址幼教设施结合商业、办公设置
			文化设施	文化活动中心、文化展示空间、图书展览空间	结合商业设置

来源：作者梳理，数据来自《丽泽金融商务区规划综合实施方案》

金丝雀码头早期开发办公比例较高，居住和配套功能较少，导致区域活力不足；后续开发中注重提高功能的混合性，创造有活力的城市环境（表3-6-2）。

- 地上建筑规模：约250万m^2。
- 商务办公：建筑规模约190万m^2，占比76%，分布在滨水沿线。
- 居住：建筑规模约51万m^2，占比20%，区域边缘布置了少量的酒店和服务型公寓，东边木头港集中布置多种类型住宅。
- 服务配套：建筑规模约9万m^2，占比4%，主要包括商业服务配套和公共配套。商业服务配套，包括餐饮、零售商业、集中商业、娱乐休闲；公共配套包括医疗、教育、邮局等，大部分结合商务办公共同设置。

金丝雀码头各功能类型及规模（含2022年已建、在建及2030年规划数据）　　　　　　　　　　表3-6-2

功能		建筑面积（万m^2）	类型	规格	分布
商务办公		约190（占比76%）	写字楼	5A级写字楼	分布在滨水沿线
居住		约51（占比20%）	酒店	高星级商务/度假酒店	沿区域边缘布置
			服务式公寓	与酒店集中布置，精品公寓	
			住宅	住宅、经济适用房	
服务配套	商业配套	约9（占比4%）	依托商务环境的Life Style型商业	咖啡厅、酒吧和餐厅等以及其他体验式商业	结合商务办公共同设置
			依托轨道交通的大型商业	大型超市卖场（包括全球化的Tesco）、零售类型商店	
			休闲娱乐型	演艺中心、露天剧院以及多功能厅	
	公共配套		医疗	牙科诊所、健康中心、医疗中心、健康俱乐部等	结合商业设置
			教育	幼儿教育机构	
			其他	邮局、报刊杂志点等	

来源：作者梳理，数据来自Canary Wharf Group《全面整合设计、开发、建设与管理》

建筑功能复合　Architectural Function Composite

丽泽金融商务区以功能复合为出发点，区域内各建筑功能统筹考虑布置，水平方向建筑布局有机互补，垂直方向建筑功能高度复合（图3-6-3）。

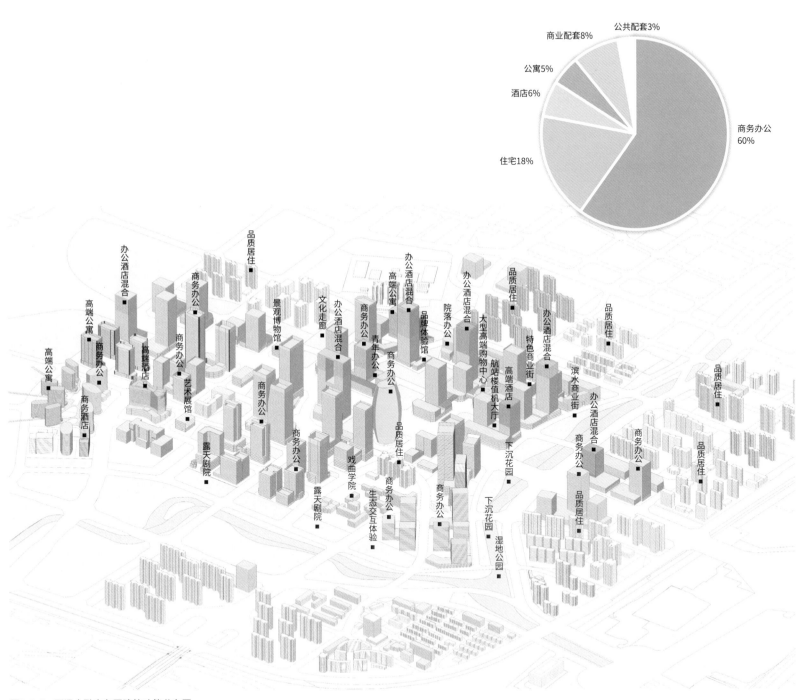

公共配套3%
商业配套8%
公寓5%
酒店6%
住宅18%
商务办公 60%

图3-6-3　丽泽金融商务区建筑功能分布图
来源：丽泽规划方案优化升级项目组提供

金丝雀码头早期开发的建筑的复合程度不高，以办公为主（图3-6-4，中部地区）；后续二期规划更加注重建筑的混合功能发展（图3-6-4，东部地区），各类建筑在水平和垂直方向上混合布局、功能互补。

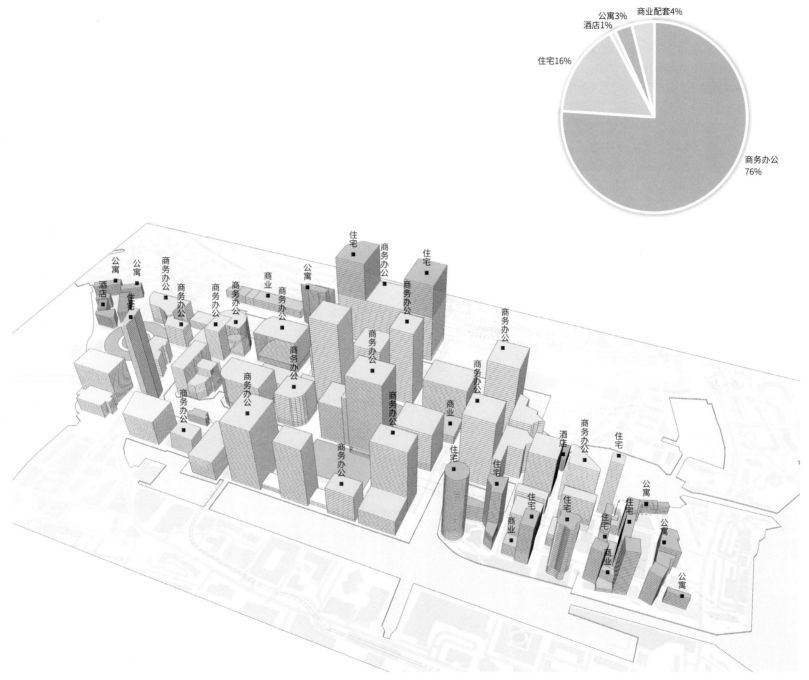

图3-6-4　金丝雀码头建筑功能分布图
来源：丽泽规划方案优化升级项目组提供

3.7 城市风貌 Urban Landscape

总述 General Statement

金融商务区的城市风貌承载着其整体形象特征，具有国际化、现代化、标志性的空间特色。主要对比空间布局、城市形态、街区尺度、公共空间、标识性空间、建筑风貌六个方面，对标范围为丽泽金融商务区核心区范围（2.8km²）和金丝雀码头规划范围（0.51km²）。

相同点

丽泽金融商务区与金丝雀码头都通过独具特色的街区、富有时代气息的建筑群、人性化的公共空间，构建独特的城市地标，形成一流城市空间品质，彰显国际化现代都市风貌。

- 空间布局：构建城市级景观带，贯通自然与历史空间；强调绿地集中共享、土地集约高效利用。
- 城市形态：加强各功能建筑联系，形成高密度的城市空间形态，塑造舒缓有序的城市天际线。
- 街区尺度：加强两侧建筑的关联，保证街道空间宜人的尺度，建设"小街区、密路网"的城市开放街区。
- 公共空间：公共空间充分考虑可达性，与建筑空间、交通空间相结合，形成人性化、有活力的开敞空间，最大限度集聚人气。
- 标识性空间：利用建筑空间、公共空间创造标识性空间，强化核心区域的场所感和标识感。
- 建筑风貌：简洁、现代。

不同点

- 艺术文化氛围营造：金丝雀码头是伦敦最大的户外公共艺术品收藏之乡，包括独立作品以及艺术家—建筑综合作品，结合全年多场全球顶尖的文化、艺术、展览活动，尽显多元的文化特色，不断提升片区的文化和创意氛围；丽泽金融商务区正处于建设和完善之中，大面积配套设施尚未建成或完成开发，对于文化和艺术氛围的营造尚有待提升。

借鉴性

- 城市风貌：在生态文明建设以及以人为中心服务的城市发展坐标下，商务区空间营造的重点应从单纯对天际线、地标建筑形态等实体空间的关注回顾到对人的体验和感受的关注。城市搭建的蓝绿空间、基础设施、公服设施等各种设施系统，都将成为人们社交和休闲的场所，也是各种活动发生的场地；此外，在设计中应将艺术与建筑有机结合，进一步提升区域的文化氛围，通过搭建丰富多元的社交平台、提供全天候丰富的生活配套、创造有机健康的生活体验来提升区域品质和品牌知名度。

图3-7-1 丽泽金融商务区
来源：吕博 摄

The urban landscape of the financial business district bears its overall image characteristics, and has the characteristics of international, modern and symbolic space. Such six aspects of spatial layout, city form, block scale, public space, symbolic space and architectural style are mainly compared. The benchmarking scope is the core area of Lize Financial Business District (2.8km^2) and the planning scope of Canary Wharf (0.51 km^2).

Similarities
Both of Lize Financial Business District and Canary Wharf construct unique city landmarks through unique blocks and modern architectural complex and humanized public spaces, so as to form first-class city space quality and highlight international modern city landscape.
- Spatial layout: Construct a city-level landscape belt to penetrate the natural and historical space. Emphasize the centralized sharing of green space and the intensive and efficient use of land.
- City form: Strengthen the connection of various functional architectures, form a high-density city space form, and shape a soothing and orderly city skyline.
- Block scale: Strengthen the connection of buildings on both sides, ensure the pleasant scale of street space, and build an urban open block with "small blocks and dense road network".
- Public space: Accessibility can be fully considered in public space, which is combined with architectural space and traffic space, so as to form a humanized and dynamic open space, and gathers popularity to the maximum extent.
- Symbolic space: Make use of architectural space and public space to create symbolic space and strengthen the sense of place and symbol in the core area;
- Architectural style: Simple and modern.

Difference
- Creation of artistic and cultural atmosphere: Canary Wharf is the largest outdoor public art collection town in London, including independent works and artist-architecture comprehensive works. In combination with the world's top culture, art and exhibition activities throughout the year, the multicultural characteristics are fully displayed and the cultural and creative atmosphere of the area is continuously enhanced. While Lize Financial Business District is under construction and improvement, with large-scale supporting facilities not yet completed or developed and the creation of cultural and artistic atmosphere to be improved.

Reference
- Urban landscape: Under the coordinate of ecological civilization construction and people-oriented urban development, the focus of business district space construction should be reviewed from the simple attention to the physical space such as skyline and landmark architectural form to the attention to people's experience and feelings. Various facilities and systems such as blue-green space, infrastructure and public service facilities built by the city will become places for people to socialize and relax, and also places where various activities take place. In addition, to organically integrate art and architecture in the design, the regional cultural atmosphere should be further enhanced, and the regional quality and brand recognition should be improved by establishing rich and diverse social platforms, providing all-weather rich living facilities and creating organic and healthy life experiences.

图3-7-2 金丝雀码头
来源：雷钧 摄

空间布局 Spatial Layout

丽泽金融商务区通过构建城市级景观带，贯通自然与历史空间，打造活力中心；同时围绕集中建设区塑造高密度的城市空间形态（图3-7-3）。

- 通过建筑通廊与中心绿地，连通文化遗址公园与景观水系，打造东西向重要城市级别景观带；同时，连通地上与地下的标识性节点空间共同组成南北向轴线，连接城市南、北区域。

- 注重土地的高效集约利用，建设地块集约布置，公共绿地集中布置，扩大绿地共享服务范围，商务办公、轨道交通、地面交通、集中商业等多种功能向中心聚合。

- 枢纽广场、丽泽中庭、阳光通廊等标识性节点空间与轨道交通站点相结合，连通地上与地下，成为重要的人流聚集地和活力枢纽。

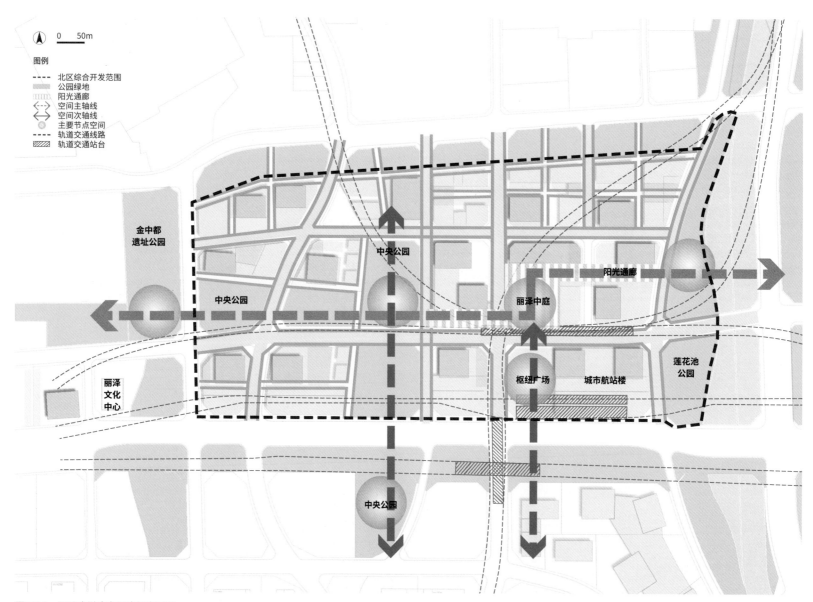

图3-7-3　丽泽金融商务区空间布局图
来源：丽泽规划方案优化升级项目组提供

金丝雀码头整合原码头区自然与历史空间要素，尊重原有水系特征并根据用地需求适度整理，通过构建大型结构性开放空间将狭长用地予以整合，增强空间布局的整体性；同时，结构性开放空间与交通性空间整合构成整体空间形态的框架，有效组织轴线空间序列关系（图3-7-4）。

- 东西向的中轴开放空间作为场地主轴，既组织了场地空间布局，也形成了城市级别的大尺度的视觉通廊（图3-7-5），由西向东连通千禧穹顶和伦敦塔桥；三栋超高层建筑对称布局于轴线两侧，形成空间视觉焦点。
- 南北向交通空间形成次要轴线，与东西主轴垂直相交于重要的节点空间，节点空间将交通要素与公共空间要素整合，成为重要的人流集散地与空间序列高潮（图3-7-6）。

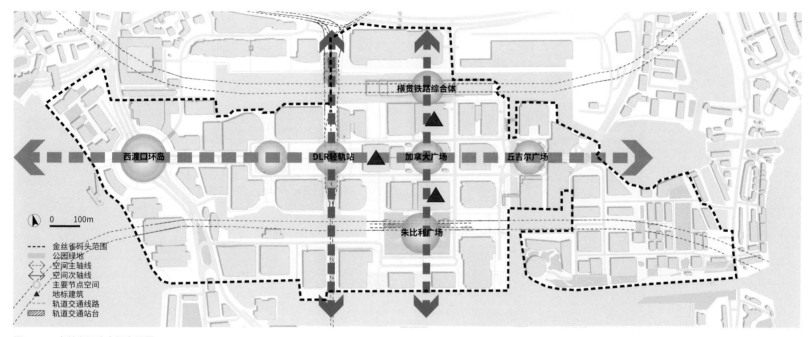

图3-7-4 金丝雀码头空间布局图
来源：丽泽规划方案优化升级项目组提供

图3-7-5 主轴线空间上的卡波特广场
来源：张轩宇 摄

图3-7-6 DLR轻轨站厅形成主轴开放空间构图中心
来源：张轩宇 摄

城市形态　City Form

丽泽金融商务区的区域总体高度控制在200m以下，多个高点建筑围绕中央公园绿地分布，呈现多中心布局（图3-7-7），构建丰富、舒缓有序的城市天际线（图3-7-8）。

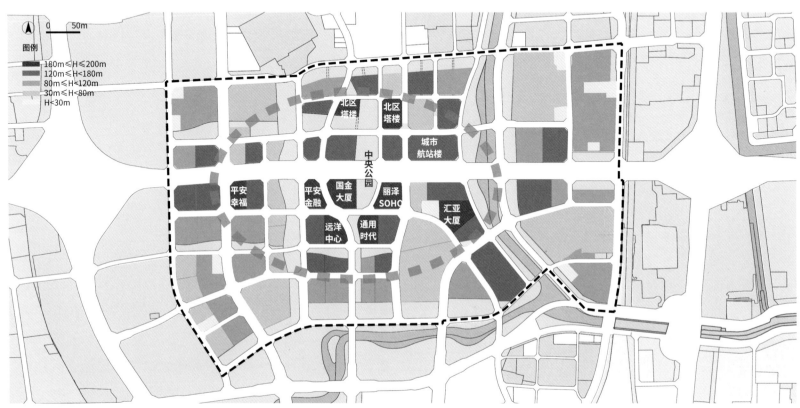

图3-7-7　丽泽金融商务区建筑高度分布图
来源：丽泽规划方案优化升级项目组提供

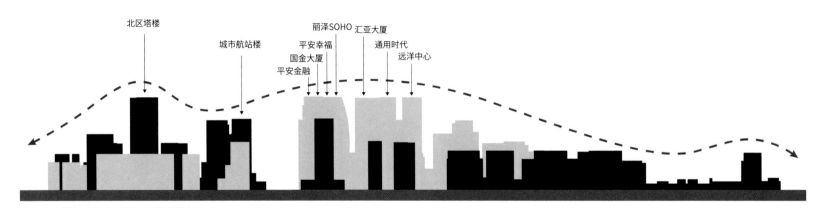

图3-7-8　丽泽金融商务区天际线示意图
来源：丽泽规划方案优化升级项目组提供

金丝雀码头以金丝雀码头塔、花旗银行中心、汇丰银行塔为中心，强化空间轴线视觉焦点（图3-7-9），整体天际线高低错落，缓和有序，灵动活泼（图3-7-10）。

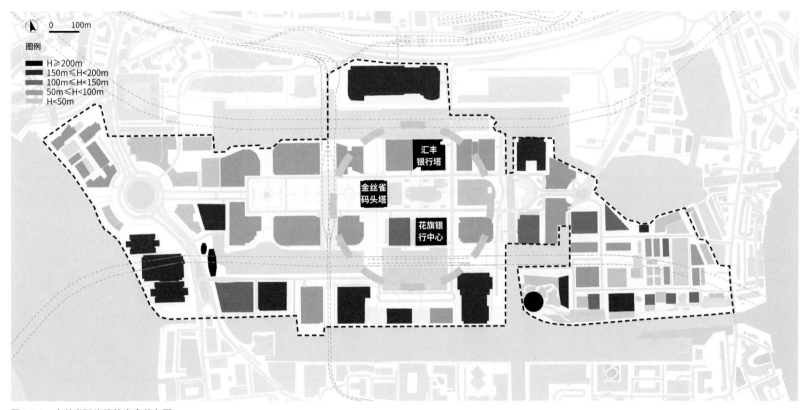

图3-7-9　金丝雀码头建筑高度分布图
来源：丽泽规划方案优化升级项目组提供

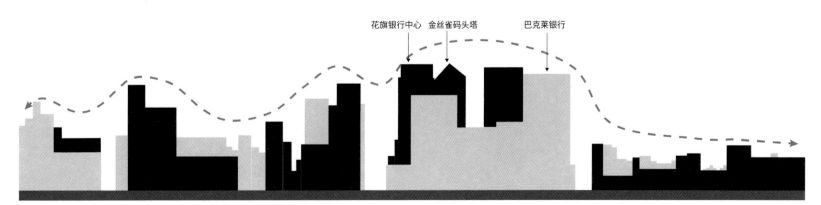

图3-7-10　金丝雀码头天际线示意图
来源：丽泽规划方案优化升级项目组提供

街区尺度　Block Scale

丽泽金融商务区通过增加路网密度、匀质道路等级、细分道路功能、完善道路系统，建设"小街区、密路网"的城市开放街区，形成人性化尺度的场所感及地区特色。

- 路网尺度：平均路网密度达12km/km²，综合开发区域路网密度可达到约18km/km²，地块尺度约90~140m（图3-7-11）。在传统路网基础上，在建设地块内部增设街坊路与城市道路衔接，可对外开放，承载一定的交通功能；同时，通过街坊路合理控制街区尺度，打造宜人的建筑外部空间尺度。
- 街道界面：街道宽高比（街道宽度与裙房高度之比）约1：（0.5~1.5），建筑间距在20~40m之间；重视人行步道和建筑临街界面一体化设计，共塑开放、活力、共享的城市界面（图3-7-12~图3-7-14）。

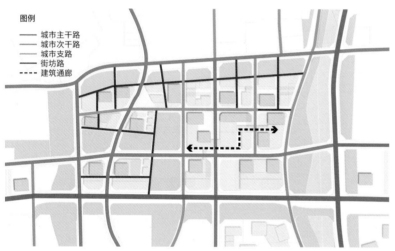

图3-7-11　丽泽金融商务区北区综合开发区域路网结构图
来源：丽泽规划方案优化升级项目组提供

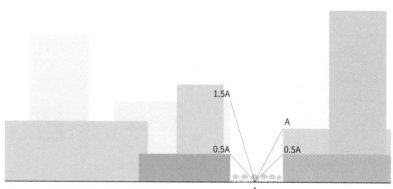

图3-7-12　丽泽金融商务区街道宽高比示意图
来源：丽泽规划方案优化升级项目组提供

图3-7-13　丽泽金融商务区街坊路1
来源：吕博 摄

图3-7-14　丽泽金融商务区街坊路2
来源：吕博 摄

金丝雀码头通过小街区、密路网创造了完善的交通网络与充满活力的公共区域。

- 路网尺度：平均路网密度达14.5km/km²，地块尺度约75~170m（图3-7-15）。
- 街道界面：街道宽高比（街道宽度与裙房高度之比）约1：（1~2.5），建筑间距在15~30m之间（图3-7-16~图3-7-18）。

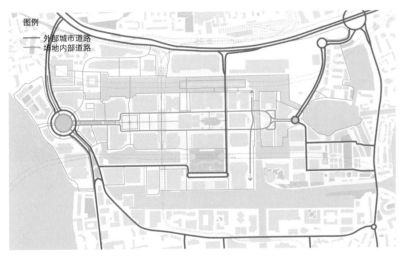

图3-7-15 金丝雀码头路网结构图
来源：丽泽规划方案优化升级项目组提供

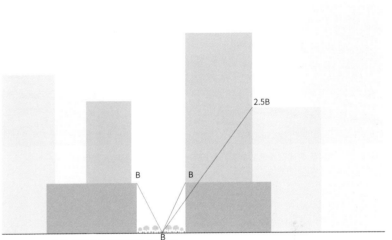

图3-7-16 金丝雀码头街道宽高比示意图
来源：丽泽规划方案优化升级项目组提供

图3-7-17 金丝雀码头小街区尺度1
来源：张轩宇 摄

图3-7-18 金丝雀码头小街区尺度2
来源：张轩宇 摄

公共空间 Public Space

丽泽金融商务区关注人的行为使用和需求，完善城市慢行系统，建筑空间与绿色公共空间充分融合，建筑开窗见绿、下楼即绿。

- 建筑界面有效限定公共空间：通过对建筑界面的退线、贴线率、建筑首层活跃功能、出入口、建筑首层透明度等要素的控制，有效限定公共空间，促进城市活动，营造场所特征（图3-7-19）。
- 完善慢行系统，优化公共空间体系：建筑与绿色空间充分融合，并通过地面过街、地下空间、绿地平台的方式与绿色空间相连，形成生态慢行系统（图3-7-20、图3-7-21）。任意建筑步行300m内可达面积1公顷以上公园绿地，下楼5min内（不穿城市主干道）即可与生态慢行系统对接。

图3-7-19 由建筑退线空间形成的步行友好的小尺度特色商业街区效果图
来源：丽泽规划方案优化升级项目组提供

图3-7-20 滨水公共空间与下沉商业空间相结合效果图
来源：丽泽规划方案优化升级项目组提供

图3-7-21 建筑通过二层平台与大尺度公园绿地空间相连效果图
来源：丽泽规划方案优化升级项目组提供

金丝雀码头将步行系统与带状滨水用地相结合，营造积极、连续的滨水空间。充分利用滨水特点，通过城市设计手段整合建筑界面、休闲娱乐功能与绿地广场空间，构成"线""点"结合、连续、可达性高的公共空间步行系统网络。

- 线性空间：高层建筑在步行尺度后退形成公共空间界面，同咖啡厅、餐饮、零售等休闲娱乐设施相结合，连成连续的线性滨水空间（图3-7-22）。
- 节点广场：节点广场由建筑界面围合而成，并由线性步行空间串联，形成步行系统中充满活力的停留空间。同时，节点空间与轨道、滨水码头等交通节点空间充分整合，增强其可达性，充分发挥人流聚集效应（图3-7-23~图3-7-25）。

图3-7-22 与建筑界面结合形成的滨水线性空间
来源：张轩宇 摄

图3-7-23 与地铁站相结合的公共空间
来源：张轩宇 摄

图3-7-24 由地铁站通往建筑的节点空间
来源：张轩宇 摄

图3-7-25 建筑界面与休闲设施结合
来源：张轩宇 摄

标识性空间 Symbolic Space

丽泽金融商务区以人流聚集程度最高的城市航站楼、五线换乘交通枢纽作为区域核心，由中央公园、丽泽中庭、丽泽通廊、枢纽广场、下沉商业等标识性节点组织建筑群体空间秩序，强化核心区域的场所感和标识感，汇集文化、商务、商业、生活等多样的城市功能，构建兼具功能性和象征意义的核心城市区域（图3-7-26~图3-7-28）。

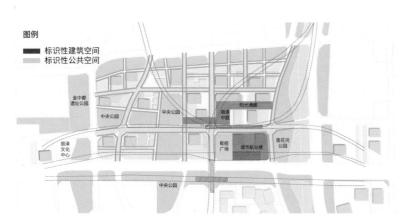

图3-7-26　丽泽金融商务区标识性空间分布图
来源：丽泽规划方案优化升级项目组提供

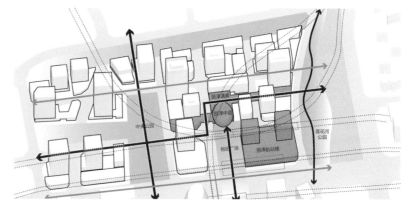

图3-7-27　丽泽金融商务区标识性空间联系分析图
来源：丽泽规划方案优化升级项目组提供

图3-7-28　丽泽金融商务区枢纽广场效果图
来源：丽泽规划方案优化升级项目组提供

金丝雀码头将平均高度约199.5m的三个塔楼设置于城市级别的大尺度的视觉通廊上，构成标识性建筑空间；由建筑界面围合而成的大型标识性开放空间节点兼具功能与艺术，整合地上地下商业空间、轨道交通要素、慢行系统、绿地景观与公共艺术，营造空间序列高潮；强调利用轻轨站、高架桥等创造独特的视觉景观；此外，金丝雀码头是伦敦最大的户外公共艺术品收藏之乡[1]，通过公共艺术显著提升片区的文化和创意（图3-7-29~图3-7-33）。

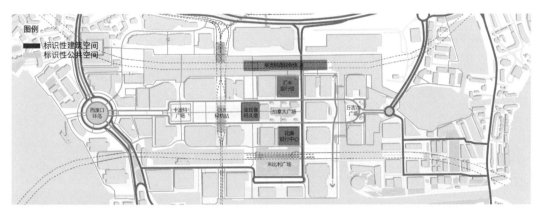

图3-7-29 金丝雀码头标识性空间分布图
来源：丽泽规划方案优化升级项目组提供

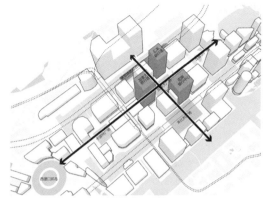

图3-7-30 金丝雀码头标识性空间联系分析图
来源：丽泽规划方案优化升级项目组提供

图3-7-31 朱比利广场
来源：张轩宇 摄

图3-7-32 卡波特广场
来源：张轩宇 摄

图3-7-33 加拿大广场公共艺术
来源：张轩宇 摄

①Canary Wharf Group．全面整合设计、开发、建设与管理[Z]．London，2016.

建筑风貌　Architectural Style

丽泽金融商务区以莲花河、丰草河及大面积城市绿地等绿色生态的城市氛围为基底，展现简约现代、典雅精致、和谐统一的建筑风貌（图3-7-34~图3-7-37）。

图3-7-34　丽泽金融商务区建筑风貌1
来源：吕博 摄

图3-7-35　丽泽金融商务区建筑风貌2
来源：丽泽SOHO提供

图3-7-36　丽泽金融商务区建筑风貌3
来源：吕博 摄

图3-7-37　丽泽金融商务区建筑风貌4
来源：吕博 摄

金丝雀码头整体建筑风貌简约、现代。大部分建筑外墙材选用通透的玻璃幕墙形式，主体建筑造型简洁、规整，严谨地限定公共空间界面，节点空间处的独特建筑屋顶造型形成独特的视觉要素。建筑间通过廊桥相连，形成空中步行网络（图3-7-38~图3-7-40）。

图3-7-38 金丝雀码头建筑风貌1
来源：张轩宇 摄

图3-7-39 金丝雀码头建筑风貌2
来源：张轩宇 摄

图3-7-40 金丝雀码头建筑风貌3
来源：张轩宇 摄

3.8 立体空间 The Three-dimensional Space
总述 General Statement

立体空间充分体现了金融商务区高效利用土地资源的特点。主要对比立体空间分层、人行空间体系两个方面，对标范围为丽泽金融商务区北区综合开发区域（0.4km²）和金丝雀码头规划范围（0.51km²）。

相同点

- 立体空间分层：丽泽金融商务区和金丝雀码头均注重空间的立体化处理和综合利用，高效利用地下空间开发，通过构建有活力的三维立体空间系统使地上地下空间有序衔接，并将办公、商业、酒店、文化、轨道交通、市政设施、公共空间等重要城市功能有效组织，最大化空间使用效率。

- 人行空间体系：丽泽金融商务区和金丝雀码头均在重要的轨道交通换乘枢纽等位置设置标识性节点空间，衔接地上与地下，合理引导人流。

借鉴性

- 立体空间分层：密集开发的金融商务区应最大限度发挥轨道交通的可达性价值以及为土地带来的集聚效应，空间立体化的关键不在于简单地从物理空间考虑，单纯地提高空间资源的总量，而是建筑要素、公共要素应与交通要素充分整合，激发空间对人的吸引力，增强区域活力。

图3-8-1 丽泽金融商务区
来源：吕博 摄

Three-dimensional space fully embodies the characteristics of efficient utilization of land resources in financial business district. Three-dimensional space stratification and pedestrian space system are mainly compared. The benchmarking scope is the comprehensive development area of Lize Financial Business District North District (0.4km²) and the planning area of Canary Wharf (0.51km²).

Similarities

- Three-dimensional space stratification: Both Lize Financial Business District and Canary Wharf pay attention to the three-dimensional treatment and comprehensive utilization of space, and make efficient use of underground space development. By constructing a dynamic three-dimensional space system, the above-ground and underground spaces are connected in an orderly manner, and important urban functions such as office, business, hotel, culture, rail transit, municipal facilities and public space are effectively organized to maximize space use efficiency.
- Pedestrian space system: Both Lize Financial Business District and Canary Wharf set up symbolic node spaces at important rail transit transfer hubs, connecting the above-ground and underground spaces to guide the pedestrian volume reasonably.

Difference

- Three-dimensional space stratification: The densely developed financial business district should give full play to the accessibility value of rail transit and the agglomeration effect brought to land. The key to three-dimensional space lies not in simply considering physical space and simply increasing the total amount of space resources, but in fully integrating architectural elements and public elements with traffic elements, so as to stimulate the attraction of space to people and enhance regional vitality.

图3-8-2 金丝雀码头
来源：张轩宇 摄

立体空间分层 Three-dimensional Space Stratification

丽泽金融商务区围绕轨道线交通换乘区域进行地上地下空间综合开发，使地下空间与地上办公、商业、公共绿地互联互通，构建城市开放系统，促进24小时全时段活力积聚，形成一座功能复合的"立体城市功能极核"。

- 空间分层情况：地上形成高密度的城市空间形态；地下空间一体化建设，开发共4层，地下一、二层为人行主力层，串联地上绿地、办公、商业空间；地下三、四层为车行主力层与停车空间（图3-8-3）。

图3-8-3 丽泽金融商务区立体空间分层示意图
来源：丽泽规划方案优化升级项目组提供

金丝雀码头综合考虑土地高效集约利用需求，场地地形条件及建设分期时序，统筹安排地上与地下空间开发，将办公楼、商业设施、休闲设施、公共空间、轨道交通站台和站厅、停车等实体空间要素进行三维整合，实现各功能的合理组织和相互协调，创造了高度复合的立体化空间。

- 空间分层情况：场地被水系分割成南北两个带状空间，北侧用地先期建设，通过抬高水平面，在中轴线开放空间下创造了四层地下空间，其中地下一层为商业空间，地下二至四层为停车空间；南侧用地后期建设，水平面较低，在办公建筑集群下含有三层地下空间。南北不同标高的地下空间通过朱比利轨道交通站厅层实现了顺接[①]（图3-8-4）。

图3-8-4　金丝雀码头立体空间分层示意图
来源：丽泽规划方案优化升级项目组提供

---

① 韩晶. 伦敦金丝雀码头城市设计[J]. 世界建筑导报，2007（02）.

人行空间体系　Pedestrian Space System

丽泽金融商务区的地面与地下人行空间实现了在功能和空间上的高度复合。地面人行空间结合小街区、密路网及公共绿地高效组织混合的建筑功能；地下人行空间结合五线交通换乘路线合理布局人行动线和商业空间、节点空间，保证连通性、便捷性、导向性；地上与地下人行空间通过景观与建筑等多种处理方式实现连接与互动。

- 地面人行体系：结合小街区、密路网及公共绿地高效组织混合的建筑功能（图3-8-5）。
- 地下人行体系：地下人行空间主力层连通五条轨道交通换乘线路，形成"丰"字形交通骨架的主要通道，次要通道网状遍布期间，保证每个楼座均可达，保证连通性；"丰"字形主要通道及中庭嵌入在地铁站、航站楼流线交织的核心区，该层6min之内可步行至本层的各轨道站厅层，具有较高的便捷性；结合换乘路线、地面商业布置地下商业空间，调节主次要通道的空间尺度，通过多种方式引入地面光线，加强地下空间的导向性（图3-8-6）。
- 地上与地下人行体系整合：在公共绿地中设置下沉花园，使地下空间与地面景观充分融合；采取枢纽广场、丽泽中庭、阳光通廊形成"导光"体系，将自然光线和人流引入地下空间，与地面标志性公共空间充分互动，加强地下空间的导向性，优化地下慢行的空间体验。

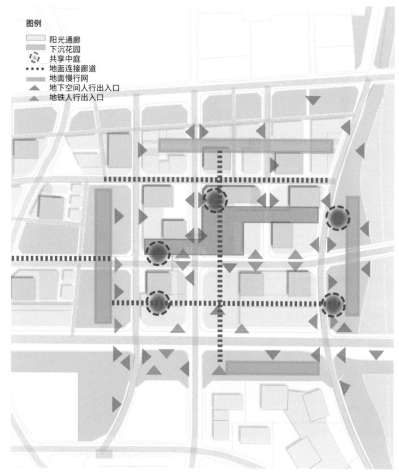

图3-8-5　丽泽金融商务区地上人行层示意图
来源：丽泽规划方案优化升级项目组提供

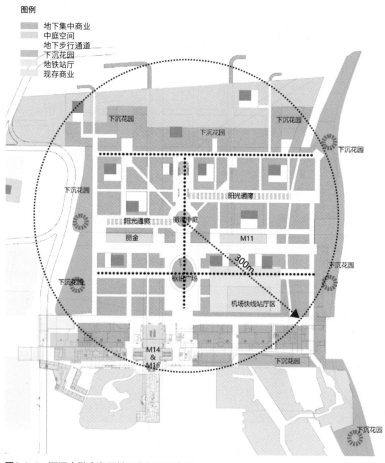

图3-8-6　丽泽金融商务区地下人行层示意图
来源：丽泽规划方案优化升级项目组提供

金丝雀码头将地面人行体系与地下人行体系进行系统性整合，使地上与地下空间互相感知，融为一体。地面人行体系沿滨水空间和商业空间布置；地下人行空间将商业、地铁站厅层、辅助空间等各类功能空间合理布局，通过连续的地下步行交通体系使其建立联系，使地下商业空间在轨道交通站点350m半径覆盖范围内，激发了商业活力。

- 地面人行体系：沿滨水空间和商业空间布置，串联公共节点空间（图3-8-7）。
- 地下人行体系：南北两条带状用地的地下人行空间层构成主要的东西向商业街，由南北向步行通廊相连，连接用地并构成环形商业步行体系；充分发挥交通枢纽带来的人流集聚效应，以朱比利地铁站厅空间作为地下步行体系中的核心连接枢纽，激发了地下空间活力；在商业街中设置中庭空间，连通地上和地下，通透的玻璃材质为地下空间带来充足光线，增强了地下空间的方向性、识别性（图3-8-8）。
- 地上与地下空间的整合：将轨道交通站点、地面公共步行体系、地下公共步行体系集合于若干关键性节点，围绕关键性节点构建24小时对公众开放的室内中庭，成为地面、地下的共享空间和交通联系空间；同时，结合建筑或室外公共空间设置地下空间人行出入口，实现地上与地下的合理顺接。

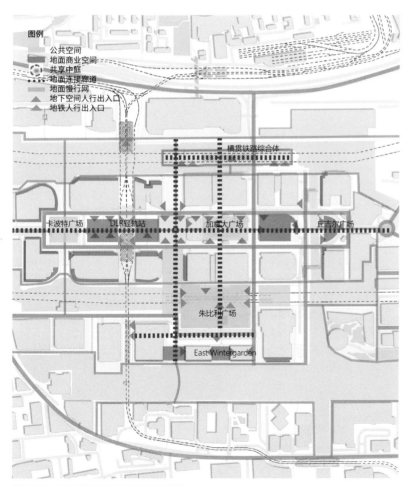

图3-8-7 金丝雀码头地上人行层示意图
来源：丽泽规划方案优化升级项目组提供

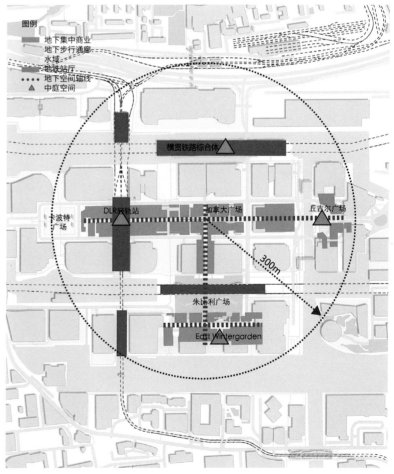

图3-8-8 金丝雀码头地下人行层示意图
来源：丽泽规划方案优化升级项目组提供

3.9 开发运营 Development and Operation

总述 General Statement

合理的开发运营模式有利于金融商务区的空间高效开发和可持续发展。主要对比开发模式，对标范围为丽泽金融商务区北区综合开发区域（0.4km²）和金丝雀码头规划范围（0.51km²）。

相同点

- 开发模式：丽泽金融商务区和金丝雀码头具有相似的城市功能组成和市政基础设施条件，如建设区域集中、地下空间功能综合复杂、多线交叉的轨道交通建设等条件，共同促进了商务区综合开发区域的整体开发。在综合开发过程中，都采用了统一规划、统一设计、统一建设的模式。

不同点

- 综合开发实施路径：由于中英土地制度的不同，金丝雀码头范围内地上地下土地全部归私人所有，可由一家开发商直接实现区域的整体开发；而我国由于地面道路、绿地、建设地块的土地使用权属和管理权限不同，在对地下空间综合利用的同时仍面临着对土地兼容性的研究，需合理解决同一个地块中不同功能界面权属和管理权限的问题。

借鉴性

- 开发模式：在集中建设区域尝试综合开发模式，统一规划、统一设计、统一建设、统一管理、统一运营，保持设计理念的一致性，提升建设效率，便于整体实施和综合管理。在多要素复杂地区所进行的开发建设工作，应重视城市设计在城市建设中所发挥的整合作用，并将城市设计方案及时转化为"城市设计导则"，将其作为建筑工程设计审查和许可的重要工具。

- 综合开发实施路径：目前我国地下空间在立法、开发建设、运营管理方面明显滞后于地上空间的发展，更缺乏地上地下空间的统筹考虑，这些严重制约了城市空间的整体开发建设。未来城市空间综合开发不仅要加强立法研究，更要加强实操性研究，尤其是技术标准、项目融资、界面管理、协调机制等方面的研究，以实现地上地下空间的集约化、一体化发展。

图3-9-1 丽泽金融商务区
来源：陈赫 摄

Reasonable development and operation model is beneficial to the space efficient development and sustainable development of financial business district. The development models are mainly compared. The benchmarking scope is the comprehensive development area of Lize Financial Business District North District (0.4km²) and the planning area of Canary Wharf (0.51km²).

Similarities

• Development model: Lize Financial Business District and Canary Wharf have similar urban functional composition and municipal infrastructure conditions, such as concentrated construction areas, complex underground space functions and multi-line rail transit construction, which jointly promote the overall development of the comprehensive development area of the business district. In the process of comprehensive development, the model of unified planning, unified design and unified construction is adopted.

Difference

• Implementation path of comprehensive development: Due to the different land systems between China and Britain, all the above-ground and underground land in Canary Wharf is privately owned, and one developer can directly realize the overall development of the region. However, due to the different land use rights and management authority of surface roads, green spaces and construction plots, China is still facing the study of land compatibility while comprehensively utilizing underground space, and needs to reasonably solve the problems of ownership and management authority of different functional interfaces in the same plot.

Reference

• Development model: Try the comprehensive development model in the centralized construction area, with unified planning, design, construction, management and operation, so as to keep the consistency of design concepts and improve construction efficiency, which is convenient for overall implementation and comprehensive management. In the development and construction work in complex multi-factor areas, attention should be paid to the integration effect of urban design on urban construction, and urban design schemes should be transformed into "urban design guidelines" in time, which should be used as an important tool for review and approval of architectural engineering design.

• Implementation path of comprehensive development: At present, the development underground space in China lags behind the development of above-ground space in terms of legislation, development and construction as well as operation and management, and the overall consideration of above-ground and underground space is lacking, which seriously restricts the overall development and construction of urban space. In the future, both the legislative research and the practical research should be strengthened for the comprehensive development of urban space, especially the research on technical standards, project financing, interface management, coordination mechanism, etc., so as to realize the intensive and integrated development of the above-ground and underground space.

图3-9-2 金丝雀码头
来源：张轩宇 摄

开发模式 Development Model

在丽泽金融商务区综合开发围范内，围绕轨道交通换乘区域重点加强地下空间一体化建设，在地下统一设计、建设和统筹投资计划，在实施方式、建设时序和后续运营管理方面实现突破（图3-9-3）。

- 统一规划：统筹规划、交通、市政、生态等多专项设计方案，形成《丽泽金融商务区规划优化提升方案》。并将其作为城市设计，在城市设计的基础上深化形成《北京丽泽金融商务区规划综合实施方案（2020年—2030年）》，作为法定规划文件指导后续的深化设计，保持城市设计的延续性和理念的一致性。
- 统一设计：在丽泽管委会的领导下，由北京市城市规划设计研究院与北京市建筑设计研究院有限公司组建"丽泽北区综合开发区域地下基础设施综合实施研究平台"，形成技术统筹协调机制，协调道路交通、轨道、管线、建筑、竖向、公共空间、经济等各专业以及各专项的项目形成稳定的技术条件和方案，最终综合形成"一张总图"。在集中建设区部分，统一完成地下部分的施工图设计、地上部分的初步设计，为后续土地出让建设和基础设施建设提供条件。
- 统一建设：建立丽泽金融商务区规划建设市级联席会议机制，组织北京市有关部门、丰台区加强协调调度，统筹推进商务区规划建设各项目工作。
- 统一管理：现阶段通过技术手段进行控制系统、物理界面等方面的隔离和联系，为未来统一物业奠定基础。
- 统一运营：由丽泽管委会对未来的区域业态、租户管理等进行统一协调。

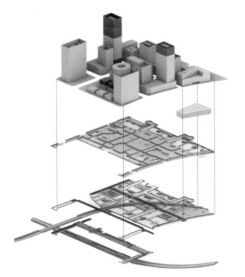

地上功能：
商务办公、休闲商业

B2功能：
商业、办公配套
停车、机房配套

B4功能：
能源站、机房配套

图3-9-3　丽泽金融商务区综合开发实施路径示意图
来源：丽泽规划方案优化升级项目组提供

促进物业三维管理
与复杂功能区三维功能布局相适应，在用地三维出让的基础上，促进物业管理的三维确权，优化空间管理方式。

划设物业管理界面
在城市设计落实阶段尝试划设物业管理界面，明确公共区域如疏散楼梯等的物业管理主体与利用方式，为后续实际运营作出示范。

推动建立统一的物业管理协调平台
搭建不同类型物业综合的管理平台，对区域内各主体物业管理进行统一协调，保障物业服务质量，打造空间品牌。

金丝雀码头的地上地下空间由金丝雀码头集团进行统一规划设计、统一开发建设、统一运营管理，可较好控制整体空间形态、保证较好的运营、维护质量（图3-9-4）。

- 统一规划：金丝雀码头集团在开发过程中高度重视城市设计的整合作用，以"城市设计"作为有效工具，在创造高品质的城市空间的同时保证公共利益、开发商利益的平衡，最终达到区域的总体平衡[1]。金丝雀码头自1985年开始制定城市设计方案，地上、地下空间方案统一设计，方案整体性好，在随后的十几年里尽管金丝雀码头集团历经重组，但城市设计的基本理念始终都坚持了下来[2]。

- 统一设计：由开发业主统一组织完成地下部分的施工图设计工作，并统一完成地上部分的初步设计工作，地上部分可根据预售或预租用户的要求为其量身定做，适度调整，完成后续施工图设计。

  金丝雀码头的开发团队拥有设计、开发和交付项目的专业技能和经验，从概念方案开始就介入设计过程，从整理、组合、个体建筑、具体元素间的互相影响和联系角度进行考量，创造切实可行的方案。团队将监督、告知并指导设计咨询方，提供各方意见，与其他团队密切配合，优化设计方案。并在设计过程中考虑各类设计和配置方案，以满足租户要求[3]。

- 统一建设：由同一开发业主对轨道交通车站、地下商业、地下停车、市政设施、工程管线、公共空间、办公楼等专项进行从下到上的统一施工建设。

  金丝雀码头作为项目管理方和总承包方，管理并交付所有施工项目；管理并交付最终设计方案；管理租户要求，并将其纳入设计方案，实现交付，参与外壳、内核与租户工作的价值设计等[3]。

- 统一管理：由统一的物业管理公司来维护公共区域的卫生、安全、绿化，保证了物业质量；同时也可为使用客户提供物业服务。

  金丝雀码头管理公司集结英国国内最高规格的内部物业管理团队，公司负责每周7天24小时的管理、维护和安全保障。具体包括基础设施、零售、停车场和所有建筑的公共部分。他们的经验对设计过程的运营和维护规划起到辅助作用，并为以后的项目开发提供参考意见，以保证设计、建设和管理的全面一体化[3]。

- 统一运营：由同一开发业主对区域内的办公楼进行租、售，对使用客户有较高的约束力，制定高标准的维护管理要求。

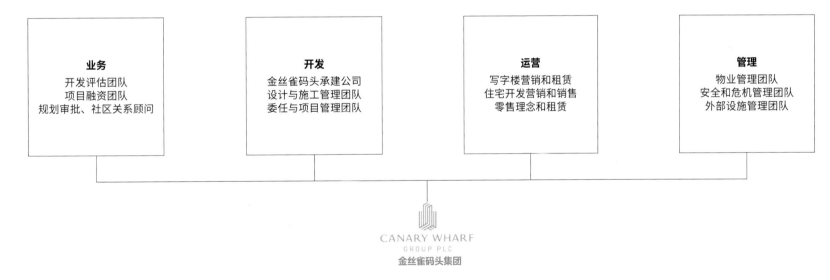

图3-9-4 金丝雀码头集团组织架构示意图
来源：丽泽规划方案优化升级项目组提供

---

[1]韩晶. 伦敦金丝雀码头城市设计[J]. 世界建筑导报，2007（02）.
[2]崔宁. 伦敦新金融区金丝雀码头项目对上海后世博开发机制的启示[J]. 建筑施工，2012，34（02）：85-88.
[3]作者梳理，资料来自Canary Wharf Group《全面整合设计、开发、建设与管理》。

3.10 北京未来展望 Future Prospects of Beijing

金融商务区作为重要的城市功能区，需充分贯彻以人为本的发展理念，以人的活动为根本出发点，充分考虑人的行为和感受，合理高效布置空间功能，提升人的工作生活品质；同时，更加关注对文化、生态、城市基础设施等资源的科学保护和高效利用，促进人与社会、自然的和谐发展。
金融商务区的建设应着力打造人本城区、紧凑城区、绿色城区、活力城区，助力北京成为具有广泛和重要国际影响力的全球中心城市。

人本城区

- 构建高效便利的城市复合功能：充分对标人的使用需求，优化办公所需的酒店、公寓、商业、配套等比例，建成服务高端人才、符合全球商务区发展趋势的混合园区。
- 实现区域职住平衡：在区域范围内统筹协调好居住、就业和公共交通关系，缓解职住平衡问题，促进区域整体的可持续发展。
- 塑造"小街区、密路网"的空间模式：统筹道路与用地权属，共塑开放、活力、共享的城市界面。重视人行步道和临街界面设计，形成高品质、人性化的公共空间。

紧凑城区

- 打造高度复合的立体功能空间：构建三维立体空间体系，将城市集中建设区中办公、商业、居住、地下停车、轨道交通等重要功能有效组织，提高城市综合使用效率，提升城市品质。
- 构建高效便捷的地下城：通过综合开发，构建高效便捷的地下城，促进地下空间资源综合开发利用。地下分层开发，构建公共车行和公共步行体系，并注重提升地上地下联通品质，将自然光线、人流引入地下空间，与地面公共空间充分互动。
- 分圈层组织交通：在城市集中建设区合理分流公共交通及社会车辆，地面层建立步行体系。

绿色城区

- 提升城市形态和环境品质：完善生态慢行系统，绿地公园合理布局、提高可达性，做到建筑开窗见绿、下楼即绿。
- 注重生态可持续及多样性：构建更具连续性和完整性的城市生态系统，建立生态保护廊道宽度，满足生物迁徙保护需求。
- 充分利用水资源：推进海绵城市策略，实现功能与景观相结合。

活力城区

- 优化城市形态：通过对贴退线、首层活跃功能、透明度等的控制，有效限定公共空间。
- 保护和挖掘文化资源：充分利用地域文化资源，打造具有人文气息和人文关怀的金融商务区，聚拢人气，提升归属感。
- 打造7天24小时金融不夜城：绿地空间、公共空间、文化空间与建筑空间实现功能复合，营造沉浸式体验。

丽泽金融商务区（核心区）与金丝雀码头指标汇总表 表3-10-1

章节	指标（单位）	北京丽泽金融商务区（核心区）		伦敦金丝雀码头（规划范围）	
发展历程	用地面积（km²）	2.8	规划数据（2030年）	0.51	现状数据（2022年，不含水域）
	地上总建筑规模（万m²）	650	含已建（2022年）、在建（2022年）及规划数据（2030年）	250	含已建（2022年）、在建（2022年）及规划数据（2030年）
职住平衡	就业岗位规模（万个）	21	规划数据（2030年）	21.5	预测数据（2030年）
功能构成	商务办公面积占比（%）	60	含已建（2022年）、在建（2022年）及规划数据（2030年）	76	含已建（2022年）、在建（2022年）及规划数据（2030年）
	居住功能面积占比（%）	29	含已建（2022年）、在建（2022年）及规划数据（2030年）	20	含已建（2022年）、在建（2022年）及规划数据（2030年）
	服务配套面积占比（%）	11	含已建（2022年）、在建（2022年）及规划数据（2030年）	4	含已建（2022年）、在建（2022年）及规划数据（2030年）
城市风貌	路网密度（km/km²）	12	规划数据（2030年）	14.5	现状数据（2022年）
	地块尺度（m）	90~140	综合开发区域规划数据（2030年）	75~170	现状数据（2022年）
	街道宽高比	1：(0.5~1.5)	综合开发区域规划数据（2030年）	1：(1~2.5)	现状数据（2022年）
	高点建筑高度（m）	200	现状数据（2022年）及规划数据（2030年）	235	现状数据（2022年）
立体空间	轨道交通车站300m半径范围内地下商业覆盖率（%）	100	规划数据（2030年）	100	现状数据（2022年）

来源：作者梳理，数据来自《丽泽金融商务区规划综合实施方案》、Canary Wharf Group《全面整合设计、开发、建设与管理》、Google地图。

中关村科学城核心地区鸟瞰
来源：张然 摄

4 科学城
Science City

科学城（Science City）作为城市科技创新功能的集中承载区，是一类带有人为规划色彩的专业功能集中承载区域，具有创新、高技术和城市系统三个基本属性。它是推动科技创新、加速知识转移、加快经济发展的重要载体，是全球知识经济中企业和研究机构的创新、创业最佳栖息地，也是地区和城市经济发展和竞争力的重要来源。建设创新型科学城，对北京市的经济和社会发展有两点重要意义：一是提高科技的开发能力，促进产业的升级换代；二是促进地区经济的发展。

2008年金融危机以来，国际经济环境发展了深刻变化，北京国际科技创新中心建设更是上升到国家战略：2021年1月，《北京市国民经济和社会发展第十四个五年规划和二〇三五年远景目标纲要》正式发布，明确了"加快建设国际科技创新中心"的战略行动计划；《北京城市总体规划（2016年—2035年）》提出"四个中心"战略定位，科技创新中心是其中之一，并明确了以"三城一区"为代表的科学城创新主平台作为服务建设北京的保障，要按照"国际标准着力建设"，从而实现首都更高水平、更可持续发展，更好地迎接全球科技变革；伦敦是科技创新活动最丰富活跃的城市之一，其科技创新功能发展领先北京几十年之久，是城市的核心功能和核心竞争力。对标研究伦敦，可为北京及我国其他大城市的科学城决策和建设提供参考。

以科学城为研究对象，重点研究北京中关村科学城核心地区（以下简称"中关村核心区"）和伦敦城市边缘区机遇区（City Fringe Opportunity Area）（以下简称"伦敦边缘区"），依据《伦敦边缘区机遇区规划框架》（*City Fringe Opportunity Area Planning Framework*）和《伦敦规划2021》（*The London Plan 2021*），重点对比与科学城建设密切相关的空间专题。北京与伦敦的城市发展目标都是打造具有全球影响力的科技创新中心。中关村核心区和伦敦边缘区分别是北京和伦敦科技创新企业最为集聚的地区，二者在目标定位、地理区位、功能构成等方面具有相似性，因此具有较强的可比性。中关村核心区作为中国和北京市科学城的起源和代表，由"中关村电子一条街"发展而来，并形成了我国第一个高科技园区——北京新技术开发实验区，2016年北京新总规明确了它的新定位——产城融合的中关村科学城，从而引进更多科创人才，带动地区社会和经济发展。因此，科学城扩大扩张导致建筑功能、公共空间、配套服务、管控措施与创新人才需求不匹配等一系列问题开始逐步显现出来。伦敦边缘区是英国和伦敦市文化创意和科技产业发展最知名的地区，也是伦敦未来经济发展的支撑力量，通过20年的发展成为国际创新型城市形态的典范，它的成功很大程度得益于良好的城市环境和管控措施，促成科技产业在此集聚，因此，借鉴伦敦边缘区的规划建设经验，对中关村核心区具有很好的借鉴意义，可为北京的科学城提供优化策略建议，推动其进一步转型升级。

本章内容由三部分组成，多方面多维度对比北京与伦敦的科学城。第一、二节，对科学城基本概念、研究对象、问题要求和建设目标进行分析阐释；第三至十节研究与科学城建设密切相关的空间专题，以中关村核心区和伦敦边缘区为对象对比，包括发展历程、功能构成、空间布局、城市风貌、建筑更新，公共空间和管控措施；最后一节是对比的结论和未来展望，结合梳理的伦敦科学城案例的先进经验，提出北京科学城发展建设体系化的策略建议，从而促进新时期科学城高效有序地发展。

4.1 基本原理 Basic Principle

基本概念 Basic Conception

科学城是城市科技创新功能的集中承载区域。

科技创新的价值：科技创新（Science and Technology Innovation）是原创性科学研究（知识创新）和技术创新的总称，是促进世界各国经济发展的主要推动力、关键因素和"第一生产力"，主要有以下四方面价值：

- 世界层面——科技创新推动生产力提升和人类文明进步。每一次科技创新和产业技术革命，都给人类生产生活带来巨大而深刻的影响。

- 国家层面——科技创新提升国家竞争力，是先进生产力的代表。大国崛起呈现"科技强国—经济强国—政治强国"的历史规律。习近平总书记多次强调"加快从要素驱动为主向创新驱动发展转变，发挥科技创新的支撑引领作用"[1]。我国"十四五"重点任务之一是"强化国家战略科技力量"，要坚持战略性需求导向、推动科研力量优化配置和资源共享、发挥企业在科技创新中的主体作用、加强国际科技交流合作、加快国内人才培养[2]。

- 城市层面——科技创新是推动产业转型升级、创造新生产生活模式的动力。城市为科技创新提供资源与支撑。2020年12月，北京"十四五"规划提出加快将北京建设成为"国际科技创新中心"[3]；北京市委十二届十六次全会上，市委书记蔡奇讲话中提出，"加快建设国际科技创新中心，是构建新发展格局的关键，也是推动本市高质量发展的引擎"[4]。

- 科学城层面——通过落位城市科技创新功能，成就企业和人生。科学城是城市科技创新功能的集中承载地，为城市社会经济发展转型升级提供促进作用。以"三城一区（中关村科学城、昌平未来科学城、怀柔科学城和北京经济技术开发区）"为代表的北京科学城是建设国际科技创新中心的主平台，也是推动北京高质量发展的集中承载区域和北京经济建设新高地。因此，开展关于科学城的研究，可以很好地回应北京城市建设需求，对未来的发展有很大意义[5]。

图4-1-1　伦敦边缘区鸟瞰
来源：张然 摄

①中共中央文献研究室. 习近平关于科技创新论述摘编[M]. 北京：中共文献出版社，2016.
②中央经济工作会议在北京举行[N/OL]. 人民日报. 2020-12-19.
③中国共产党北京市委员会，北京市人民政府. 北京市国民经济和社会发展第十四个五年规划和二〇三五年远景目标纲要[R]. 北京，2021.
④蔡奇. 北京市委十二届十六次全会召开 市委书记蔡奇讲话[Z/OL]. 人民网，2020.
⑤谢飞. 科技全球化对我国科学实力提升的影响与对策[J]. 科技进步与对策，2010（11）.

科学城的科技创新功能构成：包括核心科技创新功能、衍生核心科技创新功能和外围配套功能^①。

- 核心科技创新功能包含基础性科技创新、应用性科技创新、产业化三个阶段（图4-1-2）。衍生核心科技创新功能包含科技资源服务、科技创业孵化服务、科技金融服务和科技交流服务。外围配套功能包含居住、公共服务、交流、购物休闲和交通功能。

基础性科技创新 （源头）	应用性科技创新 （转化）	产业化： 商业模式和市场创新
"科学"：基础研究、知识创新	**"技术"：孵化新技术、技术创新**	**采用新技术→高新技术产业化**
以怀柔科学城——北京雁栖湖应用数学研究院为例，依托北京市政府，在清华大学和中国科学院等数学学科优势资源单位的带领下，创建新型研发机构，建设国际科技创新中心和综合性国家科学中心。	以中关村科学城——"小米科技园"为例，新总部距清华、北大、联想和百度等均较近，是一家专注于智能产品自主研发的移动互联网公司。	以北京经济技术开发区——北京奔驰汽车有限公司为例，通过引进核心技术，建设质量体系，建立起集研发、发动机制造与整车生产为一体的制造体系，成为首都现代制造业的模范窗口和经济发展的推动力。

图4-1-2　核心科技创新功能的产业链构成
来源：作者梳理，案例资料来自清华新闻网官网https://www.tsinghua.edu.cn/info/1177/25663.htm、中国网官网http://finance.china.com.cn/industry/20181024/4789659.shtml、环球网官网https://finance.huanqiu.com/article/9CaKrnJP2qx

关于科学城空间范围的确定。

- 科学城作为开展科技创新活动的场所，需要科技创新企业地理临近，因此，承载科技创新功能的集聚区域，即为科学城的空间范围。其边界有不同的表现形式，包括但不仅限于行政、规划和数据类型的边界（图4-1-3）。

行政（权利）边界

以东京八王子市为代表

东京多摩创新交流区"5核7据点"中，科技功能最完善的五个核心城市之一的八王子市，该市行政边界即为研究边界。

规划边界

以中关村核心区和伦敦边缘区为代表

中关村科学城其空间范围包括海淀区全域和昌平生命科学园，有明确边界但不与行政边界一致，是典型的规划边界。

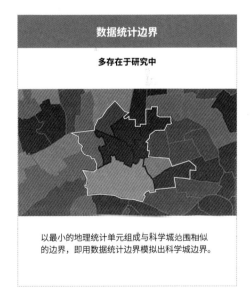

数据统计边界

多存在于研究中

以最小的地理统计单元组成与科学城范围相似的边界，即用数据统计边界模拟出科学城边界。

图4-1-3　科学城的边界类型
来源："行政（权利）边界"底图来自外文官网原图．https://www.city.hachioji.tokyo.jp；"规划边界"底图来自《海淀分区规划（国土空间规划）（2017年—2035年）》、外文文献原图《伦敦边缘区机遇区规划框架》（City Fringe Opportunity Area Planning Framework）；"数据统计边界"由数据模拟生成

---

① 尹稚．科技创新功能空间规划规律研究[M]．北京：清华大学出版社，2018．

科学城建设目标　Construction Objectives of Science City

理想科学城的功能构成主要包括四部分：核心科技创新功能、科技创新服务功能、为科技人才提供服务的城市服务功能，以及园区管理功能。为更好地支撑这些功能，科学城对应的空间载体，应满足产城融合、开放共享、活力多元、智慧健康、绿色生态、国际化的目标要求（图4-1-4）。

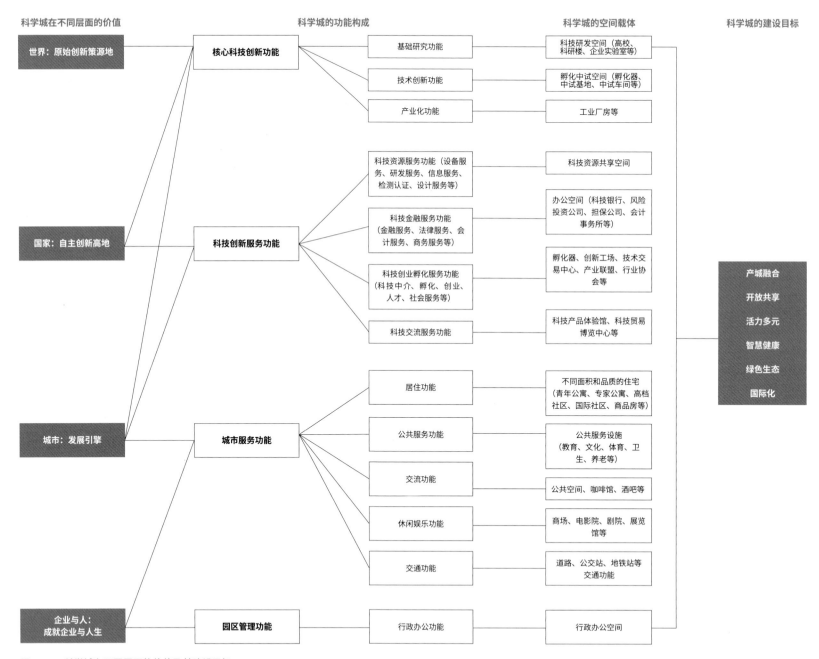

图4-1-4　科学城在不同层面的价值及其建设目标
来源：作者自绘，其中"科学城的空间载体"部分参考了《科技创新功能空间规划规律研究》

图4-1-5　中关村西区鸟瞰效果图
来源：北京市建筑设计研究院有限公司提供

世界科学城演进 The Evolution of the World Science City

科学城相关衍生概念庞杂，通过从其类型、开发模式、区位、内涵要素和典型代表几个方面进行总结归纳，可将其概括为以下三种类型：

- 狭义的科学城：一般由政府规划和建造，旨在通过在高质量的城市空间内聚集大量的研究组织和科学家，产生卓越的科学和协同研究活动[1]。相关名称包括大学科技园、研究园、工业综合体、工业园区、高科技工业园区等。
- 广义的科学城：是以产城融合为发展理念，以原创性、基础性科学研究为基础，以高科技产业发展为支撑，以高质量城市建设为载体，利用技术进步转化为商业的成功[2]。相关名称包括区域创新集群、高科技区域、（全球）科技创新中心等。
- 同时指代上两种概念的科学城：这些名词根据各国国情、经济发展阶段以及用语偏好的不同，可以指代多种尺度类型的科学城。相关名称包括"科学城（镇）、技术城、科学（技）园（区）、技术园（区）"等[3]。

科学城类型演变总结（按时间发展顺序）　　　　　　　　　　　　　　　　　　　　　　　表4-1-1

类型	大学科技园 Research Park	工业综合体 Industrial Complex	科学城 Science City
其他称呼	大学科技园 Research Park 研究园 Research Park	工业园区 Industrial Park 高科技工业园区 High-tech Industrial Park	科学城 Science City 科学镇 Science Town 科学园/科学园区 Science Park
起源（国家）	20世纪50年代（美国）	20世纪50年代（美国）	20世纪50年代（苏联）
开发模式	大学、研究机构和私营部门合作	企业、研究机构和私营部门合作	政府主导
区位[4]	紧密依托大学、知识和人才密集的创新环境	社区环境良好，毗连国家公路、靠近国际机场的区位建立科学城	与发达城市有一定距离但又不是太远，经济发达且仍在发展的地带，具有良好的创新环境的基础
概念定义[5]	合作关系为基础的区域发展项目	合作关系为基础的区域发展项目	许多学术、科学或技术活动相当集中的城市，或有国际知名的科学公园的城市
内涵要素[6][7]	区域内或跨行政区域合作，不强调政府管理，是在知识经济萌芽和初始发展阶段中孕育出来的一种加强大学与社会联系的新型社会机构	依托产业优势吸引高端创新要素集聚，弥补本地科教资源不足，实现从产业优势向创新优势的转变	政府进行规划建设管理，引导研究机构、高校集中布局，并对科研方向、成果转化直接提出要求； 注重基础研究工作，以研究为先导，逐步与实际产业相结合，服务于国民经济
典型代表（年份）[8]	美国斯坦福研究园区（1951年）	美国波士顿128号公路高技术区（20世纪50年代）	苏联新西伯利亚科学城（1957年） 日本筑波科学城（1963年） 韩国大德科学城（1970年）

[1]Castells M. Technopoles of the World：The Making of 21st Century Industrial Complexes[M]．2014．
[2]美国布鲁金斯学会（Brookings Institution）对科学城的定义（2014）．http://www.brookings.edu/.
[3]联合国官网——关于科学技术园区的定义．http://www.unesco.org/new/en/natural-sciences/science-technology/university-industry-partnerships/science-and-technology-park-governance/concept-and-definition/.
[4]Luger M I，Goldstein H A．Technology in the Garden：Research Parks and Regional Economic Development[J]．University of North Carolina Press，1991．
（接下页）

总体来看，美国硅谷和纽约为首的国际先进科学城以自主研发、原始创新为主，即达到了"（区域）创新集群"的阶段。这些地方的创业者、企业家和科学家等价值创造者越来越倾向于寻求城市环境，而非偏远郊区。从而得出"市场主导、政府引导、产城融合、以人为本"是科学城发展的根本与核心，也是国际一流科学城的发展趋势（表4-1-1）。

续表

类型	技术城 Techno-polis			（区域）创新集群 Regional Innovation Cluster
其他称呼	科技城 Technopole/Tech City 技术园/技术园区 Technology Park 科技园/科技园区 Science and Technology Park			高科技区域 High-tech District （全球）科技创新中心/跨区域的高科技中心 High-tech District Region
起源（国家）	20世纪70年代（日本／瑞典）			2014 年（美国）
开发模式	企业驱动、政府引导、政校企合作			市场主导，大学、企业共同驱动
区位	不再是卫星城或新城，而是结合高科技公司或大型工业企业而设立，一般位于城市郊区/高速公路两侧/大学附近			中心城区的创新街区，或郊区但具备完善城市生活功能的创新园区
概念定义	从城市或区域范畴进行安排和布局的高技术中心，是集产、学、研、住、行等功能于一体的新城发展模式			科技创新作为城市核心功能在地域空间的集中体现； 超越传统城市的管辖范围和规模，形式包括各种各样的科学或技术山谷、走廊和技术带，是不同于科学城和技术城的更广泛区域的概念
内涵要素	引入市场机制，注重园区运营，强化科技研发与产业的关联； 依托已有产业优势转型升级，吸引高端创新要素集聚，弥补本地科教资源，实现从产业优势向创新优势的转变	科研与企业的一体化，以技术的基础性研发为主，将研究、开发与生产联系起来； 助推高科技产业化、市场化应用，促进产品迭代升级	依托区域丰富科教资源，集产业创新、科研教育和城市服务于一体，提升自主创新能力； 注重高科技人才的吸引与培养，在引进新技术和外资的基础上着力新技术的研究和开发	大学与研究机构、私营部门区域合作或跨行政区域合作，不强调政府管理； 以原创性、基础性科学研究为基础，以高科技产业发展为支撑，以高质量城市建设为载体，利用技术上进步转化为商业上的成功
典型代表	北京经济技术开发区 日本多摩科学城地区 瑞典西斯塔科学城 等	北京未来科学城 上海张江科学城 德国慕尼黑科学城 等	北京中关村科学城 英国剑桥科学园 法国索菲亚—安蒂波利斯科学城 等	伦敦边缘区 美国硅谷（旧金山－圣何塞） 美国纽约（又名"硅巷"）

（接上页）
⑤中国科协创新战略研究院. 布鲁金斯学会：一年后观察创新区的崛起[J]. 创新研究报告，2016（075）.
⑥杜德斌. 全球科技创新中心：世界趋势与中国的实践[J]. 科学，2018，070（006）.
⑦Katz B，Wagner J. The Rise of Urban Innovation Districts[R]. Washington：Brookings Institution，2014.
⑧杜德斌，段德忠. 全球科技创新中心的空间分布、发展类型及演化趋势[J]. 上海城市规划，2015，000（001）.

市级科学城概况 Overview of Municipal Science City

北京的科学城呈现"中心+外围"的联动协调布局。

- 根据《北京城市总体规划（2016年—2035年）》，北京中心城区聚集了中关村科学城，以及中关村西城园、东城园、朝阳园、丰台园和石景山园，对接服务国家重大战略项目落地，促进金融管理、信息服务、商务服务等重点产业专业化、高端化、国际化发展，改造提升传统服务业，面积占北京市域的8.4%，科技产值占北京科技产值的68.3%（2019年北京高新技术产业增加值）；中心城区外科学城包括未来科学城和怀柔科学城，以及中关村昌平、顺义、通州、大兴—亦庄园，布局建设总部经济，承接集聚国际交往、文化创意、科技创新等高端资源，重点发展生产性服务业、战略性新兴产业、高端制造业和临空经济[1][2][3]（图4-1-6）。

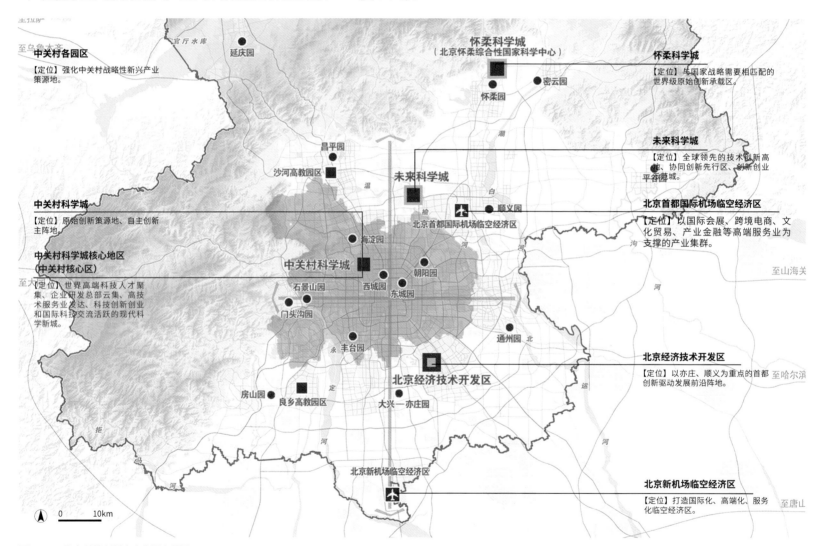

图4-1-6 北京科技创新中心空间布局图
来源：底图来自《北京城市总体规划（2016年—2035年）》

①北京市人民政府关于印发《北京市"十三五"时期现代产业发展和重点功能区建设规划》的通知[EB/OL]. 北京市人民政府公报，2017（10）.
②中国共产党北京市委员会，北京市人民政府. 北京城市总体规划（2016年—2035年）[R/OL]. (2017-09-29) [2020-05-12].
③中国共产党北京市委员会，北京市人民政府. 北京市国民经济和社会发展第十四个五年规划和二〇三五年远景目标纲要[R]. 北京，2021-03-31.

伦敦科学城呈现"内伦敦集聚"的空间分布特征。

- 依靠既有的科技资源，发展形成了一批各具特色的科学城，其中，除了以出版广播产业为主的"奇斯威克媒体村"地处外伦敦，其余六个都集中在内伦敦（等同于北京中心城区）。包括：国王十字和布卢姆斯伯里、白城、伦敦边缘区、苏活区、金丝雀码头、奥林匹克公园。伦敦的科技创新优势正在向广度和深度上拓展，超过2.3万家信息和通信技术及软件公司落户在伦敦，数量之多位列欧洲城市榜首，影响到其他行业部门，如金融技术（金融科技）、医学技术和环境学技术等（图4-1-7）。①

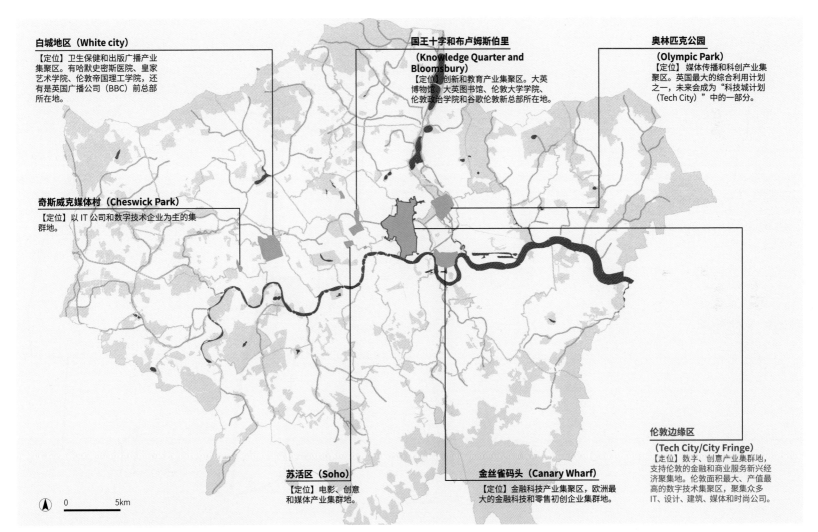

白城地区（White city）
【定位】卫生保健和出版广播产业集聚区。有哈默史密斯医院、皇家艺术学院、伦敦帝国理工学院，还有是英国广播公司（BBC）前总部所在地。

国王十字和布卢姆斯伯里
（Knowledge Quarter and Bloomsbury）
【定位】创新和教育产业集聚区。大英博物馆、大英图书馆、伦敦大学学院、伦敦政治学院和谷歌伦敦新总部所在地。

奥林匹克公园
（Olympic Park）
【定位】媒体传播和科创产业集聚区。英国最大的综合利用计划之一，未来会成为"科技城计划（Tech City）"中的一部分。

奇斯威克媒体村（Cheswick Park）
【定位】以 IT 公司和数字技术企业为主的集群地。

伦敦边缘区
（Tech City/City Fringe）
【定位】数字、创意产业集群地，支持伦敦的金融和商业服务新兴经济聚集地。伦敦面积最大、产值最高的数字技术集聚区，聚集众多IT、设计、建筑、媒体和时尚公司。

苏活区（Soho）
【定位】电影、创意和媒体产业集群地。

金丝雀码头（Canary Wharf）
【定位】金融科技产业集聚区，欧洲最大的金融科技和零售初创企业集群地。

0   5km

图4-1-7 大伦敦市域范围内的科技创新集聚地区分布图
来源：底图来自外文文献原图《伦敦规划2021》(The London Plan 2021)

①Greater London Authority. The London Plan 2021[R/OL]. 2021.

研究对象 Research Object

北京选择中关村核心区作为研究对象（图4-1-8）。

- 2016年，中关村科学城的范围正式扩大至海淀全域，根据研究需要，以扩大前中关村科学城范围"中关村核心区"进行北京重点案例研究[①]。作为北京科技创新的示范窗口，它的范围北抵北五环，南部到达北二环，西部到达西三环—万泉河路，东部到鼓楼大街—京藏高速，总面积75km²。

- 中关村核心区是科技智芯，是集中体现"四个中心"建设内涵的高水平示范区[②]。以中关村大街、学院路和知春路为空间发展主脉，此外，中关村西区是中关村核心区中科技创新企业最为集聚的地区。

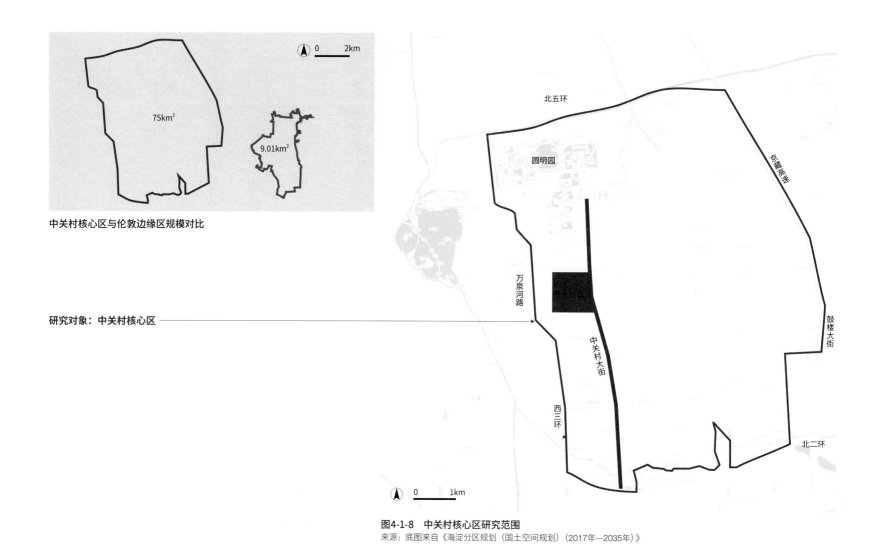

中关村核心区与伦敦边缘区规模对比

研究对象：中关村核心区

图4-1-8　中关村核心区研究范围
来源：底图来自《海淀分区规划（国土空间规划）（2017年—2035年）》

[①]中关村国家自主创新示范区管理委员会官方网站. http://zgcgw.beijing.gov.cn/?adfwkey=kig60.
[②]北京市人民政府. 海淀分区规划（国土空间规划）（2017年—2035年）[R/OL]. （2020-02-14）[2020-07-22].

伦敦选择伦敦边缘区作为研究对象（图4-1-9）。

- 伦敦的科学城没有明确的地理边界，因此根据研究和数据获取的需要，以伦敦机遇区之一"伦敦边缘区"官方划定范围进行伦敦重点案例研究[①]。伦敦边缘区位于伦敦中央活力区（CAZ）东部，占地9.01km²，以老街环岛和肖尔迪奇为核心，包括伊斯灵顿（Islington）、陶尔-哈姆莱茨（Tower Hamlets）和哈克尼（Hackney）自治市的部分地区，由伦敦市政府与这三个自治市合作建设[①]。

- 伦敦边缘区成功的本质是伦敦良好的新型城市形态发展促成了高新技术产业在此集聚[②]。它拥有与靠近伦敦市中心和伦敦金融区相接近的地理优势，在伦敦许多科技热点地区中最具辨识性，也是伦敦市文化创意和科技产业发展最为成熟的地区，是伦敦和英国经济发展的支撑力量和内生动力。[③]

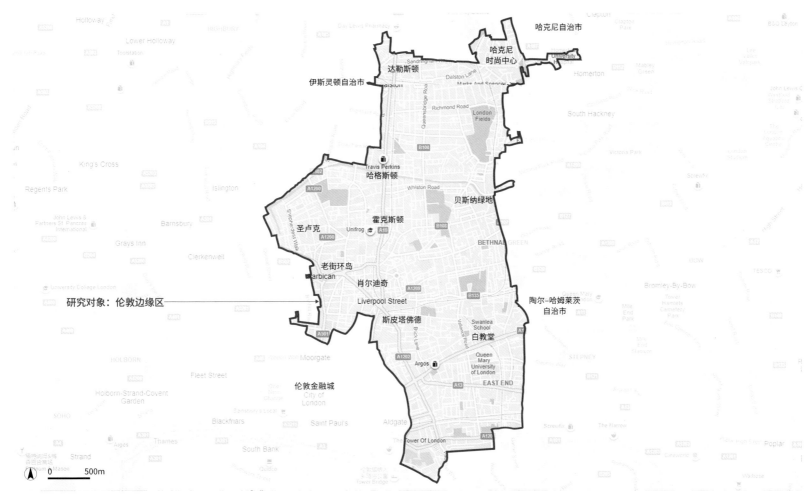

图4-1-9　伦敦边缘区研究范围
来源：外文文献原图汉化《伦敦边缘区机遇区规划框架》（City Fringe Opportunity Area Planning Framework）

①Mayor of London. City Fringe Opportunity Area Planning Framework（Dec 2015）[R/OL]. 2015.
②邓智团. 科技城经济活动扫描：伦敦的经验与启示[Z/OL]. 国际城市观察公众号，2018.
③佚名. 全球知名区域科技创新中心[J]. 华东科技，2015（02）.

4.2 北京要求　Beijing's Requirements

《北京城市总体规划（2016年—2035年）》将"全国科技创新中心"上升为城市战略，《北京市国民经济和社会发展第十四个五年规划和二〇三五年远景目标纲要》进一步提出建设"国际科技创新中心"的新要求，强调大力推动科学城建设，从而更好地发展首都科技创新功能。作为北京存量科学城的典范，中关村核心区的转型发展需要相匹配的科技创新实力。北京市提出将其定位为中关村科学城的"知识创新和技术创新中心"和构筑为"北京发展新高地"，大力发展高技术制造业和高技术服务业，推进更具活力的世界级创新型城市建设，形成科技实力强、产业特色鲜明、空间设计丰富、创新活力突出且与城市发展有机交融的科学城，从而支持北京的科技创新发展。

北京的现状和要求　　　　　　　　　　　　　　　　　　　　　　　　　　　　　　　　　　　表4-2-1

		北京的现状
城市层面	产业	科技创新产业的定义和分类标准未统一 • 有高技术制造、高技术服务业标准，但缺少科技产业的完整分类 对软科技产业发展的关注度待提升 • 对于提升硬科技实力较为关注，而文化创意产业、高端服务业等软科技实力提升同样重要，需加强重视
中关村核心区层面	功能构成	核心科技创新功能集聚程度有待增强 • 与国际一流科学城相比，居住等非核心科技创新功能用地占总用地比重较高，说明科技创新集聚程度有待进一步增强
	建筑更新	部分建筑功能低端且有空置情况[①] • 部分既有建筑正在面临低端企业清退的过程，但未有满足科学城入驻条件的企业及时迁入，楼宇空置和亏损现象时有发生
	风貌管控	具有科技创新特色的城市风貌有待充分体现 • 部分地区的风貌景观要素未充分体现出科技感、创新性和国际范，地标物有待加强与周边环境的融合和互动 • 只有少数地区形成了开放、友好、共享的街道格局
	公共空间	需进一步形成适宜科创人才互动交流的友好环境[①] • 部分公共空间存在数量多品质少、有设施不友好的问题 • 部分地区行人与非机动车的动静交通流线疏于设计和管理
	管理机制	有待形成更高效多元的管理运维模式[①] • 政府与市场的职能分工未充分明确，制约了科技创新活力的完全释放 • 基础设施等重点建设项目多以政府、国有企业为主开发，民营企业参与度有待提升

来源：作者梳理

[①]苏杰芹，苏杰天，闫春红，等. 中关村科技园区发展现状及存在问题研究[J]. 绿色科技，2016（20）.

续表

		北京的要求
城市层面	产业	加速推进北京科技产业形成统一分类标准 •有助于产业数据统计，为产业发展、政策制定等提供精确的数据支持，提高科技创新能力和水平 鼓励科技创新与文化创意产业融合发展[1] •从产业发展看，文化创意与科技创新融合，能相互促进产业升级、催生新的商业模式和新产品；从就业人群需求看，文化创意与科技领域人才有相似的生活方式、创新氛围需求，能相互吸引集聚
中关村核心区层面	功能构成	逐步调整核心和非核心科技创新功能比重 •在科学城更新提升的过程中，根据产业发展需要，逐步调整核心和非核心科技创新功能用地的比重，从而加强科技创新的集聚效应
	建筑更新	优化创新生态布局，打造低成本创新创业空间[2] •丰富既有建筑改造类型，纳入老旧住宅、学生公寓等建筑，探索与之适合的科创功能、设计方法、资金运维模式
	风貌管控	完善公共设施、地标物和街道格局，塑造科技创新氛围和风貌 •通过植入兼具科技感、互动性和观赏性的公共设施或地标物，塑造富有活力的科学城风貌，从而激发科创人才在此地的归属感和工作热情 •逐步完善"小街区、密路网"的街道格局，以及友好开放的城市界面
	公共空间	提升公共空间的友好度、可达性和环境品质 •通过规划手段将破碎的地块串联起来，形成连续的城市慢行系统和非正式交往场所，重塑符合科创人才交流游憩需求的公共空间
	管理机制	明确科学城各利益相关方的职责内容[3][4] •明确政府主要负责内容，其他方面多采取引导性管控方式，赋予企业、个人较高的发展自由度，形成政、产、学、研互促互进的良好创新氛围

[1]中国共产党北京市委员会，北京市人民政府.北京城市总体规划（2016年—2035年）[R/OL].（2017-09-29）[2021-05-12].
[2]许强.关于"三城一区"建设发展情况的报告——2018年9月27日在北京市第十五届人民代表大会常务委员会第七次会议上[J].北京市人大常委会公报，2018，000（005）.
[3]中国共产党北京市委员会，北京市人民政府.北京市国民经济和社会发展第十四个五年规划和二〇三五年远景目标纲要[R].2021.
[4]习近平.决胜全面建成小康社会 夺取新时代中国特色社会主义伟大胜利——在中国共产党第十九次全国代表大会上的报告[EB/OL].新华社.（2017-10-18）[2020-07-22].

4.3 发展历程 Evolution of Development History

总述 General Statement

发展历程显现出不同经济体制下的资源配置方式以及开发建设特点。本节主要对比中关村核心区和伦敦边缘区各个典型发展阶段及其特征，有助于更好地预测它们未来的发展趋势。

相同点

- 发展目标和产业定位：2008年的全球金融危机，导致北京和伦敦的城市定位都向科技创新深刻转型，中关村核心区和伦敦边缘区的发展重心在城市定位的转变下，开始着力建设有国际影响力的科学城，以推动城市发展。
- 科技创新阶段发展步伐：中关村核心区和伦敦边缘区的步伐与世界科技发展步伐相吻合，从上一个发展阶段过渡到下一个发展阶段所用时间逐步减少，产业发展速度不断加快。

不同点

- 起步基础和发展方向：中关村核心区依托高校和科研院所资源（如北京大学、清华大学、中科院等）起步，改革开放后，逐步重视科技创新功能和市场活力的重要性，崛起了中关村电子一条街，由此形成我国第一个科技创新产业集群，因此，它在先发展"科学"的功能后，"城"的功能才被重视和完善起来；而伦敦边缘区自19世纪末起，就是伦敦东部的主要居住区和货运港口，兼具良好的制造业和手工业的基础，从一开始便具备"城"的功能，伦敦新城运动后该区域传统产业逐步衰败，因此，从1980年开始的内城复兴运动将该区域逐步转型升级为文化创意产业集聚区，不少高校和研究机构开始逐步迁入，从而完善了其"科学"的功能，现在这里已经成为功能完备的科学城。因此可以说，中关村核心区和伦敦边缘区起步基础和发展过程是完全不同的。
- 发展方向的政策方针：中关村核心区科技创新功能发展方向的制定与政策关系紧密，改革开放前多是为了将研究成果转化为生产力以促进经济水平提升，自2008年北京奥运会开始，发展重心转移至绿色、人文、科技、可持续等理念；而伦敦边缘区在不同时期的发展方向均优先以保障科创人才和社会稳定为基础，通过颁布配套政策引导形成长期稳定的发展，因此，伦敦边缘区的科技创新和文化创意领域都有不少核心技术在世界前列。

借鉴性

- 根据以上对科学城发展历程的分析来看，中关村核心区应充分抓住时机优势，大力推动科技创新引领产业结构优化升级，建立可持续、智慧化、国际化的科学城，依靠创新驱动发展抢占全球科技变革新高地。

图4-3-1 中关村西区俯视效果图
来源：北京市建筑设计研究院有限公司提供

The course of development shows the way of resource allocation under different economic systems as well as the characteristics of development and construction. This section mainly compares each typical development stage and characteristics of Zhongguancun Core district and London fringe district, which is helpful to better predict their future development trend.

Similarities

- Development objective and industry orientation: The GFC (Global Financial Crisis) in 2008 led Beijing and London change to profoundly. Thus Zhongguancun Core Area and City Fringe both shifted to construct "International Science City", under the transit of city orientation, in order to promote urban development.
- Development pace in the stage of S&T innovation: the development pace of Zhongguancun Core Area and City Fringe were consistent with the pace of global S&T development. The transition time between two stages gradually decreased, and the speed of industrial development continuously accelerated.

Differences

- Foundation and Direction of Development: Zhongguancun Core Area relied on the higher education resources such as Peking University, Tsinghua University, Chinese Academy of Sciences, etc. We gradually attached it's importance of S&T function and market vitality after the China's reform and opening-up, therefore, Zhongguancun Electronic Street emerged to form the first S&T innovation industry cluster in China. As we can see, the function of "city" was improved after the function of "Science" in Zhongguancun Core Area. City Fringe, in the other side, was born with the function of the "city"—it was the residential and navigation area of London by the end of 19th century, where the manufacturing and handicraft industry was declined in 1970s. In order to regenerate this area, since 1980, the Inner City Renewal Movement has gradually transformed and upgraded the area into a cultural and creative industry cluster which appeal many campus, research institutions and other S&T innovation functions to move gradually into this area, which complete the science city's functions. Therefore, it can be said that the foundation and direction of developments of Zhongguancun core district and City fringe are completely different.
- S&T innovation policy direction: Zhongguancun Core Area function is closely tied to the development direction and policy, such as translating the research results into productivity and promote economic improvement (especially before China's reform and opening-up). Since the 2008 Beijing Olympics, the direction of development has shifted to the concept of Green, Humanities, S&T and Sustainability. However, the development direction of City Fringe in different periods is based on the guarantee of creative scientists and engineers and social stability, and the long-term stable development is guided by the issuance of supporting policies. That's why City Fringe has some of the best core technologies in the world in both technological innovation and cultural creativity.

References

- According to the above analysis of the development process of science City, Zhongguancun Core Area should fully seize the opportunity advantage, vigorously promote S&T innovation, guiding the optimization and upgrading of the industrial structure, establish a sustainable, intelligent and international science city, and seize the new heights of global scientific and technological change by innovation-driven development.

图4-3-2 伦敦边缘区及周边俯视
来源：何淼淼 摄

发展阶段 Development Stages

中关村核心区自新中国成立后，科研院所逐步迁入开始，到现今成为北京发展最为成熟的科学城和"首都的科创中心示范窗口"，一共经历了五个发展阶段。

1949—1978年（30年）

新中国成立后科研院所入驻的萌芽发展阶段：强调发展首都工业，初步建立现代工业化城市，强调工业化和生产型城市建设。

- 发展背景与定位：政治、经济和文化中心。
- 重大事件：中国科学院入驻中关村，生产与科技分离，工业研发力量薄弱，缺乏科技成果转化。
- 管理与政策：1954年的《改建与扩建北京市规划草案》[①]和1958年的《北京城市建设总体规划方案》[②]。

1979—1999年（20年）

电脑、销售等科技企业自发聚集的创新初显阶段：北京科技创新与产业发展开始结合；科研应用方面民营科技企业开始出现[③]。

- 发展背景与定位：1983年，在"政治、文化中心"的基础上，增加了世界著名的古都和现代国际城市的定位，之后北京响应国家"科学技术是第一生产力"，逐步退二进三。
- 重大事件：1980年，中关村电子一条街开始萌芽；1988年，北京市新技术产业开发实验区成立，代表规范化产业集群初步形成；1992年，北京经济技术开发区建成。
- 管理与政策：1983年的《北京城市建设总体规划方案》[④]和《北京城市总体规划》；1999年，中关村科技园区管理委员会正式成立[⑤]。

2000—2008年（8年）

科技与市场结合的创新体系化发展阶段：是北京申奥成功和奥运会筹备阶段，北京城市建设开始向人文化、高端化转型，并且创新主体从高校与科研院所转向企业与市场。

- 发展背景与定位："科技奥运"的建设目标（2001年），总规主题之一是科学发展。
- 重大事件：以奥运为契机的高科技、创意知识和服务经济的发展；中国科学院与北京市政府加快中关村科学城建设（2001年）。
- 管理与政策：2005年颁布《北京城市总体规划（2004年—2020年）》[⑥]；政策引导企业增加科研投入，科技逐步与市场结合。

2009—2017年（8年）

创新体系向创新创意产业集聚地深化发展阶段：科技创新成为推动首都经济社会发展的主要动力。

- 发展背景与定位：奥运会后提出"人文北京、科技北京、绿色北京"；2014年，北京明确了"全国科技创新中心"的功能定位，为科技事业指明了方向；2016年，进一步提出"全国政治中心、文化中心、国际交往中心、科技创新中心"的定位。
- 重大事件：推动"北京制造"向"北京创造"转型；2012年，提出实施"12项科技支撑工程"，促进一批科技成果在民生领域推广应用。
- 管理与政策：2009年，启动"科技北京"行动计划[⑦]；2017年颁布《北京城市总体规划（2016年—2035年）》，提出了"疏解非首都功能"，并推动建设"中关村国家自主创新示范区核心区"扩展为一区十六园[⑧]。

2018年—

创新引领科学城可持续发展阶段：以《北京城市总体规划（2016年—2035年）》颁布为契机，明确了以"三城一区"为代表的科学城创新主平台作为服务建设北京的保障，从而实现首都更高水平、更可持续发展。

- 发展背景与定位：2020年，进一步提出建设"国际科技创新中心"。
- 重大事件：重点推进基础科学、战略前沿技术和高端服务业创新发展；推进云计算、移动互联网、卫星导航等技术企业集聚。
- 管理与政策：2018年，北京市海淀区发布了《关于加快推进中关村科学城建设的若干措施》，推出"创新发展16条"，加速中关村科学城建设[⑨]；2021年，《北京市国民经济和社会发展第十四个五年规划和二〇三五年远景目标纲要》颁布[⑩]。

①申予荣. 1953年《改建与扩建北京市规划草案要点》编制始末[J]. 北京规划建设，2002（3）.
②孙洪铭. 新北京城市总体规划方案的奠基之作——北京市1958年城市总体规划方案编制纪事并以此献给建国55周年庆典[J]. 城市开发，2004（16）.
③王淦昌、王大珩、杨嘉墀、陈芳允，等. 中国高新技术研究发展计划纲要[R]. 1983.
④中共中央、国务院. 关于《北京城市建设总体规划方案》的批复[EB/OL]. 中华人民共和国住房和城乡建设部.（1982-07-21）[2020-01-18].
⑤北京市科学技术委员会、中关村科技园区管理委员会官方网站——示范区概况. http://zgcgw.beijing.gov.cn/zgc/gywm/index.html.
⑥北京城市总体规划（2004—2020年）[J]. 北京规划建设，2006（05）.
⑦周奇. 北京市启动科技北京行动计划[N/OL]. 北京日报.（2009-02-24）[2021-05-12].
⑧中共北京市委员会，北京市人民政府. 北京城市总体规划（2016年—2035年）[R/OL].（2017-09-29）[2021-05-12].
⑨明星. 中关村科学城建设16条创新举措[J]. 中关村，2018，178（03）.
⑩中国共产党北京市委员会，北京市人民政府. 北京市国民经济和社会发展第十四个五年规划和二〇三五年远景目标纲要[R]. 北京. 2021.

伦敦边缘区自1900年起，由海运、传统制造和手工业的集聚地，逐步发展到目前国际科技创新中心，一共经历了五个发展阶段。

传统制造业和手工业繁荣至衰退阶段

- 发展背景与定位：海运、移民文化为代表的传统制造手工业集聚区。
- 重大事件：战后伦敦开始了大规模的新城建设；1944年，颁布的《伦敦规划》提出疏解中心区人口，40万~50万人过渡到新建的大伦敦卫星城，伦敦的内城经济开始衰退。
- 管理与政策：1944年和1969年的《伦敦规划》；1964年，专门负责大伦敦规划管理与发展的战略性机构"大伦敦议会"成立。

传统产业衰退、文化创意产业萌芽发展阶段

- 发展背景与定位：艺术家入驻伦敦边缘区。
- 重大事件：1980年，最后一家码头公司关闭，东伦敦地区失去经济推动力，老城衰落加重；1990年起，寻求低廉房租的艺术家们进驻肖尔迪奇地区。
- 管理与政策：1978年的《内城法》把伦敦城市建设的重心转向旧城的内城更新；1986年，伦敦市政府被撤销，33个市镇各自制定实施规划，更加速了内城衰退。

文化创意产业自发发展阶段

- 发展背景与定位：文化、创意等产业入驻带动当地发展；可持续发展理念成为首要准则。
- 重大事件：2000年，伦敦再次成立伦敦市政府，开始着重将伦敦打造为"创意之城"；2001年，伦敦申奥成功，正式开始实施"伦敦东扩计划"。
- 管理与政策：1999年的《伦敦战略规划》；2004年版的《伦敦规划》。

政策推动的科创和文创产业高速发展阶段

- 发展背景与定位：伦敦边缘区依靠文化创意产业重新转型崛起，首次提出"科技城"概念以描述伦敦边缘区数字创意集群。
- 重大事件：2010年起，伦敦边缘区开始逐步吸引如谷歌、英特尔、思科等世界顶级科技创新企业入驻。
- 管理与政策：2011年，英国首相卡梅伦颁布"科技城计划"；2012年，以"可持续发展的奥运会"为理念的伦敦奥运会开幕；2013年，伦敦政府启动创业优惠政策"天狼星计划"，要求创业团队必须2人以上，且成员50%必须是非英国居民，伦敦政府还为优秀的科技创业人才提供免雇主担保签证；2014年，政府与商界建立"伦敦技术大使团队"向世界招商，投资支持科技城发展[1]。

国际科技创新中心发展阶段

- 发展背景与定位：《伦敦规划2021》提出，伦敦边缘区是建设"国际科技创新中心"的重要支撑力量。
- 重大事件：规划提出伦敦边缘区总面积约9km^2；2020年起作为科技创新集群地区稳步可持续发展。
- 管理与政策：2015年颁布的《伦敦边缘区机遇区规划框架》，政府划定"优先就业用地区"（Priority Employment Area），优先保障就业空间[2]；2017年，政府颁布《夜间经济活跃集群（NTE）指导手册》，在伦敦边缘区内划定了5片具有战略重要性的"夜间活动集聚区"，带动夜间经济[3]；2021年颁布《伦敦规划2021》[4]。

左侧时间轴：
1900—1970年（70年）
1971—1990年（20年）
1991—2009年（18年）
2010—2019年（10年）
2020年—

① 杜德斌. 全球科技创新中心：世界趋势与中国的实践[J]. 科学，2018.
② Mayor of London. City Fringe Opportunity Area Planning Framework（Dec 2015）[R/OL]. 2015.
③ Mayor of London. Culture and Night-time Economy，supplementary planning guidance（Nov 2017）[R/OL]. 2017.
④ Greater London Authority. The London Plan 2021. [R/OL]. 2021-3.

4.4 功能构成 Functional Composition

总述 General Statement

功能构成是科学城核心发展动力，对经济和社会发展起重要促进作用。本节主要在城市层面对比科技创新功能构成，因为它是城市科技创新体系的主要组成部分，并在科学城层面研究功能构成，对比中关村核心区和伦敦边缘区的高等教育、科技研发、配套服务和其他功能。

相同点

● 科学城定位：中关村核心区和伦敦边缘区分别是北京和伦敦科技创新企业最为集聚的地区。

不同点

● 城市科技创新功能构成：北京和伦敦科技产业都兼具研究和中试功能，而伦敦则将产业化阶段外包给其他国家或地区。

● 城市科技创新产业分类：伦敦的传统制造业的高技术化已经基本实现，包括纺织服装、皮革生产等大量被北京视为传统劳动力密集型的行业，因此它的分类和统计范围较北京更加宽泛。

● 科学城的核心科技创新功能：从用地构成来看，伦敦边缘区的核心科技创新功能（科技研发和企业办公）用地显著高于中关村核心区，从而更好地体现了科技创新功能在伦敦边缘区的集聚效应。从科技创新功能实力来看，伦敦边缘区科技成果转化率、国际认可专利数等核心指标也显著高于中关村核心区。

借鉴性

● 城市科技创新产业分类：北京可以借鉴伦敦，形成将科技制造业和科技服务业统一起来的完整的科技产业分类系统。

● 科学城的功能构成：中关村核心区可以借鉴伦敦边缘区"科技+文化创意"的混合发展模式。从产业发展看，文化创意与科技融合，能相互促进产业升级、催生新的商业模式和新产品；从就业人群需求看，文化创意与科技领域人才有相似的生活方式、创新氛围需求，能相互吸引集聚。并且在科学城更新提升的过程中，根据产业发展需要，适度调整科技创新、配套服务和居住用地比重。

图4-4-1 融科资讯中心园区
来源：张然 摄

Function composition, as a core development drivers, plays an important role in promoting economic and social development of Science City. This section mainly compares the Functional Composition of S&T Innovation at "City Level", As it is the main part of the urban S&T innovation system, We investigated the functional composition at "Science City Compares high education, S&T Research, supporting services and other functions, between Zhongguancun Core Area and City Fringe.

Similarities
• Functional Positioning of Science City: Zhongguancun Core Area and City Fringe are the areas where S&T Innovation enterprises gather most in Beijing and London.

Differences
• Composition of urban S&T innovation functions: R&D and pilot test functions were both existed in Beijing and London, while other countries or regions take over the industrialization stage of London.
• Classification of urban S&T innovation industries: The hi-technology of London's traditional manufacturing industry has been basically realized, including textile clothing and leather production, etc, which are considered by Beijing as traditional labor——intensive industries. Therefore, the classification and statistical of London's urban S&T innovation industries is broader than Beijing.
• The core S&T innovation function of Science City: The land use structure shows the core scientific and technological innovation functions (R&D and Offices) in City Fringe is significantly higher than in Zhongguancun. Thus, it better reflects the agglomeration effect of S&T innovation function in City Fringe. In terms of the functional strength of S&T innovation, the core indicators such as the conversion rate of scientific and technological achievements and the number of internationally recognized patents in City Fringe are also significantly higher than those in the core of Zhongguancun.

References
• Classification of urban S&T innovation industries: Beijing can learn from London to form a complete S&T industry classification system——by integrating S&T manufacturing industry and S&T service industry.
• Functional composition of Science City: The mixed development model——"S&T + C&C (Cultural and Creative)" in City Fringe can be used for reference. The industrial development shows the integration of C&C and S&T can mutually promote industrial upgrading, and catalyze new business models and products. The needs of employment groups shows that talents in cultural creativity and S&T fields have similar demands on lifestyle and innovative atmosphere, thus this model can attract and gather these two groups. In the process of upgrading the science City, the proportion of scientific and technological innovation, supporting services and residential land shall be appropriately adjusted according to the needs of industrial development.

图4-4-2 伦敦边缘区鸟瞰
来源：李艾桦 摄

城市科技创新功能 Function Composition of Urban S&T Innovation

产业分类标准：北京目前已有详细的高技术服务业、高技术制造业的产业分类，但还没有专门针对科技创新产业的完整细化的分类[1][2]（表4-4-1）。

主导产业是软件和信息技术服务产业、专业技术服务产业和土木工程建筑产业。

- 从业人数：2019年，软件和信息技术服务产业为69万人、专业技术服务产业为20.3万人、土木工程建筑产业为9.2万人。[3]

北京科技创新发展总体保持良好态势，已跨入高质量发展新阶段。

- 企业数量：2020年，北京共有国家高新技术企业达到2.9万家。[4]
- 经济总量：2019年，高技术产业实现增加值8630亿元，占全市地区总体经济总量的24.4%，战略性新兴产业实现增加值8405.5亿元，占地区生产总值的比重为23.8%。[5]2018年，十大高精尖产业实现营业收入3.25万亿元，人工智能产业规模达到1500亿元。[6]
- 就业岗位：2018年，北京每万名从业人员中研究开发人员达216人。[7]

北京重点发展产业 表4-4-1

基础前沿研究（原始创新）	• 实施大科学计划，引领我国前沿领域关键科学问题研究，包括脑科学、量子计算与量子通信等 • 支撑有全球影响力的重大基础研究成果的领域，包括信息科学、基础材料、生物医学与人类健康、能源等
高精尖产业（技术创新）	• 八大技术跨越工程：新一代信息技术、生物医药、能源、新能源汽车、节能环保、先导与优势材料、数字化制造、轨道交通 • 重点突破关键共性技术，包括高性能计算、石墨烯材料、智能机器人等
高端现代服务业	• 完善公共服务平台建设体系，打造高端创业创新平台：加强研究开发、技术转移和融资、计量、检验检测认证、质量标准等 • 推动现代服务业向高端发展：科技服务业、"互联网+"和信息服务业等

来源：作者整理，资料来自《北京城市总体规划（2016年—2035年）》《北京加强全国科技创新中心建设总体方案》

①杨滔. 国际观察098 | 伦敦科创产业发展纵览[EB/OL]. 城市规划云平台CITYIF公众号. 2019-12-25.
②本章基于《北京城市总体规划（2016年—2035年）》中提出的发展"高精尖"产业、高端现代服务业和基础研究，作为北京科技创新产业的界定范围。北京高技术服务业包括信息技术服务、研发设计服务、检验检测服务、科技成果转化服务、知识产权服务、"互联网+"服务、中国制造2025服务和节能环保服务；高技术制造业包括新一代信息技术产业、生物医药产业、新材料产业、航空航天产业、新能源汽车产业、高端智能装备产业和新能源产业。
③北京市统计局. 北京市2020年国民经济和社会发展统计公报发布[Z/OL]. 新京报.（2020-03-12）[2021-05-22].
④陈吉宁. 政府工作报告——2021年1月23日在北京市第十五届人民代表大会第四次会议上[J]. 北京市人民政府公报, 2021.
⑤鲍聪颖. 北京推动高质量发展成绩亮眼[N/OL]. 北京日报.（2020-03-02）[2020-05-22].
⑥任敏. 北京晒出科技创新"大数据"[N/OL]. 北京日报.（2019-08-26）[2020-08-24].
⑦赵语涵. 北京创新指数出炉 去年科研资金政府投入增3成[N/OL]. 北京日报.（2019-08-26）[2020-08-24].

产业分类标准：伦敦政府2015年颁布的《伦敦的科技创新产业分类》（*The Science and Technology Category in London*）[1]，将科技创新产业分为五大类子系统——数字技术、生命科学和卫生保健、出版和广播、其他科学/技术制造和其他科学/技术服务，形成了将科技制造业和科技服务业统一起来的完整科技创新产业分类体系[2]（表4-4-2）。

主导产业是生命科学和卫生保健产业、出版和广播产业、数字技术产业。[3]

- 从业人数：2013年，生命科学和卫生保健产业为25.9万人，出版和广播产业为26.9万人，数字技术产业为15.6万人。

伦敦被普遍认为是欧洲科技创新的聚集地，也是生命科学的研究中心，正逐步成为数字技术的世界领跑者之一。[3]

- 企业数量：2013年，伦敦有9.3万家科技企业。
- 经济总量：2015年，伦敦科技创新产业经济总量为210亿英镑。2003—2013年科技企业总数增长37%，数字技术产业的企业数量居欧洲城市之首。
- 就业岗位：2015年，伦敦科技创业企业的从业人员多达150万，从产品的技术开发到商业运营。

伦敦科技创新产业分类标准　　　　　　　　　　　　　　　　　　　　　　　　　　　　　　表4-4-2

数字技术	• 计算机及电子元件制造与维修，包括软件开发、互联网服务和计算机咨询设计的计算机服务，以及计算机游戏和其他软件发行
生命科学和卫生保健	• 医疗保健服务（包括人类和动物）、医学研究与开发（包含生物科技）、药物制造、医疗机械和精密光学仪器
出版和广播	• 通信设备的制造与维修及利用设备进行广播、出版与无线电通信、专业平面设计和营销服务、广告代理、摄影
其他科学/技术制造	• 精密工程，航空、国防、汽车、化学产品，发动机和机械装置（电气和非电气的）的制造与维修
其他科学/技术服务	• 包括高等教育、工程学、建筑学、工料测量、航空运输服务在内的知识密集型服务和非医学研究与开发

来源：作者整理，资料来自"The science and technology category in London""Mapping London's Science and Technology Sectors——Final Report to the Greater London Authority"

---

[1] GLA Economics. The science and technology category in London[R/OL]. 2015.
[2] 为保证和北京的名词统一，将"Science and Technology Sectors"一词翻译为"科技创新产业"。
[3] SQW and Trampoline Systems.Mapping London's Science and Technology Sectors——Final Report to the Greater London Authority[R/OL]．2015.

科学城的功能结构　Functional Structure of Science City

中关村核心区的核心科技创新功能（科技研发和企业办公）用地占32%、居住用地占27%、行政办公和文体卫生用地占6%、道路用地占13%、商贸金融用地占6%、工业仓储用地占0%，公园绿地用地占16%，是典型的校区、园区、社区融合发展模式[1]（图4-4-3、表4-4-3）。

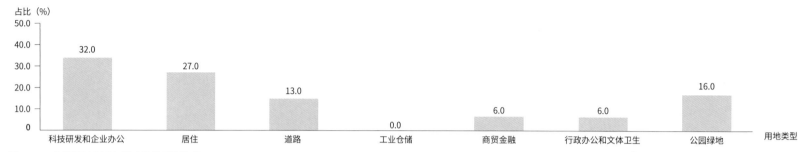

图4-4-3　中关村核心区各类功能的用地构成
来源：作者绘制，数据来自《北京活力地区城市基调及多元化研究及应用——以中关村科学城为例》

中关村核心区科技创新功能实力　　　　　　　　　　　　　　　　　　　　　　　　　　　　表4-4-3

功能	子项	内容
高等教育功能[2]	世界排名前100的大学	3所（2020年）
	重点高等院校	27所（2020年）
科技研发功能	科研机构	科研院所30家（2020年）
		国家级工程技术研究中心25家（2020年）
		国家级重点实验室62家（2020年）
		国家工程研究中心20余家（2020年）
	两院院士（北京）	100余名（2019年）
	科技创新转化率（北京）	25%（2018年）
	国际认可专利（北京）	3012件（2018年）
	创新型孵化器（混合功能）	67家（占北京市的70%）总孵化面积达260万m²（2018年）
创新创业功能[3]	瞪羚企业	1383家（企业规模在1000万~5000万）（2017年）
	独角兽企业	34家，占全国1/4，占北京的1/2以上，估值达1500亿美元（2017年）
	国家高新技术企业	2.9万家（2021年）
	总部企业	1035家，占北京市的30.2%（2018年）
	众创空间（混合功能）	93家国家级众创空间（占北京市的55%）
		105家市级众创空间（占北京市的49%）（2017年）
住宅和配套服务功能	居住	单身公寓、SOHO公寓、低层住宅、多层住宅、高层住宅和别墅等
	配套服务	服饰、餐饮和商业等

①周文，刘璐. 北京活力地区城市基调及多元化研究及应用——以中关村科学城为例[C]. 2018中国城市规划年会，2018.
②重磅发布：2021软科世界大学学术排名[EB/OL]. 软科微信公众号.（2021-08-15）[2021-09-01]. https://www.shanghairanking.cn/rankings/gras/2021/RS0101.
③四大行进世界前十！2020福布斯全球企业2000强榜出炉[EB/OL]. 新浪财经微信公众号.（2020-05-20）[2021-05-12]. https://baijiahao.baidu.com/s?id=1667168006487024680&wfr=spider&for=pc.

伦敦边缘区的核心科技创新功能（科技研发和企业办公）用地占45%、居住用地占25%、行政办公和文体卫生用地占0%、道路用地占14%、商贸金融用地占6%、工业仓储用地占0%、公园绿地用地占10%，整体上，伦敦边缘区很好地体现了科技与城市融合发展的模式[1]（图4-4-4、表4-4-4）。

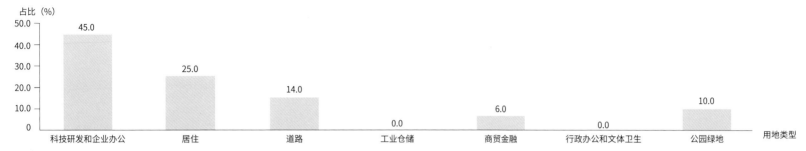

图4-4-4　伦敦边缘区各类功能的用地构成
来源：作者绘制，数据来自 "City Fringe Opportunity Area Planning Framework（Dec 2015）"

伦敦边缘区科技创新功能实力　　　　　　　　　　　　　　　　　　　　　　　　表4-4-4

高等教育功能[2]	世界排名前100的大学	2所（2020年）
	重点高等院校	9所（2020年）
科技研发功能[3]	科研机构	42家（占英国1/3）（2013年）
		包括生物企业创新中心、伦敦皇家医院、伦敦大学学院医院和新弗朗西斯克里克研究所等
	世界级研究人员（伦敦）	4500名（2013年）
	科技创新转化率（伦敦）	80%（2013年）
	国际认可专利（伦敦）	约18000件（北京的6倍）（2013年）
	孵化器、加速器和创新中心	50家（2013年）
创新创业功能[4]	瞪羚企业	（暂无数据）
	独角兽企业	价值10亿美元或更多的独角兽企业总部数量：超过全英国的1/3（2013年）
	高科技企业	9.3万家（2013年）
	总部企业	68家福布斯全球2000强企业；超过100个欧洲500强企业（2013年）
	新科技公司	22个（欧洲市值10亿美金以上）（2017年）
住宅和配套服务功能	居住	保障性住房、高档公寓、低层多层住宅和高层住宅等
	配套服务	服饰、餐饮和商业等

①Mayor of London. City Fringe Opportunity Area Planning Framework(Dec 2015) [R/OL]. 2015.
②SQW and Trampoline Systems.Mapping London's Science and Technology Sectors——Final Report to the Greater London Authority[R/OL]. 2015.
③重磅发布：2021软科世界大学学术排名[EB/OL]. 软科微信公众号. （2021-08-15）[2021-09-01]. https://www.shanghairanking.cn/rankings/gras/2021/RS0101.
④四大行进世界前十！2020福布斯全球企业2000强榜出炉[EB/OL]. 新浪财经微信公众号. （2020-05-20）[2021-05-12]. https://baijiahao.baidu.com/s?id=1667168006487024680&wfr=spider&for=pc.

4.5 空间布局 Spatial Layout
总述 General Statement

空间布局是科学城内各种功能的布局形式及空间组织。本节主要对比空间发展模式和产业布局模式两项。

不同点

• 空间发展模式：中关村核心区以中关村大街和知春路两条城市主干道作为发展轴线，并逐步向纵深发展，布局科技产业集聚区；而伦敦边缘区通过公共交通为导向的开发模式（TOD），沿交通走廊（地铁、轻轨等）布局科技产业集聚区。

• 产业布局模式：中关村核心区是以中关村西区、东区为核心，中关村大街与知春路和学院路为发展轴线进行圈层式发展；伦敦边缘区因地制宜，结合既有活跃的自治市镇商圈布局科技产业集聚地区，包含哈克尼（艺术创意产业），百老汇市场（数字创意产业），达尔斯顿（商业服务、文化创意产业），白教堂（科技、文化产业），肖尔迪奇（科技、创意产业），老街环岛（数字科技产业）等。

借鉴性

• 空间发展模式：处在转型提升阶段的中关村核心区可借鉴伦敦边缘区，形成高效集约的TOD开发模式，主要核心功能应更加集中在公共交通廊道周边，住宅和配套服务等辅助功能可向腹地地区纵深发展，形成区域优势产业集聚的规模效应。

• 产业布局模式：伦敦边缘区充分意识到地区既有产业基础的重要性，根据各自治市产业特色进行有针对性的发展布局，从而顺利实现了从低端制造业地区到国际化科技创新高地的过渡，这一点中关村核心区可以借鉴。

图4-5-1 中关村核心区鸟瞰
来源：张然 摄

Spatial layout is to introduce the layout form and developmental form of each function of Innovation Area. We compared two elements: the development mode of space and the layout mode of industry.

Differences
- Spatial development mode: Zhongguancun Core Area takes Zhongguancun St. and Zhichun Rd. as two main development axis, where the function of S&T innovation areas could develop widely and deeply, while City Fringe is according to transport-oriented development (TOD) mode, the S&T innovation areas distributed along the transportation corridors (subway, light rail, etc.).
- Industrial layout mode: Zhongguancun Core Area maintain circular development——center of a circle: Zhongguancun West district and East district , development axis: Zhongguancun St., Zhichun Rd. and Xueyuan Rd.. However, the S&T industry cluster districts of City Fringe are arranged based on the existing active business areas, in the autonomous towns, including Hackney (art innovation industry), Broadway Market (digital innovation industry), Dalston (commercial service and cultural innovation industry), Whitechapel (S&T industry and culture industry), Shoreditch (S&T industry and innovation industry), Old Street Roundabout (digital technology industry).

References
- Spatial development mode: Zhongguancun Core Area, which is in the stage of transformation and upgrading, can learn from the edge of London to form an efficient and intensive TOD development model. The main core functions should be more concentrated around the public transport corridor, and the auxiliary functions such as housing and supporting services, can be further developed to the hinterland, forming the scale effect of agglomeration of regional dominant industries.
- Industrial layout mode: City Fringe has fully realized the importance of the existing industrial base of the region, and has carried out targeted development layout according to the industrial characteristics of each municipality, thus successfully realizing the transition from low-end manufacturing area to international scientific and technological innovation highland, which can be a good reference for Zhongguancun Core Area.

图4-5-2 伦敦边缘区鸟瞰

空间发展模式　Spatial Development Model

中关村核心区以"一纵轴"为主脉统筹高端创新资源[①]（图 4-5-3）。

- 依托中关村大街高端创新集聚发展走廊，打造引领科技创新的城市街区，形成展现新型城市形态和首都创新风貌的主轴线。利用不同区段的创新资源与链条环节特征，加速实现创新链条融合。与京张铁路遗址公园共同形成发展复合轴带，沿成府路、知春路、学院路纵深联动。

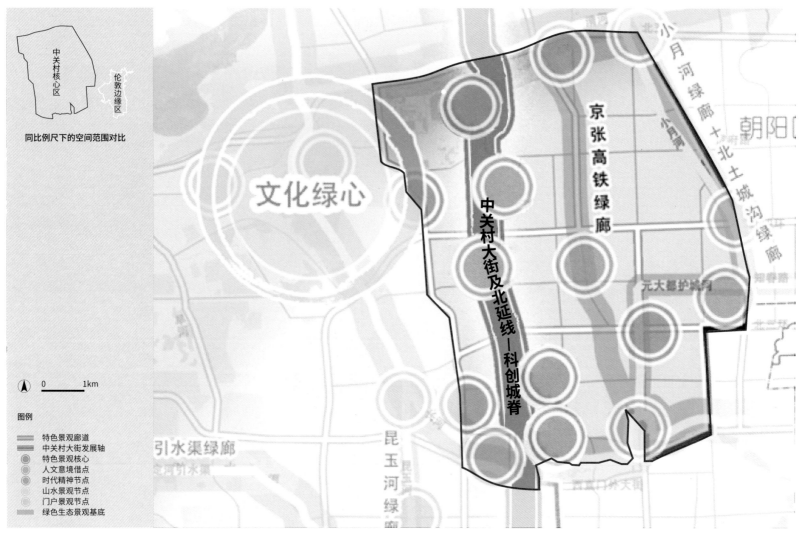

图4-5-3　中关村核心区的空间结构
来源：作者改绘，底图来自《海淀分区规划（国土空间规划）（2017年—2035年）》

---

① 北京市人民政府. 海淀分区规划（国土空间规划）（2017年—2035年）[R/OL].（2020-02-14）[2020-07-22].

伦敦边缘区采取以公共交通为导向的空间发展模式①（图 4-5-4）。

- 结合轨道交通站点进行产业发展布局，一方面以老街环岛地铁站和肖尔迪奇轻轨站为中心，辐射带动周边地区发展；另一方面，结合东伦敦线、李河谷线和横贯铁路等轻轨、地铁沿线站点，布局各自治市的特色科技产业集聚区。未来，伦敦边缘区通过轻轨、地铁等公共交通线路，与奥林匹克公园科技产业集聚区紧密联动，将科学城范围进一步东扩。

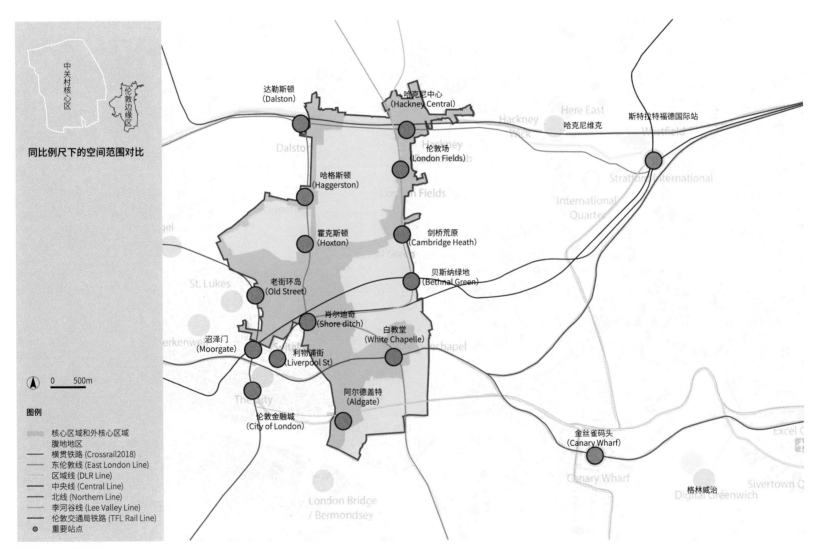

图4-5-4 伦敦边缘区的空间结构
来源：外文文献原图. 汉化《伦敦边缘区机遇区规划框架》（City Fringe Opportunity Area Planning Framework）

①Mayor of London. City Fringe Opportunity Area Planning Framework（Dec 2015）[R/OL]. 2015.

产业布局模式 Industrial Layout Model

中关村核心区依托高等教育、科技产业和自然环境等特色资源形成"科技+文化"的产业布局模式（图4-5-5）。

- 中关村西区是核心科技创新功能的承载地，国家科技领军企业数量众多，且周边特色资源丰富（如高等院校、科研机构、三山五园历史文化遗产等），因此，中关村核心区的产业布局因地制宜，形成多个体现科技与文化功能的特色片区，如重点功能地区、重要滨水地区和公园景观地区、历史文化地区、交通枢纽地区。①

重点功能地区——中关村西区、中关村大街高端创新集聚发展走廊等重点片区和主要轴线周边地区

功能定位：具有城市级重点意义的地区。

重要滨水地区和公园景观地区——京密引水渠—南长河绿廊、永定河引水渠绿廊等蓝绿廊道地区

功能定位：具有城市级重点意义的地区。注重建筑形态与自然环境整体协调，强化标志空间塑造，增强绿色生态空间与城市生产生活空间的连通互动。

历史文化地区

功能定位：具有片区级重点意义的地区，应着重体现历史文脉延续，加强城市空间风貌管控。

交通枢纽地区

功能定位：具有片区级重点意义的地区，应结合自身特色，优化整体空间形象。

图4-5-5 中关村核心区产业布局图
来源：作者改绘，底图来自《海淀分区规划（国土空间规划）（2017年—2035年）》

①北京市人民政府．海淀分区规划（国土空间规划）（2017年—2035年）[R/OL]．（2020-02-14）[2020-07-22]．

伦敦边缘区依托各交通廊道连接各镇中心形成"多中心共存"的特色优势产业布局模式（图4-5-6）。

● 达尔斯顿、哈克尼、老街环岛、肖尔迪奇中央活力区和白教堂等传统商业集群地和市镇中心，利用伦敦边缘区二次发展的契机，转型提升为科技产业的集聚区，形成了以老街环岛和肖尔迪奇为核心、其他市镇中心为活力点、依靠商业街相互联系的"多中心共存"的布局模式。每个产业集聚区都有各自的特色、优势和发展机会。[1]

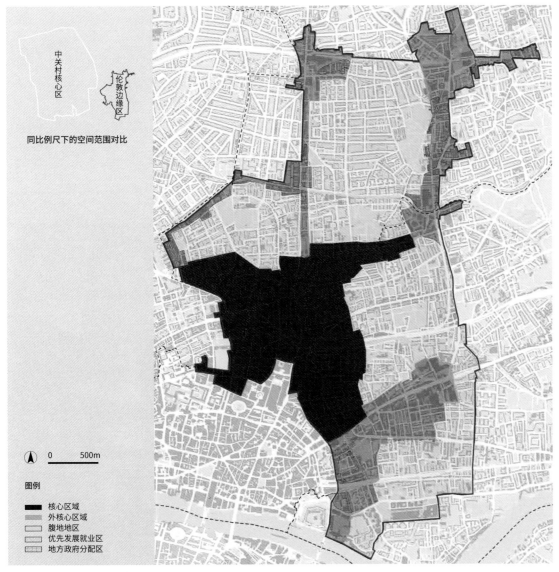

核心区域——老街环岛

功能定位：发展企业办公功能（众创空间，数码科技、科技金融等），以及零售、餐饮和酒吧等配套服务功能。未来还将重建一座车站。

外核心区域——达尔斯顿市镇商业中心、哈克尼中心区

达尔斯顿市镇商业中心（夜间经济中心）：区域文化、创意产业和第三产业中心区；哈克尼中心区（夜间经济中心）：地区级城镇中心和文化中心，包括商业、绿色空间和零售设施。

功能定位：发展数码科技、科技金融、科技孵化器等功能。

优先发展就业区——肖尔迪奇中央活力区

功能定位：发展科技办公功能（包括联合办公空间、重要的二次办公和轻工业空间、办公写字楼和住宅空间、小型科技公司），以及零售业和餐饮业。未来还将新建一座地上车站。

地方政府分配区——伦敦边缘区内某些特定地区

功能定位：配套服务设施和保障性住房。

腹地地区——伦敦边缘区内其余地区

功能定位：配套服务和配套居住。

图4-5-6 伦敦边缘区产业布局图
来源：作者改绘，底图来自"City Fringe Opportunity Area Planning Framework（Dec 2015）"

[1]Mayor of London. City Fringe Opportunity Area Planning Framework（Dec 2015）[R/OL]. 2015.

4.6 城市风貌 Urban Landscape

总述 General Statement

风貌管控是对科学城的街道和建筑特有景观和面貌进行营造和保护的管理手段，从而使其体现出独特的文化意象和风格。本节主要对比风貌管控要素、街道形态和地标物三项，从而探索科学城塑造特色风貌的管控、引导方式。

相同点

• 风貌管控要素：中关村核心区和伦敦边缘区基于各自风貌定位，对建筑和街道的城市设计要素进行了引导和管控，形成具有较高辨识度的特色风貌。

不同点

• 街道形态：中关村核心区只有中关村西区符合"小街区、密路网"规划理念；而伦敦边缘区整体均符合这一规划理念，其城市肌理反映了自中世纪以来的历史发展和土地所有权格局，因此，不同的历史发展背景，造成这两个科学城街道格局现状大不相同。

• 地标物：中关村核心区标志性雕塑较多，观赏性大于使用性；伦敦边缘区地标物在具有观赏性的同时，也具有丰富的使用功能。

借鉴性

• 风貌管控要素：科学城倡导以城市生活环境为主导的建设理念，因此风貌管控要素表现出因地制宜、注重人性化、满足科创人才需求的特征。例如，在以总部企业办公为首的核心区区域塑造体现工娱结合、现代化的风貌；在外核心区区域要注重与商业、休闲等公共服务设施的协调性；在腹地地区则更强调与居住、文化、生态环境的配套性和舒适度。

• 地标物：增加地标物的设计感、科技感和使用功能，提升与科学城氛围的融合度。

图4-6-1 中关村广场夜景
来源：张然 摄

In the science city, cityscape control protect and manage the unique landscape and features of streets and buildings, so as to reflect the unique cultural image and style. This section mainly compares the features control elements, street forms and landmarks, in order to explore the guidance and control methods of shaping characteristic features of science cities.

Similarities
- Landscape control elements: Based on corresponding styles and feature orientations, the urban design elements of buildings and streets in Zhongguancun Core Area and City Fringe are led and controlled, thus forming the characteristic styles and features with high differentiation degrees.

Differences
- Street landscape: In Zhongguancun Core Area, only Zhongguancun West District conform to the planning concept "Small block, dense network", though the whole City Fringe conform perfectly with this planning concept, its urban texture reflects the historical development since the middle ages and land ownership pattern, therefore, different history background, caused the two very different academic city street landscape present situation.
- Landmarks: In Zhongguancun Core Area, there are many iconic sculptures which are more ornamental than useful, while in City Fringe, the performance of landmark is better than that of ornamental.

References
- Landscape control elements: Science city advocated by the construction of the urban living environment as the leading idea, therefore style control elements of adjust measures to local conditions, pay attention to human nature, meet creative scientists and engineers demand characteristics, for instance, the inner core area is headed by the office of the headquarters, the style of combining industry and entertainment and modernization should be shaped. In the Outer Core Area, the coordination with the public service facilities such as business and leisure should be emphasized. In the hinterland area, the compatibility and comfort with the living, culture and ecological environment should be emphasized.
- Landmarks: It is required to increase the senses of design, technology, and use function, in order to promote the fusion degrees with the science city atmosphere.

图4-6-2 伦敦边缘区老街环岛附近街道风貌
来源：张然 摄

风貌管控要素 Elements of Block Style Control

中关村核心区：体现"科技风、创新路、国际范"[1]。海淀区北部地区开发建设委员会办公室（区大街办）联合北京市建筑设计研究院有限公司编制了《中关村大街节点城市设计导则》，其中，对中关村核心区的主要街道、建筑、绿化景观、设施家具、市政管线、户外广告等均采用一定引导方式（表4-6-1、表4-6-2）[2]。

《中关村大街节点城市设计导则》中提出的中关村核心区街道景观管控要素 表4-6-1

道路街面								建筑整治					绿化景观									设施家具													市政管线				户外广告				夜景工程		
沿街建筑后退空间的处理	道路横断面	机动车道	非机动车车行道	人行道	公交停靠站	高架桥、立交桥、中小桥	人行天桥	隧道	建筑分类整治措施	建筑色彩与风格	建筑外墙整修	建筑屋顶整改	其他附属设备	一般规定	重点区域道路景观节点	人行道绿化	隔离带绿化	桥梁绿化	路侧绿带	屋顶绿化	生态停车场	古树名木	滨水空间绿化	停车泊位	交通标线	交通隔离防护设施	交通指路标志	交通信号灯	信息设施	休闲服务设施	交通服务设施	围墙围挡	卫生设施及占道堆放	公共卫生间	垃圾转运站	一般规定	管线检查井	管线检查井盖	雨水口	路灯	路灯箱式变电站	户外广告的设置	店招店排	墙身广告	屋顶广告	一般规定	装饰类型控制	色彩类型控制	夜景照明设置

来源：作者梳理，资料来自《中关村大街节点城市设计导则》

中关村核心区风貌引导原则 表4-6-2

	风貌引导原则	风貌照片
核心区域（中关村西区）	• 绿化景观：区域内如栅栏应拆除并开放绿地空间，加强绿地与市民的友好与互动，丰富花草植物品种；宜增设带有西区特色的雕塑、绘画、主题运动等艺术元素，营造艺术氛围。 • 设施家具：以拆除影响城市开放的各类护栏为抓手，补充道路设施；对区域内不再使用和影响空间环境品质的老旧电话亭、街边广告位、电杆等设施应进行更新或清除，在中关村广场、中关村下沉广场、二级地块等重点区域宜建设智慧健身跑道、笼式足球、篮球场，创新智慧体验，丰富市民活动。 • 夜景工程：宜对西区内的夜景照明进行统一整治提升，创造与科技创新定位相协调的多元、和谐、科创、现代、简约的城市夜景风貌	 中关村西区效果图
外核心区域（中关村大街沿线）	• 绿化景观：各类桥梁设计风貌应以简洁现代风格为主，体现艺术化、科技化和便捷化，满足骑行要求、通行要求；应结合周边建筑景观，选用柔和的涂装色彩，如浅灰、暖灰等。 • 设施家具：在中关村大街的南北入口塑造更加标志性的门户形象；景观设计以亲水休闲、自然水岸为原则，鼓励设置无障碍设施和智慧服务设施。 • 夜景工程：河道两侧立面宜采用柔和的泛光照明或发光二极管（LED）灯带。 • 道路街面：停车场应结合景观绿化，做到整齐、隐蔽，不影响沿街的通行	 中关村大街改造后效果图
腹地地区	• 绿化景观：结合三山五园的园林格局特色，形成环境优美、城市友好和尺度宜人的公共空间；凸显科技创新与三山五园的文化主题，打造科技与文化融合的城市新形态。 • 建筑整治：采用现代简洁的设计语言，突出现代科技的质感，不过度装饰，营造有特点的多元化体验；采用成熟的新材料和新技术，体现生态、节能和环保的理念，同时结合智能化设计；外立面的夜景照明以建筑立面的亮度为片区的亮度基础，建立清晰的区域秩序感。 • 道路街面：主要出入口的亮度和地面亮度形成视觉引导性	 其他地区（畅春园食街）

来源：作者梳理，资料来自《中关村大街节点城市设计导则》，图片由北京市建筑设计研究院有限公司提供

①阎彤. 视觉盛宴！"海淀科技星光大道"灯光秀上演啦[N/OL]. 北京日报.（2020-05-27）[2021-05-12].
②北京市建筑设计研究院有限公司. 中关村大街节点城市设计导则[Z]. 2019.

伦敦边缘区：体现商业、休闲和办公三者融合的活力。伦敦交通局从城市景观建设角度出发编制了《伦敦街道景观补充指南》（*Streetscape Guidance 2009: Executive Summary*）（图4-6-3）[1]，对伦敦边缘区主要街道的材质、色彩、街道家具、标识系统、围栏、照明等均采用一定的引导方式[2]（表4-6-3、表4-6-4）。

《伦敦街道景观补充指南》中伦敦边缘区街道景观管控要素 　　　　表4-6-3

人行道和车行道								街道家具（市政府）																	街道家具（第三方）							
人行、人车混行道	检查盖板、路肩和排水	人行道交叉口侧路入口	道路标记	公交车道	自行车道	地铁	停车和装卸货区	街道家具	街道照明	交通信号和控制箱	交通标志	可变信息标志	行人方向标志	路边摄像头/闭路电视	绿植、街道树木	自行车停车设施	摩托车停车设施	公交车站	公交智能技术	有轨电车	出租车	座椅	护栏/栅栏/障碍物	环境监测设备	公共艺术	街道牌匾信息标牌	垃圾桶、回收垃圾箱	电话亭	停车控制设备	邮筒	烟雾排气管	街道咖啡馆	工具柜

来源：作者梳理，资料来自 "Streetscape Guidance 2009: Executive Summary A guide to better London Streets"

图4-6-3　伦敦街道景观补充指南[1]

伦敦边缘区街区风貌引导原则 　　　　表4-6-4

	风貌引导原则	风貌照片
核心区域	• 人行道和车行道：巴士车道表面红色塑胶粒铺装到道路交叉口停止线结束；车行道为黑色柏油马路或深灰色大理石道路；人行道传统的铺路一直延伸到路缘石；广场：多为浅灰色大体量石材，米白色路缘石。 • 街道家具（市政府）：照明需使用适用于城市中心位置的灯具，并保留传统照明灯，补充人行道照明灯；检查盖更换嵌套式；所有街道用黑色装饰的家具。 • 街道家具（第三方）：简约、现代风格，色调以蓝色、灰色、米白为主	老街环岛附近
外核心区域	• 人行道和车行道：干道以黑色柏油马路或深灰色大理石道路为主，次干道为浅色石材，米白色路缘石，多以双向两车道的传统城市生活性次干道和单向的城市支路为主；拆除行人避难岛的行人护栏。 • 街道家具（市政府）：在可行的情况下，改善和安装路灯；所有街道用黑色装饰的家具。 • 街道家具（第三方）：与色彩饱和度较高、色调偏暖的近代低层工业建筑相协调，主要材料为橙色和土黄色砖混及石材	肖尔迪奇的科创办公区
腹地地区	• 人行道和车行道：保留小街区、密路网格局，街道宽度较窄，主要为人行和步行为主导的街道，无行道树，但排水、各类铺装和标识等公共设施一应俱全。 • 街道家具（市政府）：保留传统的铺路和路边石，检查盖更换嵌套式；保留传统的护柱；改善侧路入口处理，引入自行车设施。 • 街道家具（第三方）：与中世纪、文艺复兴时期保留下来的低层建筑相协调，以色彩明度较高且色调偏暖的砖和石材为主，色调为深棕、粉色和土黄色	堡区的商住混合街区

来源：作者梳理，资料和图片来自 "City Fringe Opportunity Area Planning Framework（Dec 2015）"

①Transport of London. Streetscape Guidance 2009：Executive Summary A guide to better London Streets [R/OL]. 2009.
②Mayor of London. City Fringe Opportunity Area Planning Framework（Dec 2015）[R/OL]. 2015.

街道格局 Streets Form

中关村核心区：中关村西区的街道格局最符合"小街区、密路网"的规划理念，其余地区正在逐步完善的过程中。

- 核心区域（中关村西区）：路网密度最大，地块内多为正方形或长方形的办公建筑，路网规整，建筑退界距离大，连续性弱，很好地体现了"生态中庭式"的布局模式，形成促进交往的开放城市界面，从而满足办公楼内跨企业间科创人才就近交流的需求（图4-6-4）。

- 外核心区域（中关村大街沿线）：中关村大街沿线的街宽比在0.5~1之间，围合感最弱。这是由于城市主干道中关村大街的宽度过宽，对两侧的空间联系造成一定割裂（表4-6-5）。

- 腹地地区（其余地区）：受大院文化影响，路网密度较低。主街的街宽比在1~2之间，高度、宽度比是大体一致的，给人的感觉最为舒适（表4-6-5）。

中关村核心区街道格局数据统计表　表4-6-5

	核心区域 （中关村 西区）	外核心区域 （中关村大 街沿线）	腹地地区
主街的退线距离 （m）	12	30	15
贴线率 （%）	88.90	83.00	77.90
主街的街宽比 （D/H）	3.58	0.75	1.84
路网密度 （km/km²）	10.00	4.70	4.50

来源：作者梳理，数据来自百度地图

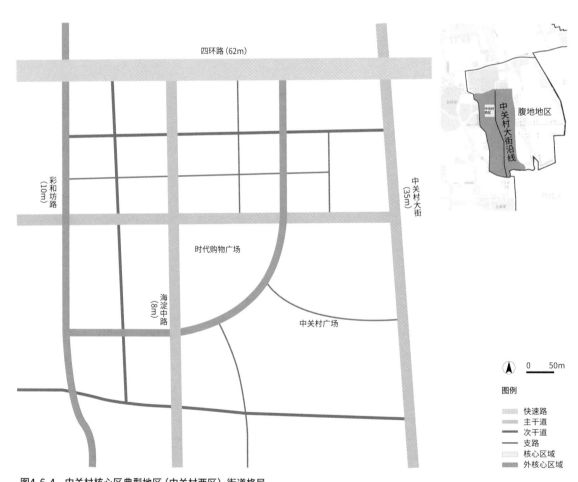

图4-6-4　中关村核心区典型地区（中关村西区）街道格局
来源：底图来自《海淀分区规划（国土空间规划）（2017年—2035年）》

伦敦边缘区：整体街道格局均符合"小街区、密路网"的规划理念。

- 核心区域、外核心区域和腹地地区：以肖尔迪奇为例，街道格局反映并延续了自中世纪以来形成的城市路网格局，道路方向多样，为人车混行的城市级道路[1]，主干道道路宽度15~20m，次干道道路宽度7~10m，城市支路宽度5~8m，路网密度在8.5~9.0km/km²之间，符合"小街区、密路网"的规划理念。街宽比在2.5~3.6之间，给人感觉有一定压迫力（图4-6-5、表4-6-6）。

伦敦边缘区街道格局数据统计　表4-6-6

	核心区域	外核心区域	腹地地区
主街的退线距离（m）	8	10	10
主要街道的贴线率（%）	88.00	84.60	82.30
主要街道的街宽比（D/H）	3.58	3.52	2.58
路网密度（km/km²）	8.90	8.80	8.60

来源：作者梳理，数据来自谷歌地图

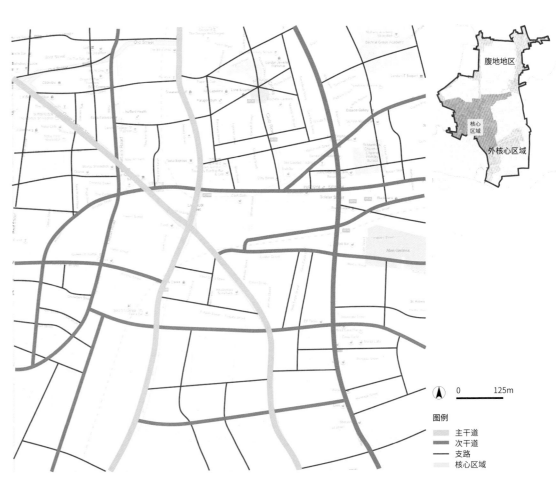

图4-6-5　伦敦边缘区典型地区（肖尔迪奇）街道格局
来源：作者改绘，底图来自"City Fringe Opportunity Area Planning Framework（Dec 2015）"

图例
主干道
次干道
支路
核心区域

①Mayor of London. City Fringe Opportunity Area Planning Framework（Dec 2015）[R/OL]. 2015.

地标物 Landmark

中关村核心区主要有双螺旋雕塑、丹棱街的"丹棱SOHO"雕塑和中关村智造大街的"I IM Way"雕塑等，它们代表了本地的高科技和创新文化，标志感强，但缺乏与人的互动功能，可达性较弱，与周边氛围融合度较低（图4-6-6~图4-6-9）。

图4-6-6 双螺旋结构
来源：张立全 摄

图4-6-7 中关村广场
来源：张立全 摄

图4-6-8 中关村智造大街的"I IM Way"雕塑
来源：张立全 摄

图4-6-9 丹棱街的"丹棱SOHO"雕塑
来源：张立全 摄

伦敦边缘区主要有集装箱公园、老街环岛、巴塞尔大厦和山羊雕塑，它们代表了本地的海运文化和自发生长的创意文化，兼具使用性和观赏性，做到了文化、创意和功能的统一，体现了科学城地标物应有的科技感和设计感（图4-6-10~图4-6-13）。

图4-6-10 旧斯皮塔菲尔德市场的山羊雕塑
来源：李子曦 摄

图4-6-11 老街环岛
来源：李子曦 摄

图4-6-12 肖尔迪奇地铁站集装箱公园
来源：张然 摄

图4-6-13 位于老街环岛附近的巴塞尔大厦
来源：张然 摄

4.7 建筑更新 Building Renewal

总述 General Statement

建筑更新是将科学城内已经不适应科学城发展需求的存量建筑，做必要和有计划的改建活动，这是科学城功能提升面临的重点和难点。本节主要对比建筑更新设计和建筑更新管理两项。

相同点

• 建筑更新设计：中关村核心区和伦敦边缘区都强调功能混合的建筑更新改造方式，为科创人才提供更具活力的办公建筑和创意社区。针对科学城特点与需求，提出了研发办公、科技服务、居住等多种用途类型的建筑改造策略，创造适合科创人才的功能配置。

不同点

• 建筑更新设计：中关村核心区多对建筑单体进行更新改造，逐步开始注重改造项目与周边街区环境的协调融合；而伦敦边缘区建筑更新多数保留建筑原有结构和立面，多以街区为单位进行改造，并注重与周围街区在功能、景观上的协调融合。因此伦敦边缘区改造模式较中关村核心区更加多样。

• 建筑更新管理：中关村核心区的建筑更新管理主要由楼宇开发商承担，与科技企业和科创人才对接不足，难以满足科创人才对建筑空间的使用需求；而伦敦边缘区不仅有房地产商，还有科技企业本身，以及为科创人才服务的基金会、慈善机构参与到建筑更新管理之中。

借鉴性

• 建筑更新设计：以街区为单位进行建筑功能提升改造。单体设施改造简便、可实施度高，但随着时间推移，改造设施数量增多，基于不同时期、不同功能需求改造的结果，可能导致整体街区景观缺乏统一感、服务功能重复等。可以借鉴伦敦边缘区以街区为单位进行综合改造，形成具有某种主题导向的新街区功能，规划设施中注重与周围街区在功能、景观上的融合协调，利于以街区功能互补形成社会资产。

• 建筑更新管理：丰富既有建筑改造类型，可纳入老旧住宅、学生公寓等建筑，探索与之适合的管理方法和资金运维模式。创业者和中小企业可以与周边高校和社区合作利用闲置建筑，带动存量资源改造提升，同时可以提升企业的创新能力，以及在校学生的实践能力。

图4-7-1 丹棱街
来源：张 □全景

To respond development demands of the science city, the building renewal is to make necessary and planned reconstruction activities of stock buildings that are not suitable, this is the key and difficult point for the functional improvement of science city renewal. In this section, the building renewal design and the building renewal management are mainly compared.

Similarities
• Zhongguancun core area and the fringe area of London emphasizes the function of hybrid architecture renewal and reconstruction mode and idea, provide more dynamic kechuang personnel office buildings and creative community, according to the characteristics and requirements, academic city puts forward the research and development office, technology services, residential and other application types of building transformation strategy, create a more suitable for kechuang personnel use of flexible space.

Differences
• Building renewal design: Zhongguancun Core Area usually takes individual buildings into updated and reformed progress, but it pays attention to the coordination and integration of the surrounding neighborhood environment little by little. However, most of the buildings in City Fringe retain their original structures and facades, usually based on block renewal and renovation. Also, the transformation pay more attention to the coordination and integration with the surrounding streets in terms of function and landscape. Therefore, City Fringe has more diverse transformation modes than Zhongguancun Core Area.
• Building renewal management: Zhongguancun Core Area is mainly undertaken by building developers, which is not enough to meet the needs of S&T enterprises and talents for the use of architectural space. In City Fringe, there are not only real estate developers, but also technology enterprises themselves participate in building renewal management, as well as foundations and charities serving S&T talents.

References
• Building renewal design: Take the block as the unit to upgrade the building function. Even though the singe facilities can be simply reconstructed for high implementation, as time goes by, the whole block may lack cityscape unification and may have repeat service functions, due to the different functional demands and the reconstruction results in different phases. We could take City Fringe as a reference: forming new block functions with a certain theme guide during the facility planning phase, integrate and coordinate the functions and landscapes of surrounding blocks, so as to form the social assets by the block function complementation.
• Building renewal management: It is required to enrich the existing building reconstruction type, include the old houses, student dormitories and other buildings, and explore appropriate management methods and modes of fund operation and maintenance. Entrepreneurs and SME enterprises cooperate with surrounding universities and colleges to utilize empty buildings, drive the reconstruction and promotion of the stock resources, which will promote the innovation capacities of enterprises and the practical abilities of students.

图4-7-2 红砖巷（Brick lane）
来源：李利臻 摄

建筑更新设计：科研办公建筑改造
Transformation and Promotion Mode: Office Building Reconstruction

科研办公建筑是科创功能的空间载体，因此改造需要体现方便创新人才交流和灵活高效的特点。中关村核心区主要将存量高层商业、办公和酒店建筑，通过建筑内部空间划分、建筑立面改造等方式，改造为集办公、展示、休闲为一体，符合科创企业需求的科研办公建筑。

案例：北京翠宫饭店改造，既有高层酒店建筑改造为联合办公空间（图4-7-3~图4-7-5）（注：此方案为概念设计方案）

● 该项目位于中关村核心区的知春路上，建成于20世纪80年代。地上一层是对城市和公众开放的下沉庭院和办公大堂；二至三层作为多功能厅、会议室和展示中心；四层及以上是企业客户的办公和共享空间；最顶层设置为宾客接待厅；地下一层为餐厅和半室外休闲空间，地下二层和三层为停车场。

图4-7-3 翠宫饭店改造前现状照片
来源：梁忠义 摄

图4-7-4 翠宫饭店改造后外立面效果（上、下）
来源：北京市建筑设计研究院有限公司提供

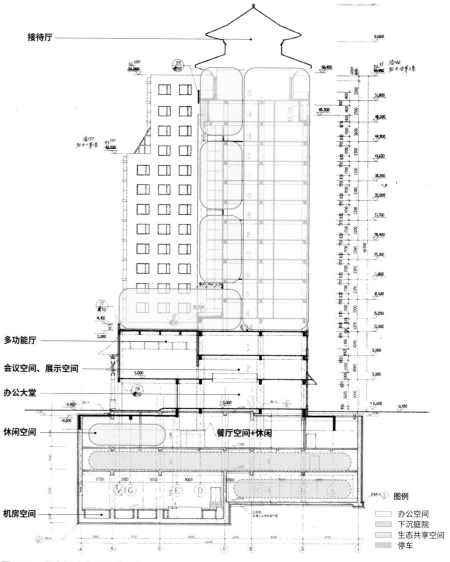

图4-7-5 翠宫饭店内部改造示意图
来源：北京市建筑设计研究院有限公司提供

伦敦边缘区是将存量多层办公、工业建筑等改造为服务于艺术家和创业者们的创意办公空间或联合工作室。利用既有建筑框架基础调整结构，重新布局功能。

案例：威尔逊街70号的联合办公大楼（We Work）（图4-7-6、图4-7-7）

- 该项目位于伦敦边缘区的威尔逊街，建筑更新目标是为初创企业提供孵化器，以及免费活动空间、举办活动的多功能大厅、开放或半开放办公空间、小型会议室、补贴办公空间和公寓等。该办公空间设计得非常人性化，通过花墙、落地玻璃、半透明隔断等装饰手法进行功能分区，塑造简约又宜人的共享办公空间，让使用功能更灵活多变，有的办公空间还为年轻妈妈准备了育婴室。

图4-7-6 联合办公大楼（We Work）的办公空间和设施（上、下）
来源：张然 摄

图4-7-7 联合办公大楼（We Work）的外立面
来源：张然 摄

建筑更新设计：综合服务建筑改造
Method of Transformation: Comprehensive Service Building Renovation

综合服务建筑是科技服务功能的空间载体，改造类型有工业建筑和商业综合体等。中关村核心区通过在既有商业综合体建筑中植入酒店、展示、休闲等科技服务功能，提升该建筑综合体的多元、共享、活力和美观特性，从而更好地为科技园区中的企业和人才服务，提升带动街区活力。

案例1：畅春园食街，既有餐饮建筑改造成为融合科技文化的综合服务建筑（图4-7-8、图4-7-9）

● 该项目位于海淀区颐和园路的海淀体育中心，改造前是以餐饮、商业为主的服务建筑，风格陈旧。通过混合提升建筑功能，并融合畅春园传统文化要素后，变身成为集餐饮、文化和生活服务为一体，绿色、生态并具有城市活力的配套服务建筑。

案例2：中关村众享荟，存量低效建筑改造为科创人才综合服务展示厅（图4-7-10、图4-7-11）

● 该项目位于海淀区双榆树二街，改造前是低品质的商业、餐饮建筑，缺乏现代科技质感。通过植入共享办公、场景展示、休闲娱乐等科技服务功能，变身为符合科创人才需求的"众创空间"，并成为中关村核心区的新地标。

图4-7-8　海淀体育中心提升改造项目之畅春园食街改造前
来源：陈娜 摄

图4-7-9　海淀体育中心提升改造项目之畅春园食街改造后效果图
来源：北京市建筑设计研究院有限公司提供

图4-7-10　中关村众享荟改造前
来源：王子豪 摄

图4-7-11　中关村众享荟改造后效果图
来源：北京市建筑设计研究院有限公司提供

伦敦边缘区通过空间复合利用的方式，将孵化、展示、配套服务空间等功能融入既有楼宇，并与商业环境相结合，从而体现出建筑复合、多元、活力和美观的特点，塑造与科学城相呼应的活力创新氛围。

案例1：三角创意空间（The Triangle），既有低层办公建筑改造为创意人才工作社区（图4-7-12）①

• 该项目位于母马街129~131号，原本是废弃的工业建筑。它的成功改造不仅改善了街道空间和邻近地区环境，还吸引了共享办公、手工作坊、咖啡馆和洗衣房等。该地还通过开设画廊和培训项目，变身为当地特色景点，每年吸引包括科创人才、艺术收藏家、学生和当地企业家等数万名参观者。

案例2：埃塞克斯家工作室（Essex House Studios），空置住宅楼改造变身为艺术家工作场所和教育社区（图4-7-13）①

• 该项目原本是一栋空置但有维护费用的住宅楼，由纽汉市所有。得益于一项更新改造计划，该楼所有权被移交给当地一家艺术信托基金，并改造成28间艺术工作室。入驻的32位创意人才在此得到了专业技能培训和相关工作机会，或是得到了地方议会、周边学校和私人收藏家的委托任务。

  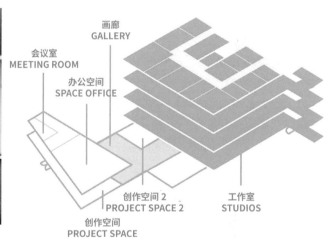

图4-7-12　三角创意空间（The Triangle）改造后外观（左、中）和内部改造方式图（右）
来源：左图、右图来自"Creating Artists' Workspace"，中图李子曦 摄

图4-7-13　埃塞克斯家工作室改造后外观（左、中）和内部改造方式图（右）
来源：左图、右图来自"Creating Artists' Workspace"，中图李子曦 摄

①Greater London Authority. Creating Artists' Workspace[R/OL]. 2014.

建筑更新管理　Management of Building Renovation

中关村核心区已有部分建筑改造案例，但改造方式和资金渠道单一，尚未形成可持续的成熟模式（表4-7-1）。

中关村核心区建筑更新管理的典型模式总结　　　　　　　　　　　　　表4-7-1

改造类型	科研办公建筑改造		科创人才社区改造	
	传统办公建筑改造	**酒店改造**	**工业厂房建筑改造**	**商住混合建筑改造**
管理者/所有者	政府、私人或房地产公司所有	多为房地产公司所有	政府、私人或房地产公司所有	政府、私人或房地产公司所有
管理特色	• 一般由政府主导，委托投资团队进行项目改造 • 投资创业团队可获得收益，一般天使投资方会根据创业团队的实力和所匹配的资源，占取3%~10%的股权份额	• 入驻公司直接投资，直接进行改造和开发管理 • 既有楼宇空间改造为展览、公共活动、路演、培训和讲座空间等	• 创业就业基金会运营管理 • 创业投资的短期回报缺乏可以用社区服务的收入来弥补，创业、生产、生活和消费形成营收平衡的良性循环	• 政府或房地产开发商开发管理 • 除参与对创业团队的股权投资以外，还可以通过日常经营收入、会员服务收入和活动场地租金收入覆盖部分运营成本支出
合作伙伴	园区管委会、天使投资等	房地产公司、投资公司等	园区管委会、天使投资等	房地产公司、天使投资等
资助方式	公共拨款及贷款、公共资金资助	多为自费资助	公共拨款及贷款、公共资金资助	多为自费资助
优势	• 联合办公模式不仅降低了办公室的租赁成本，也为跨界合作提供了环境，跨专业的办公者在其中互相交流并形成新的合作 • 更加针对创业企业的成长需求，采取多样化的方法孵化和培育企业，为其提供专业服务诸如融资、创业指导、相关技术等，提高创业企业的成功概率	• 功能混合程度高，便于科技人才的交流沟通 • 为满足众创空间所提倡的开敞式、综合化、多样化空间的需要 • 既是创客们分享、交流、动手创作的活动场地，也是开放交流的实验室、加工室或者工作室 • 通过收购的方式进行整体改造提升，改造速度快、效率高	• 形成7天24小时集成化的创业生活生态圈：集聚创业相关的各类资源与要素，尽可能多地容纳青年创业者，服务于创业者地工作、生活、学习和消费 • 将创业作为年轻人的一种生活方式来吸引服务对象：创业社区的服务对象并不完全是创业者，也包括认可创业生活理念的年轻人	• 由房地产开发商开发的创新项目，旨在解决创业者的居住以及工作问题，使得小微众创团队工作和生活可以集中在同一栋楼内 • 公共属性和开放性强：通过举办创业主题活动，营造创业氛围，方便创业者生产、生活和进行科技活动，吸引、集聚和对接创业资源，参与者包括创业者、投资人、服务者和对创业感兴趣的市民等
不足	• 改造前期时间长，造成经营亏损	• 房租费用较高	• 入驻条件较严格 • 厂房类建筑进深过大，造成自然采光不良、通风条件较差	• 服务对象单一（限制为注册的会员企业） • 服务范围小
典型代表	—	翠宫饭店	畅春园食街	中关村众享荟

来源：作者梳理，资料来自李紫临. 基于建筑改造的众创空间设计[D]. 北京：北京建筑大学，2017.

伦敦边缘区的建筑更新在资金平衡和与利益攸关方协作等方面，已有很多成熟的管理模式（表4-7-2）。

伦敦边缘区建筑更新管理的典型模式总结

表4-7-2

改造类型	科研办公建筑改造		科创人才社区改造		
	工业办公楼改造	厂房建筑改造	学生公寓改造	经济适用房改造	闲置住宅大楼改造
管理者/所有者	由英格兰艺术委员会艺术家资助的工作室供应商/私人所有	房地产公司	学生公寓管理机构	慈善机构（为非商业优秀艺术家提供负担得起的工作室空间、住所和奖励）	艺术基金会
管理特色	创业社区管理公司依靠多方资金投资改造	该空置房的房地产商和支持美术从业者的社会公司，用租赁资金回流投资	学校和培训机构新型校企商三方合作	经济适用房：当地政府和创业者协会，艺术协会捐款+银行贷款	政府和开发商共同管理，与地方政府达成合作运营管理
合作伙伴	无	房地产公司	高校	房地产公司	市委员会（如纽汉市）
资助方式	公共资金资助	私人资助	无（有租赁协议）	公共拨款及贷款	自费资助
优势	• 曾经进驻的资深创意公司和资深人才有义务对新进公司和年轻人才的发展进行资助与支持，带动周边地区艺术创新氛围提升 • 人均使用面积大	• 带动周边环境整体提升，形成有集聚效应的创意社区 • 为艺术从业者们工作日提供专业网络、打印设施、咖啡厅、会员专享服务，以及教育和技能培训、工作人员咨询服务等 • 本难以出租的工业用地，改造后却容纳了455家艺术家的企业，为该房产和投资伙伴带来了巨大的投资回报	• 高校、开发商和房源供应商三方合作，在不断增长的市场中展示了一种新的、有效的合作关系 • 房租较低，并为日后毕业生在此就业提供方便	• 可以通过规划获得收益的经济适用房建筑 • 创业者大多居住其中，夜间也十分有人气 • 将创业者居住的经济适用房公寓组成独立的工作室建筑，之后该建筑每年拿出产值的一部分用于支付贷款 • 是一座为艺术家设计的永久建筑，为该项目的发展增加了巨大的市场价值	• 成功的政府引导措施扩大了住宅与周边学校的社交网络，反过来又为创业者们创造了更多的就业机会 • 重新入驻空置的地方政府大楼，将一栋空置大楼逐步扩大为多栋大楼的创意社区
不足	• 房租费用较高 • 入驻条件较严格	• 人均使用面积较小	服务对象单一（限制为在校学生）	—	• 人均使用面积较小 • 可容纳的科创人才较少
典型代表	• 三角创意空间 • 联合办公大楼（We Work）	—	—		• 埃塞克斯家工作室

来源：作者梳理，资料来自Greater London Authority.Creating Artists' Workspace[R/OL]. 2014.

4.8 公共空间 Public Space

总述 General Statement

公共空间是供人群日常生活和社交活动使用的室外空间，通常包括街道、广场、公园和活动场地等。新型科学城与传统科学城不同，需要外向型交往空间，并在满足私密性、便捷性、安全性、通达性的基础上，激发科技创新人才的非正式交流活动，提升科创人才工作效率，增强科创人才的认同感和归属感，提升地区及周边的创新活力。本节主要对比公园、广场、步行和骑行道路空间三项。

相同点

• 公园、广场：中关村核心区和伦敦边缘区都围绕重要片区节点展开城市设计，如市镇中心广场，人群密集的公园、绿地和街道等，与周围环境紧密结合，绿化率较高。

不同点

• 公园：中关村核心区公共空间的面积和数量高于伦敦边缘区，但很多都被护栏、围墙包围，空间环境单调、不友好、不易进入，未能有效促进科创人才交流、激发创新活力。

• 广场：中关村核心区的广场由于土地使用权等原因，多数只是联系城市道路和建筑物的通过型公共空间；而伦敦市政府依照并参考当地的发展规划制定伦敦边缘区的公共空间规划，侧重于使用率、通达性，以及给人带来的体验感和互动感。

• 步行和骑行道路空间：中关村核心区的步行和骑行道路空间改造主要聚焦在城市设计层面，缺少与宏观总体规划和中观详细规划的衔接；而伦敦边缘区步行和骑行道路系统详细规划则较为完备，且有与之相衔接的宏观和中观层面的规划。

借鉴性

• 公园：挖掘中关村核心区内的存量空间，鼓励二级地块内公共空间开放，创造不同尺度和不同功能类型的公园，串联成完整的体系，这一问题目前已经得到政府和有关部门的重视，并在相应的城市规划与设计中逐步调整完善。

• 广场：可通过错峰安排使用功能，满足白天科创人才、夜晚周边居民的使用需求，让广场全天候保持活力；通过交通分流、空间复合等设计手法，打造具有通达性和互动性的公共空间。

• 步行和骑行道路空间：以绿色出行作为科创人才的重要出行方式，增加以步行出行为导向的道路，并在标识、停车和空间连续性等方面提出改善策略。塑造既可以串联重要节点，又可以丰富活动的步行和骑行道路空间。

图4-8-1 中关村广场
来源：张然 摄

Public space is the outdoor space for daily life and social activities of people, generally including streets, plazas, parks, exercise yard, etc. As the new science city is different from the traditional science city, it requires more outdoor communication space, by responding the needs of privacy, convenience, security and accessibility, these science cities could promote the work efficiency of creative scientists and engineers, strengthen their acceptance and belonging, in order to promote the innovation energy in the district and surroundings after satisfying the privacy, convenience, safety and accessibility. In this section, we compare the parks, plazas and road spaces for walking and cycling.

Similarities
• Parks and plazas: The urban design is carried out around important area nodes, both of Zhongguancun Core Area and City Fringe pay attention to the surrounding environment during the design, such as town central square, pocket parks and green spaces.

Differences
• Parks: The number and the quantity of public space areas in Zhongguancun Core Area are higher than City Fringe, however, many of them are surrounded by guardrails and walls, which make the environment unfriendly and difficult to enter, fail to effectively promote the exchange of creative scientists and engineers, and stimulate innovation vitality.
• Plazas: GLA prepares the public space planning of City Fringe according to and based on the local development planning, which focuses on the utilization rate and accessibility and provides people with experience feeling and interaction feeling. Due to the reason of land property right, most squares in Zhongguancun Core Area are only public spaces which connect urban roads and buildings.
• Road spaces for walking and cycling: In City Fringe, as the main transport modes with a high utilization rate, walking and cycling have strategic planning guidance in macro and middle level. In Zhongguancun Core Area, the spaces design for walking and cycling mainly focused on micro level (such as reconstruction of walkways, subway station surroundings, etc.), without the connection with the regional slow traffic system planning.

References
• Parks: It is required to exploit the stoke spaces, encourage the opening of public spaces in secondary sites, to create public Spaces of different scales and functional types, connecting them into a complete system. Nowadays, the government and relevant departments have paid attention to this problem, trying to make adjustment and improvement in the correspond urban design.
• Plazas: By making arrangement of activities and facilities in different periods, to meet the needs of creative scientists and engineers during the day, and the needs of residents at night, keeping public spaces alive 24/7, by using design methods——traffic diversion and space composite——to create accessible and interactive public Spaces.
• Road spaces for walking and cycling: Green travel should be taken as an important way of travel for science and innovation talents, more behavior-oriented roads should be taken on foot, and improvement strategies should be put forward in terms of signs, parking and space continuity. Create walking and cycling road space that can not only connect important nodes, but also enrich activities.

图4-8-2 斯皮塔菲尔德广场
来源：李子曦 摄

公园 Park

中关村核心区的公园种类多样，包括街角公园、街头绿地和休闲活动场地等。现状街角公园和街头绿地的数量多、覆盖范围广、提升空间大。

- 知春路街头绿地改造设计：现状绿地的人行空间局促且位置偏僻封闭，难以营造良好的休闲活动场所，与科创人才所需的可达性和共享性的环境氛围不匹配；通过在既有绿地中开辟公共空间植入花坛、座椅和活动设施，不仅可以提升绿地品质和使用率，又可以满足科创人才对于互动交流的需求，激发街区活力（图4-8-3）。

- 中关村西区内某街角公园改造设计：现状公园存在绿地郁闭、空间与外界隔离等问题；通过绿地内退来扩充人行空间或开辟替代空间的方式，补充完备无障碍体系，营造开阔友好的街角公园，增强与外界的联系，使绿地对外界开放（图4-8-4）。

图4-8-3 知春路街头绿地改造前后对比，左为改造前照片，右为改造后效果图
来源：左图，张然 摄/右图，北京市建筑设计研究院有限公司提供

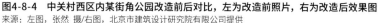

图4-8-4 中关村西区内某街角公园改造前后对比，左为改造前照片，右为改造后效果图
来源：左图，张然 摄/右图，北京市建筑设计研究院有限公司提供

伦敦边缘区优先打造核心区域内的公园的环境品质，并带动外核心区域、腹地地区公园的持续改善，形成共同发展的良好局面，充分体现了以人为本、因地制宜、开放共享和可持续发展的理念。[①]

- 伦敦边缘区内某处街头公园现状：这类公园见缝插针地设置于核心区域内居民楼和共享办公楼周边，300m的服务半径可满足科创人才多样的使用需求（图4-8-5）。
- 邮递员公园现状：在保证景观性、宜人性和交流需要的基础上，结合空间设计座椅、小品和雕塑，塑造形式更加丰富多样的公园（图4-8-6）。
- 达尔斯顿东部曲线公园和阿斯克街头公园现状：设有开敞的大草坪或大片活动场地，是开放共享的典范——在大多数时间，人们可以直接进入玩耍休憩，或开展娱乐活动，将休闲娱乐功能与自然景观有机联系起来，这也是伦敦边缘区内多数街角公园的现状[①]（图4-8-7、图4-8-8）。

图4-8-5 伦敦边缘区内某处街头公园
来源：刘璐 摄

图4-8-6 邮递员公园（Postman's Park）
来源：李子曦 摄

图4-8-7 达尔斯顿东部曲线公园（Dalston Eastern Curve Garden）
来源：李子曦 摄

图4-8-8 阿斯克街头公园（Aske Gardens）
来源：李子曦 摄

①Mayor of London. City Fringe Opportunity Area Planning Framework（Dec 2015）[R/OL]. 2015.

广场 Square

中关村核心区的广场多数为硬质铺装广场，可满足科创人才的通过需求，但难以营造良好的交流氛围。通过对其空间划分、环境品质改造等措施，形成具有一定的私密性和尺度感的公共空间。

- 中关村广场改造设计：在尊重与传承区域文化记忆（如街道、双螺旋地标、关帝庙）的基础上，通过优化城市交通结构，局部遮盖、减量的方式，强化地下地铁街区与地上城市广场的无缝联系，并实现区域服务功能与品质的高质量提升。同时，通过改善广场绿化与设施条件，引入智慧城市设施和智慧城市大脑管理平台，打造具有活力、安全性、代表性和景观性的市民活动广场（图4-8-9）。

- 九龙大厦前广场改造设计：作为中关村核心区的南入口，利用广场与周边办公楼距离近的便捷优势，见缝插针地增设供科创人员驻足交流、运动健身的设施，如座椅、遮阳棚、绿篱等，将这里设计成为集文化、体育、绿色、休闲为一体的城市活力区和独具魅力的标志性城市门户（图4-8-10）。

图4-8-9　中关村广场改造前后对比，左为改造前照片，右为改造后效果图（过程版）
来源：左图，张然 摄/右图，北京市建筑设计研究院有限公司提供

图4-8-10　九龙大厦前广场改造前后对比，左为改造前照片，右为改造后效果图
来源：左图，张然 摄/右图，北京市建筑设计研究院有限公司提供

伦敦边缘区的广场有硬质铺装广场和草坪广场两类，既满足了科创人才驻足交流的需求，又能满足通行需求。现状具有良好的使用性和可达性，满足白天附近工作者和晚上周边居民在此地休闲、交流和娱乐的需求。

- 老街环岛广场改造设计：改造后通过交通流线和景观小品，将环岛西北侧的机动车道路改造为步行铺装道路，使交通环岛半岛化，中央环岛成为行人可达的标志性地区，并在半岛上增加景观树和观景台，在东北侧设置自行车停车处，提升半岛的标志性、可达性和活力（图4-8-11）。
- 利物浦广场现状：广场上的咖啡馆提供露天座椅和遮阳棚等设施，为科创人才提供休闲、思考、讨论、沟通的空间（图4-8-12）。
- 菲斯伯里草坪广场和霍克思顿草坪广场现状：倾向于布置简单的草坪，是开放共享的典范——在大多数时间，人们可以直接进入草坪玩耍休憩，或开展娱乐活动（图4-8-13、图4-8-14）。

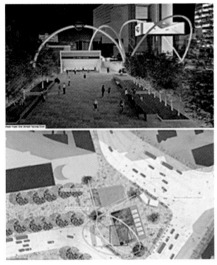

图4-8-11 老街环岛广场改造提升方案（上、下）
来源：Mayor of London. City Fringe Opportunity Area Planning Framework（Dec 2015）[R]. 2015.

图4-8-12 利物浦广场（Liverpool Square）的露天咖啡馆
来源：李子曦 摄

图4-8-13 菲斯伯里草坪广场（Finsbury Square）
来源：李子曦 摄

图4-8-14 霍克思顿草坪广场（Hoxton Square）
来源：李子曦 摄

步行和骑行道路空间 Road Space for Walking and Cycling

中关村核心区现状步行和骑行道路空间存在断续、不连贯的问题，且缺少公共自行车停车场，导致自行车停放无序，降低了科创人才绿色出行的便捷度和安全性。因此，需构建绿色、安全、健康的绿色出行系统。具体措施有优化步行和非机动车道，提升公共交通站点公共自行车停车场的品质。

- 中关村西区自行车道和步行道改造设计：现状步行和骑行道路存在断续、与机动车道出入口流线交叉等问题，影响步行者和骑行者的安全；根据具体道路情况，加强机非隔离带地面标志线及增设花箱，并保证自行车道单边双向或单向宽度不小于2.5m，进行机动车和自行车分流（图4-8-15）。
- 中关村站地铁出入口及周边自行车停车场改造设计：现状地铁站周边自行车停车场较少，导致车辆随意停放现象严重，阻碍了公交和轨道站点出入口的正常通行，影响了城市形象；可通过在紧邻公交、轨道站点周边的闲置空地上重新规划自行车停车场，补充休息、便民设施，恢复城市环境和秩序（图4-8-16）。

图4-8-15 中关村西区自行车道改造前后对比，左为改造前照片，右为改造后现场照片
来源：张然 摄

图4-8-16 中关村站地铁入口及周边自行车停车场改造前后对比，左为改造前照片，右为改造后效果图
来源：左图，张然 摄/右图，北京市建筑设计研究院有限公司提供

伦敦边缘区步行和骑行道路空间连续、可达性好，因此该地区科创人才选择步行和骑车的出行比例很高，尤其是在科学城的西南地区，这样便于人才的面对面交流。但在有些地方骑行空间质量不佳，尤其是在关键节点和重要目的地之间，并且缺少良好的标识。因此，通过建立完善高效且覆盖范围广的步行/骑行网络，改善本地与伦敦其他地区和主要交通枢纽的联系，使骑行者可以方便前往伦敦东部或中部地区。①

现状

● 伦敦边缘区是伦敦骑车上班率最高的城市，良好的步行和骑行环境，充满活力的街道，使这里成为一个有吸引力的生活和工作的地方。

具体措施

● 在伦敦边缘区步行和骑行道路的关键节点上设置清晰的标识，便于出行者找到这些重要地点（图4-8-17）。

● 尝试低成本的临时改善，如创建非正式的"可逆"的新城市生活空间，通过引入植物和座椅，将闲置停车场转换为新的公共空间和广场（图4-8-18）。

图4-8-17 伦敦边缘区人行道现状（上、下）
来源：张然 摄

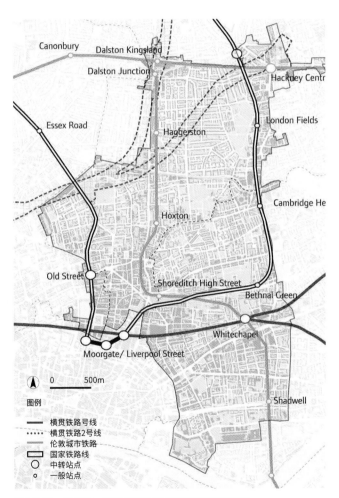

图4-8-18 现有的、建设中和规划中的公共交通线路图
来源：作者改绘，底图来自"City Fringe Opportunity Area Planning Framework（Dec 2015）"

①Mayor of London．Mayor's Transport Strategy[R/OL]. 2013.

4.9 管理机制 Mechanism of Management
总述 General Statement

管理机制是指科学城管理系统的结构及其运行机理，是保障科学城建设目标得以实现的政策措施和手段。本节主要对比特殊政策区和管理组织架构两个方面。

不同点

- 特殊政策区：中关村核心区一般由政府出专项资金支持科创企业发展，伦敦边缘区的政府偶尔提供一些微不足道的企业资助，更多的是为科创人才和企业提供平台资源或税收优惠支持，大部分资助通过销售、个人投资、科研补助、银行贷款和风险资本获得。
- 管理组织架构：伦敦边缘区的建立，政府所起到的直接作用很小，只有当市长意识到这个领域的重要性，才会通过编制政策性文件给予支持和引导；而中关村核心区以政府为主导制定有法律效力的规划和管控措施，企业和公众配合执行。

借鉴性

- 特殊政策区：政府宜通过激励手段积极引导科学城发展。例如，依据市场需求，通过设立丰富多元的特殊政策区域，实施政策和金融等鼓励措施，为科学城的发展注入市场活力，营造良好的创新创业环境；对关键产业、企业、人才等，给予针对性的政策支持，做到精准施策。
- 管理组织架构：科学城的建设离不开政府、关键企业和科创人才的大力支持，在编制科学城规划和相关规划中，应充分鼓励公众参与，征求多方意见和建议，从而提升科创人才的获得感、参与度和奉献精神。

图4-9-1 中关村核心区夜景鸟瞰效果
来源：北京市建筑设计研究院有限公司提供

The management mechanism refers to the structure and operation mechanism of the management system. It is the policy measure and means to guarantee the realization of the goal of science city construction. This section mainly compares two aspects: Zone for Distinctive Policy, Architecture for Management Organization.

Differences

- Zone for distinctive policy: In Zhongguancun Core Area, the development of the S&T innovation enterprises is supported by the government with special funds. However, the enterprise supports from the government in London center or local governments are negligible, while, most of the time, the governments support platform resources or preferential taxation assists for these creative scientists, engineers and enterprises. Besides, private enterprises obtain most of the financial supports from sales, personal investment, scientific research subsidies, bank loans and risk capitals.
- Architecture for management organization: The direction functions of London's government on the establishment of the S&T area and the Mayor will only provide supports and guide the preparation of the policy documents when being aware of the significance of this field. However, the effectual planning and control measures for Zhongguancun Core Area are prepared mainly under the guidance of the government, cooperated and enforced by enterprises and the public.

References

- Zone for distinctive policy: The government should positively lead the development of the science city through the motivation means, such as the implementation of policies and financial measures and other incentives, through the establishment of multiple and diversified zone for distinctive policy, to energize the market of the science city and create the good innovative business circumstance. Besides, the government should also provide corresponding policy support for key industries, enterprises and talents for accurate implementation of policies.
- Architecture for management organization: The establishment of the science city cannot be separated from the strong supports of governments, key industries, enterprises and talents. During the preparation of the science city planning and other planning, it is required to thoroughly encourage the public to participate in the system and ask for opinions and suggestions from several parties, thus promoting the sense of gain and participation and spirit of utter devotion of innovative talents of science and technology here.

图4-9-2 伦敦边缘区及周边地区夜景鸟瞰
来源：李艾桦 摄

特殊政策区 Special Policy Area

中关村科技园管委会出台"中关村高新技术企业（简称"村高新"）"的政策管理制度，鼓励科技企业入驻中关村核心区等北京科技创新集聚区（图4-9-3）。

- 在"村高新"的政策范围内的高新技术企业和人才可享受一系列优惠政策[1]，例如：创新研发政策（中小企业引导发展资金、科研转化提质资金、"高精尖"产业发展资金等），人才支持政策（"创新合伙人"专项资金、"海英计划"、院士专家工作站建设等），基金政策（海淀创新基金、空间更新基金等），以及配套服务政策（人才公寓、国际学校、卫生服务站）等[2]，中关村核心区大部分被划入该范围（图4-9-3 黄色区域）[3]。

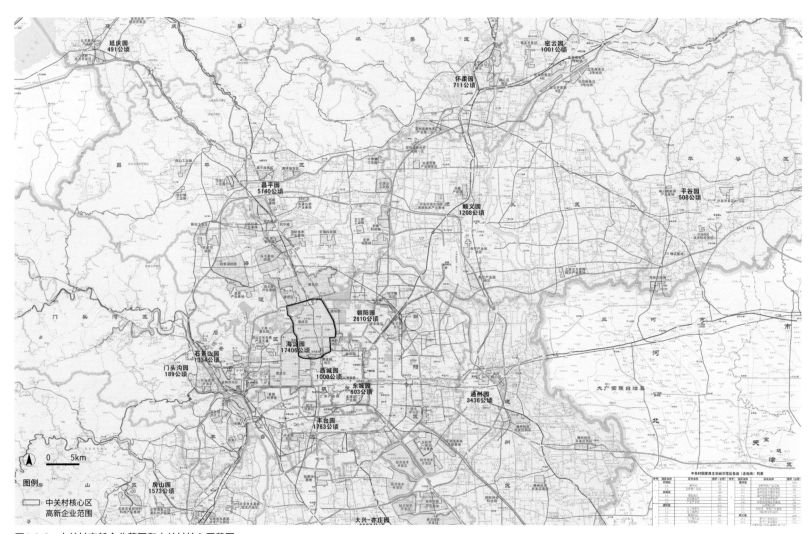

图4-9-3　中关村高新企业范围和中关村核心区范围
来源：底图来自中关村国家自主创新示范区管理委员会发布"示范区概况"

①中关村科技园区管理委员会. 中关村高新技术企业库管理办法（试行）（中科园发〔2018〕55号）[R/OL]. 2018.
②海淀区工商联. 关于进一步加快推进中关村科学城建设的若干措施[R/OL]. 2018.
③中关村国家自主创新示范区管理委员会官方网站. http://zgcgw.beijing.gov.cn/?adfwkey=kig60.

为鼓励科技企业入驻伦敦边缘区，政府划定了一系列特殊政策区域①。

- "优先就业用地区"（Priority Employment Area），是指在伦敦边缘区内优先保障就业空间的地区，任何导致办公楼宇面积减少的发展建议（包括翻新、拆卸及重建工程）都会被拒绝，任何发展建议（包括翻新、拆卸及重建工程）都应提供尽可能多的办公空间②。

- 此外，伦敦政府还制定了《夜间经济活跃集群(NTE)指导手册》（*Culture and the Night-Time Economy, Supplementary Planning Guidance*），在伦敦边缘区内划定了5片具有战略重要性的"夜间经济活动中心"，鼓励通过土地的混合利用方式，将区域内独立的小商店、酒吧、咖啡馆、餐馆和街市融入非正式交流网络中，为科技公司吸引青年科创人才，从而提升该地区休闲娱乐和夜间活动，激发区域经济活力（图4-9-4、图4-9-5）③。

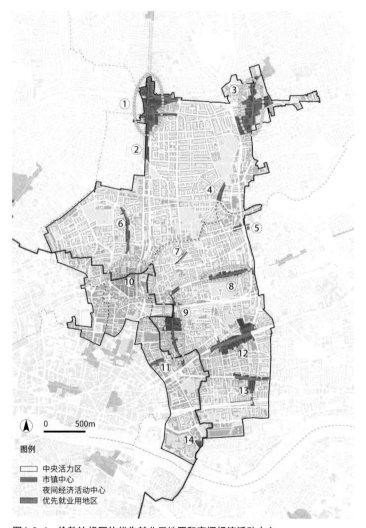

图例
- □ 中央活力区
- ■ 市镇中心
- ▨ 夜间经济活动中心
- ▨ 优先就业用地区

0   500m

图4-9-4　伦敦边缘区的优先就业用地区和夜间经济活动中心
来源：作者改绘，资料来自"City Fringe Opportunity Area Planning Framework（Dec 2015）"

图4-9-5　夜间经济活跃集群（NTE）指导手册③

---

① 大伦敦市政府官方网站．http://www.london.gov.uk/.
② Mayor of London. City Fringe Opportunity Area Planning Framework（Dec 2015）[R/OL]. 2015.
③ Mayor of London. Culture and the Night-time Economy，supplementary planning guidance（Nov 2017）[R/OL]. 2017.

管理机构 Management Agency

中关村核心区是中关村科学城、海淀区的重要组成部分，受两个区域的管理机构和相关规划政策的管理，没有专门针对中关村核心区的管理机构和专门的规划。管理机构主要有中关村科学城管委会、中关村科技园区海淀园管理委员会（简称海淀园管委会）、中共北京市海淀区委海淀园工作委员会（简称区委海淀园工委）和海淀区委、区政府。主要遵循《海淀分区规划（2017年—2035年）》《中关村科学城规划》（尚未正式发布[①]）等上位规划和政策。

中关村科学城管委会，管理整个中关村科学城。主要职责如下[②]：
- 根据市政府授权，组织编制中关村科学城各项规划。
- 研究提出吸纳和集聚创新要素资源、打造创新创业集群的政策措施。
- 负责培育和发展科技创新企业，推动高端高新产业发展工作。
- 推进园区管理和服务体制创新，强化园区管理及服务功能，推进投融资、产权、中介等市场要素和体系建设。
- 协调推动重点工程、特色产业基地建设，服务重大项目落地。
- 根据授权在中关村科学城规划范围内行使有关市场管理权限。

中关村科技园区海淀园管理委员会（简称海淀园管委会）、中共北京市海淀区委海淀园工作委员会（简称区委海淀园工委），管理海淀区范围内的中关村科学城。主要职责如下[②]：
- 海淀园管委会为区政府统一领导协调中关村科技园区海淀园建设管理工作和区科学技术工作的工作部门，与北京市海淀区科学技术委员会（简称区科委）合署办公。
- 区委海淀园工委是负责园区企业党建工作和机关党建工作的区委派出机构，与海淀园管委会（区科委）合署办公。

海淀区委、区政府管理海淀区，与中关村科学城相关的主要职责如下[②]：
- 会同北京市自然资源主管部门编制《海淀分区规划（2017年—2035年）》；
- 负责颁布支持中关村科学城创新发展的政策：如《关于加快推进中关村科学城建设的若干措施》，即"海淀创新发展16条"，推动中关村科学城建设。

图4-9-6　中关村核心区公共空间景观
来源：张然 摄

① 海淀区政府官方网站．http://www.bjhd.gov.cn/hdy/mtbd/cxqd/201810/t20181027_3880687.htm．
② 海淀区政府官方网站．http://zyk.bjhd.gov.cn/xxgkzl/zdgk/jgjj/sydw/hdygwh_59842/．

伦敦边缘区地跨伊斯灵顿、陶尔哈姆莱茨和哈克尼三个自治市，没有统一的管理机构、有专门的规划。管理机构主要有大伦敦政府、各个自治市政府，它们合作编制《城市边缘区机遇区规划框架》，是推动该区域经济社会发展的策略性文件；各自治市分别设置自治市策略理事会（Strategy Board），负责管辖各自行政范围内的各项事务[1]。

大伦敦政府和三个自治市主要职责如下：

● 共同制定《城市边缘区机遇区规划框架》，在制定文件期间，大伦敦政府和伦敦边缘区各行政区协调相关战略和投资决策，例如，协调法定和非法定规划文件（如伦敦规划、CFOAPF、总体规划、区域行动计划、补充规划文件、最佳实践指导和设计大纲等），协调自治市基础设施研究和伦敦规划基础设施计划。

● 在一些问题上进行合作，例如，申请豁免新批准的发展规则、规划权限的实施、确保规划申请符合所有相关的规划政策等。

● 努力与当地社区、公营机构伙伴和更广泛的商业团体建立有效的联系，并与投资者、土地所有者和开发商合作，讨论伦敦边缘区的未来。

● 强制购买土地，并在必要时提供全面的再开发和基础设施，对于难以通过私下协商的土地非常有用。

自治市策略理事会，每个自治市下设一个理事会，由市长担任主席，成员包括大伦敦政府、其他自治市策略理事会、伦敦交通局和所有对该区有重大发展兴趣的机构的高级代表。主要职责如下：

● 由于各自治市远景规划（Vision）与《城市边缘区机遇区规划框架》的许多目标相同，因此该理事会负责提供一个合作论坛，每季度召开1次会议，作用是监督自治市远景规划的实施，共同实现战略和本地目标。

● 通过与技术工作组合作的方式，为详细考虑如何调整交付以造福现有社区，以及解决持续贫困和获得新的就业和培训机会，提供解决问题的可能性。

技术工作组，由来自公共部门各利益攸关方的技术官员以及大学、信托基金等的高级别代表组成。主要职责如下：

● 为自治市策略理事会提供技术支持。例如"生命科学工作组"，塑造并协助白教堂生命科学校园的交付。

● 该小组直接向自治市策略理事会报告，并同时向合作组织的首席执行官报告，以确保所有关键决策者都得到充分的信息。

图4-9-7 伦敦边缘区公共空间景观
来源：张然 摄

①Mayor of London. City Fringe Opportunity Area Planning Framework（Dec 2015）[R/OL]. 2015.

4.10 北京未来展望　Beijing's Future Prospects

科技创新功能是经济社会发展的主导力量[①]。北京和伦敦同样有着建设国际科技创新中心的历史使命，即便两个城市在政策、文化和体制方面差异巨大，但对于科学城案例来说，伦敦边缘区在发展模式、功能构成、空间布局、风貌管控、建筑更新、公共空间和管理机制方面，都有供中关村核心区学习借鉴的做法，为创新产业的孕育发展提供优质环境。

- 发展模式方面：由"土地功能划分明确"到"土地功能混合利用"。为科学城提供高密度、混合用途的发展政策和计划建议，这类计划应寻求提供商业、文化和休闲用途的均衡组合而不是替代，从而使生活空间与生产空间的密度相协调，支持科学城可持续发展。
- 产业定位方面：可加速推进北京科技产业形成统一分类标准，可以将目前已有的高技术制造业、高技术服务业和高精尖产业等进行产业标准整合，形成细化的科技创新产业分类。这样有助于各行各业进行数据统计，为产业发展、政策制定等提供精确的数据支持；可从主导"高精尖技术"发展模式到"文化创意+科技创新"混合发展模式。从产业发展看，文化创意与科技融合，能相互促进产业升级、催生新的商业模式和新产品；从就业人群需求看，文化创意与科技领域人才有相似的生活方式、创新氛围需求，能相互吸引集聚。
- 功能构成方面：在科学城更新提升的过程中，根据产业发展需要，适度调整科技创新功能用地和居住用地比重；由"单一产业功能"布局到"多点协作网络化"布局。需要以不损害该地区特色的方式进行管理，从而保障休闲、零售和夜间经济等配套用途的持续供应，例如：发展小型独立商贸和闪客零售，不仅可以提供临时活动场地，也为提供新的就业岗位创造机会，从而减少土地价格增长的压力，持续提升科学城对企业和居民的吸引力。
- 空间布局方面：坚持以交通为导向的产业集群布局；坚持集中布局科技创新核心功能，分散布局科技创新配套服务设施功能的发展模式。
- 建筑更新方面：由"大型、分隔、独立"走向"小型、混合、共享"的建筑复合模式，借鉴伦敦边缘区，在科技创新办公空间中植入商铺、餐饮、咖啡馆等，使科创产业带动相关配套产业以及文化创意产业，从而促进科创人才充分进行非正式交流。
- 公共空间方面：由"闲置、割裂、封闭"到"宜人、融合、开放"，将一切可以利用的空间打造成"社交空间"。一方面，挖掘存量空间、鼓励二级地块内公共空间开放，创造不同尺度和不同功能类型的公共空间，串联成完整的公共空间体系；另一方面，通过分时段的活动、设施安排，满足白天上班族、夜晚居住者的使用需求，让公共空间全天候保持活力。
- 管理机制方面：从"政府管控、市场配合"走向"市场自发、政府引导"。例如：伦敦边缘区的政府基本只在道路管理和限制房改住方面稍加干预，多数采取引导性管控方式，如为企业入驻提供鼓励政策，并对混合土地利用模式持肯定态度等，从而促成科技企业和科创人才进驻，形成良好的集聚效应。

---

①侯聃. 北京市主要科技指标的分析与思考[J]. 科技管理研究，2010，30（004）.

北京与伦敦科技创新、中关村核心区和伦敦边缘区发展关键指标现状数据汇总　　　　表4-10-1

项目	指标	北京			伦敦		
		全市	中关村核心区	年份	全市	伦敦边缘区	年份
产业	经济总量	8630（亿元）	—	2019	228（百万英镑）	—	2015
	科学研究和技术服务业产值在总产值中占比（%）	23	—	2015	56	—	2015
	科学研究和技术服务业就业人口（万人）	333	—	2018	70	5	2015
功能	大学数量（所）	81	27	2021	55	—	2021
	世界排名前100大学数量（所）	4	3	2021	4	2	2021
	科研机构（所）	30	—	2021	42	—	2014
	科学研究和技术服务业研发人口（万人）	111	9	2017	—	—	—
	世界级科研人员（人）	100	—	2018	4500	—	2018
	科研转化率（%）	25	—	2018	80	—	2018
	国际认可专利（件）	3012	—	2018	18000	—	2018
	孵化器（家）	—	67（占北京市70%）	2018	—	50	2018
	独角兽企业（家）	约70	34（占全中国1/4）	2017	—	占全英1/3	2015
	国家级高新技术企业（家）	29000	—	2021	90000~95000	3000	2015
空间	区域面积（km²）	16410	75	2020	1572	9	2020
	居住用地占比（%）	—	27	2020	—	25	2020
	道路用地占比（%）	—	13	2020	—	14	2020
	高校和科研院所用地占比（%）	—	32	2020	—	45	2020
	工业仓储用地占比（%）	—	0	2020	—	0	2020
	商贸金融用地占比（%）	—	6	2020	—	6	2020
	行政、文体卫生用地占比（%）	—	6	2020	—	0	2020
	生态用地占比（%）	—	16	2020	—	10	2020

参考文献
Reference

城市总体规划

[1] 唐子来. 英国的城市规划体系[J]. 国外规划研究，1999，23(8).

[2] 全国科学技术名词审定委员会公布. 城乡规划学名词[M]. 北京：科学出版社，2021.

[3] 全国人民代表大会常务委员会. 中华人民共和国城乡规划法（2019年修订版）[R/OL]. 2019.

[4] 国家统计局 . 第七次全国人口普查公报（第七号）[Z]. （2021-05-11）[2021-07-20]. http://www.stats.gov.cn/tjsj/tjgb/rkpcgb/qgrkpcgb/202106/t20210628_1818826.htm.

[5] 李德华. 城市规划原理（第三版）[M]. 北京：中国建筑工业出版社，2001.

[6] Greater London Authority. The London Plan 2021[R/OL]. 2021-3.

[7] 国家发展和改革委员会. 6月份定时定主题新闻发布会[EB/OL]. [2019-06-17]. http://www.gov.cn/xinwen/2019–06/17/content_5401036.htm.

[8] 王飞，石晓东，郑皓，伍毅敏. 回答一个核心问题，把握十个关系——《北京城市总体规划（2016年—2035年）》的转型探索[J]. 城市规划，2017，41(11).

[9] 北京建设史书编辑委员会. 建国以来的北京城市建设资料 [R]. 1987.

[10] 李东泉，韩光辉. 1949年以来北京城市规划与城市发展的关系探析——以1949—2004年间的北京城市总体规划为例[J]. 北京社会科学，2013，4(05).

[11] 王凯. 我国城市规划五十年指导思想的变迁及影响[J]. 规划师，1999，4(04).

[12] 和朝东. 辉煌70年|北京规划建设70年历程回顾与思考[Z]. 中国城市规划微信公众号，2019.

[13] 北京市规划展览馆. 北京城市总体规划（2016年—2035年）成果展[Z]. 2018.

[14] 中国共产党北京市委员会，北京市人民政府. 北京城市总体规划（2016年—2035年）[R/OL]. (2017-09-29) [2020-10-10].

[15] 何丹，谭会慧. "规划更美好的伦敦"——新一轮伦敦规划的评述及启示[J]. 国际城市规划，2010，25(04).

[16] 罗超，王国恩，孙靓雯. 从土地利用规划到空间规划：英国规划体系的演进[J]. 国际城市规划，2017，32(04).

[17] 中共中央 国务院. 关于建立国土空间规划体系并监督实施的若干意见（2019）(中发〔2019〕18号) [R/OL]. 2019.

[18] 徐杰，周洋岑，姚梓阳. 英国空间规划体系运行机制及其对中国的启示[C]. 2016年中国城市规划年会论文集，2016.

[19] 王金岩. 空间规划体系论——模式解析与框架重构[M]. 南京：东南大学出版社，2010.

[20] 北京市规划和自然资源委员会. 一图读懂 北京国土空间规划体系[EB/OL]. 北京市规划和自然资源委员会，2020.

[21]　郝庆. 对机构改革背景下空间规划体系构建的思考[J]. 地理研究，2018，37(10):1938-1946.

[22]　高捷. 英国用地分类体系的构成特征及其启示[J]. 国际城市规划，2012，27(06).

[23]　Mayor of London. The Mayor's Economic Development Strategy for London.2018.

[24]　GOV.UK .National Planning Policy Framework 2019[R/OL]．2019.

[25]　刘玲玲，周天勇. 对城市规模理论的再认识[J]. 经济经纬，2006(1).

[26]　陈义勇，刘涛. 北京城市总体规划中人口规模预测的反思与启示[J]. 规划师，2015(10).

[27]　兜森崇志，奥冈桂次郎，白川博章，谷川寛樹. 環境と経済からみた最適都市規模に関する研究 [J]. 土木学会中部支部研究，2011(03).

[28]　北京市统计局. 北京市第七次全国人口普查主要数据情况[R]．2021.

[29]　北京市统计局，国家统计局北京调查总队. 北京区域统计年鉴2020[M]．北京：中国统计出版社．2021.

[30]　北京市统计局，国家统计局北京调查总队. 北京统计年鉴2020[M]．北京：中国统计出版社．2021.

[31]　国土资源部. 第二次全国土地调查缩编数据成果. 北京市土地利用图. 土地调查成果共享应用服务平台 . http://tddc.mnr.gov.cn/to_Login [EB/OL]．2015.

[32]　The GeoInformation Group，UK Map 2015.

[33]　戴雄赐. 英国紧凑城市政策历程回顾与近期展望[J]. 世界建筑，2016(3).

[34]　住房和城乡建设部. 2019年城乡建设统计年鉴[R]．2020.

[35]　金善雄，张男钟. 图示世界大都市建设情况比较(4)：城市规划与发展[Z]. 城市规划云平台(cityif)，2017.

[36]　GOV.UK. Land Use Generalised Land Use Database 2005[R/OL]．2007.

[37]　钱铭. 北京市区城市规划布局的重大变革——分散集团式布局[M]//北京市城市规划委员会. 岁月回响——首都城市规划视野60年纪事．2009.

[38]　The UK Law Commission. The County of London Plan (1943)[R/OL]．1943.

[39]　杨明，周乐，张朝晖，廖正昕. 新阶段北京城市空间布局的战略思考[J]. 城市规划，2017，41(11).

[40]　日本森纪念基金会. 城市战略研究所 . 全球城市综合实力排名 2020 （Global Power City Index—2020.GPCI)[R]．2021.

[41]　国家统计局. 国家统计局关于2019年国内生产总值（GDP）最终核实的公告[R/OL]．2020.

[42]　GLA ECONOMICS.Regional，Sub-regional and Local Gross Value Added Estimates for London，1997-2016[R]．2018.

[43] Greater London Authority.The Mayor's Economic Development Strategy for London[R]．2018.

[44] London Datastore. London Workplace Zone Classification[EB/OL]．2011.http://data.London.gov.uk/cencus/lwzc/visualization-tool/.

[45] 新华社记者专访故宫博物院院长单霁翔．"三山五园"与北京老城相映成[EB/OL]．新华网，2017．

[46] 杨丽霞．英国文化遗产保护管理制度发展简史（上）[J]．中国文物科学研究，2011(4): 84-87.

[47] 张松．历史文化名城保护制度建设再议[J]．城市规划，2011，35(01).

[48] Greater London Authority .London guide to the world heritage environment（伦敦世界遗产环境指南）[R/OL]．2012.

[49] 北京市规划和自然资源委员会．北京第五立面和景观眺望系统城市设计导则[R/OL]．2020.

[50] Greater London Authority. London View Management Framework supplementary planning guidance[R/OL]．2012-3.

[51] 王卉，谭纵波，刘健．英国伦敦地区建筑高度控制探析[J]．国际城市规划，2018，33(5).

[52] Greater London Authority.The All London Green Grid [R/OL]. 2012.

[53] 毛保华，郭继孚，陈金川．北京城市交通发展的历史思考[J]．交通运输系统工程与信息，2008(06).

[54] 周正宇，等．北京市交通拥堵成因分析与对策研究[M]．北京：人民交通出版社，2019.

[55] 北京交通发展研究院．2020年北京市交通年度报告[R]．2020.

[56] Greater London Authority.Mayor's Transport Strategy[R]．2018.

[57] 王如昀．国际观察079｜伦敦·北京双城记之四：公共交通优先战略[Z]．城市规划云平台(cityif)，2019.

[58] 尹欣彤．我国城市轨道交通发展现状与对策研究 [R]．理论研究，2017(8).

[59] 北京市交通委员会．第五次北京城市交通综合调查总报告[R]．2020.

[60] 伦敦交通局．cis201303 commuters chara.cteristics(CIS2013-03通勤者特性)[R]．2017.

[61] 北京市交通委员会．北京市地面公交线网总体规划（草案)[R]．2020.

[62] 刘明君，朱锦，毛保华．伦敦拥堵收费政策、效果与启示 [J]．交通运输系统工程与信息，2011(06).

[63] 北京各区房价走势[Z]．公众号北京房地产观澜，2020.

[64] 戴亦殊，严雅琦．福利与市场之间——苏黎世住房合作社经验及对中国的启示[J]．国际城市规划，2021(04).

[65] 任泽平．全球房价大趋势[J]．新浪财经专栏，2019(02).

[66] 伦敦政府网住房数据．https://data.london.gov.uk.

[67] Office for National Statistics .Ratio of house price to residence——based earnings (lower quartile and median)[R/OL]. 2002.

[68] 王继峰，等．大伦敦职住空间关系及通勤交通研究[J]．综合运输，2017(39).

[69] Greater London Authority.The Mayor's Transport Strategy[R]．2018.

[70] 北京交通发展研究院．北京市通勤出行特征2020[R]．2020.

[71] 联合国环境规划署．北京二十年大气污染治理历程与展望[R]．2019.

[72] 中国清洁空气联盟．空气污染治理国际经验介绍之伦敦烟雾治理历程[R]．2013.

[73] 北京市生态环境局官方微博．2019年北京市PM$_{2.5}$年均浓度42微克/立方米[R/OL]．2020.

[74] 石晓东．北京国土空间规划体系构建的实践与思考[Z]．中国城市规划微信号，2019.

[75] 杨浚，边雪．从规划编制到实施监督的贯通与协同——兼论北京国土空间规划体系的构建[J]．北京规划建设，2019(07).

[76] 杜坤，田莉．城市战略规划的实施框架与内容：来自伦敦实施规划的启示[J]．国际城市规划，2016(08).

[77] 邢琰，成子怡．伦敦都市圈规划管理经验[J]．前线，2018(03).

[78] 周姝天，翟国方，等．英国空间规划经验及其对我国的启示[J]．国际城市规划，2017，32(4).

[79] 武毅敏，杨明，彭柯，等．年度体检评估推动空间规划有序实施——新版北京总体规划实施评估的实践探索[Z]．中国国土空间规划微信号，2019.

[80] 重庆市规划院．北京市国土空间规划实施评估与监测预警新动态[Z]．规划和自然资源前沿观察微信号，2019.

[81] Greater London Authority.LONDON PLAN ANNUAL MONITORING REPORT 14 2016/17[R/OL]. 2018.

首都功能核心区

[1]　彭兴业．首都城市功能研究[M]．北京：北京大学出版社，2000.

[2]　中国共产党北京市委员会，北京市人民政府．首都功能核心区控制性详细规划（街区层面）（2018年—2035年）[R/OL]．（2020-08-30）[2020-10-10].

[3]　Greater London Authority. The London Plan 2021 [R/OL]．2021-3.

[4]　Mayor of London. Central Activities Zone Supplementary Planning Guidance 2016 [R/OL]．2016-3.

[5]　中共中央 国务院．关于对《首都功能核心区控制性详细规划（街区层面）（2018年—2035年）》的批复[EB/OL]．新华社．2020-08-27.

[6]　丁薛祥讲话 蔡奇主持．首都规划建设委员会召开全体会议[N/OL]．人民日报．2020-09-05, 04.

[7]　北京市第十五届人民代表大会第四次会议．关于北京市国民经济和社会发展第十四个五年规划和二〇三五年远景目标纲要的决议 [N/OL]．北京日报．2021-01-28.

[8]　本书编委会．中国传统建筑解析与传承——北京卷[M]．北京：中国建筑工业出版社，2020.

[9]　(英)阿克罗伊德(Ackroyd，P.).伦敦传[M]．南京：译林出版社，2016.

[10] 苑颖．北京旧城功能布局演变及动因分析[D]．北京：首都经济贸易大学，2010.

[11] 北京市民政局，北京市测绘设计研究院．北京市行政区划图志（1949年—2006年）[M]．北京：中国旅游出版社，2007.

[12] 刘欣葵，等．首都体制下的北京规划建设管理[M]．北京：中国建筑工业出版社，2009.

[13] 薛凤旋，刘欣葵．北京——由传统国都到中国式世界城市[M]．北京：社会科学文献出版社，2014.

[14] 中国共产党北京市委员会，北京市人民政府．关于区县功能定位及评价指标的指导意见 [R/OL]．（2005-05-30）[2020-10-10].

[15] 埃塞尔斯坦 [Z/OL]．百度百科．2021-04-16.

[16] 刘岩岩．1666年伦敦大火之后的城市重建问题研究[D]．曲阜：曲阜师范大学，2019.

[17] 白帆．伦敦国际金融中心的形成、发展及启示[D]．北京：对外经济贸易大学，2014.

[18] 陆伟芳．分散与集中的博弈：伦敦城市政府构建[J]．都市文化研究，2012(01)：200-215.

[19] 杨丹．基于商务与商业空间活跃度的上海城市中央活动区区域识别研究[D]．上海：上海师范大学，2017.

[20] 中国共产党北京市委员会，北京市人民政府．北京城市总体规划（2016年—2035年）[R/OL]．（2017-09-29）[2020-10-10].

[21] 北京市规划和自然资源委员会．关于发布《建设项目规划使用性质正面和负面清单》的通知（市规划国土发〔2018〕88号）[EB/OL]．2018-03-18.

[22] 庄北宁．英国政府欲大幅搬离伦敦中心[N/OL]．人民网．2014-10-05.

[23] 北京市统计局，北京市第四次全国经济普查领导小组办公室．北京市第四次全国经济普查主要数据公报[R/OL]．2020-03-30.

[24] 北京市西城区第四次全国经济普查领导小组办公室，北京市西城区统计局，北京市西城区经济社会调查队．北京市西城区第四次全国经济普查主要数据公报 [R/OL]．2020-04-16.

[25] 北京市东城区统计局，北京市东城区经济社会调查队，北京市东城区第四次全国经济普查领导小组办公室．北京市东城区第四次全国经济普查主要数据公报 [R/OL]．2020-04-17.

[26] Mayor of London. Work and life in the Central Activities Zone，northern part of the Isle of Dogs and their fringes 2015 [R/OL]．2015-8.

[27] 北京市统计局．北京区域统计年鉴2020[R/OL]．2021.

[28] Camden. Draft Euston Planning Brief [R/OL]．2020-1.

[29] 北京市规划和自然资源委员会．北京历史文化街区风貌保护与更新设计导则[R/OL]．2019-03.

[30] Mayor of London. London View Management Framework Supplementary Planning Guidance 2012 [R/OL]．2012-3.

[31] 北京市方志馆．中南海让出来的文津街[N/OL]．北京市住房和城乡建设委员会官网．2018-07-30.

[32] 伦敦街头张灯结彩迎接习近平访英[N/OL]．腾讯新闻．2015-10-19.

[33] 董光器．古都北京五十年演变录[M]．南京：东南大学出版社，2006.

[34] 陈佳．天安门广场百年进化史[Z/OL]．人民政协网．2015-12-09.

[35] 于丹阳，杨震．案例实践 | 英国城市设计与城市复兴【连载】③伦敦特拉法加广场历史公共空间的活力重塑[N/OL]．《国际城市规划》公众号．2019-08-08.

[36] 侯山．行政办公建筑更新改造研究[D]．合肥：安徽建筑大学，2017.

[37] 国际金融地产联盟．2018中英城市更新及存量改造白皮书[R/OL]．2018-01-19.

[38] 王会聪．70年来首次大规模整修！英国拟用10年斥资35亿修议会大厦[Z/OL]．环球网．2018-02-02.

[39] 沈海滨．世界上最有名地址——唐宁街10号[J]．世界文化，2014(04):46-48.

[40] 信莲．英首相花高价装修官邸 被要求公开修缮费用详情[Z/OL]．中国日报网．2011-11-08.

[41] 北京市规划和自然资源委员会．《北京街道更新治理城市设计导则》[R/OL]．2020-07 .

[42] Transport for London. Streetscape Guidance 2009: A Guide to Better London Streets[R/OL]．2009.

[43] 王如昀．国际观察079 | 伦敦 · 北京双城记之四：公共交通优先战略[Z/OL]．城市规划云平台（cityif）．2019-07.

[44] 北京市交通委员会，北京交通发展研究中心．第五次北京城市交通综合调查总报告[R/OL]．2016-06.

[45] 北京交通发展研究院．2020年北京市交通年度报告[R/OL]．2020-07.

[46] Transport for London. Mayor's Transport Strategy 2018 [R/OL]．2018-03.

[47] Transport for London. The Walking Action Plan 2018 [R/OL]．2018-07.

[48] Transport for London. Healthy Streets for London: Prioritising Walking，Cycling and Public Transport to Create a Healthy City [R/OL]．2017.

[49] 北京市东城区交通委员会．南锣鼓巷历史文化街区机动车停车规划[R/OL]．2019-06.

[50] 北京市规划和自然资源委员会．DB11/T 1813—2020 公共建筑机动车停车配建指标[S/OL]．2021-04-01.

[51] 李瑶，邓伟．为大社区居民停车找地儿，北京东城两处立体停车场开建[Z/OL]．长安街知事公众号．2021-04-01.

[52] 北京市安全生产委员会．北京市城市安全风险评估三年工作方案（2019年—2021年）[R/OL]．2019-05.

[53] 余浩昌．西方城市重点地区城市防恐空间设计方法与理论综述[D]．2015.

[54] 一图读懂：首都功能核心区控规[N/OL]．北京市规划和自然资源委员会．2020-08-30.

[55] 首都功能核心区控规工作专班．《首都功能核心区控制性详细规划（街区层面）（2018年—2035年）》解读[R]．2020-11.

[56] 东城区委书记夏林茂．高标准、精细化落实好首都功能核心区控规[N/OL]．北京市规划和自然资源委员会．2020-08-30.

[57] 马祖琦．伦敦大都市管理体制研究评述[J]．城市问题，2006(08):93-97，100.

[58] 陆伟芳．"首都公共事务委员会"与伦敦城市管理的现代化[J]．史学月刊，2010(05):69-75.

[59] 约翰 · 彭特．城市设计及英国城市复兴[M]．武汉：华中科技大学出版社，2016.

金融商务区

[1] 陈吉宁．2018金融街论坛年会 北京市市长陈吉宁讲话[R/OL]．人民网．(2018-05) [2021-06-17]．http://cpc.people.com.cn/n1/2018/0530/c117005-30022313.html.

[2] 北京市人民政府．北京城市总体规划（2016年—2035年）[R/OL]．(2017-09-29)[2020-10-10].

[3] 徐飞鹏，高枝．打造首都发展新的增长极，蔡奇 陈吉宁再次调研南部地区发展 [Z/OL]．识政公众号．2019-11-10.

[4] 北京丽泽金融商务区管理委员会．坚持一张蓝图绘到底 丽泽构建发展新格局[Z/OL]．北京丽泽公众号．2022-02-18.

[5] Canary Wharf Group.全面整合设计、开发、建设与管理[Z]．London，2016.

[6] 韩晓生．中央商务区的缘起及发展模式分析[J]．城市问题，2014(9):35-41.

[7]　王征．基于国内外发展经验的中央商务区构建问题探讨[J]．理论导刊，2017(05):32-34，38.

[8]　董光器．商务中心、金融中心、商业中心之间的区别与联系[J]．北京规划建设，2010(04):82-84.

[9]　中国科学技术委员会，中关村科技园区管理委员会．北京市促进金融科技发展规划（2018年—2022年）[R/OL]．(2017-11-09)[2021-06-17].

[10]　中华人民共和国中央人民政府．北京市国民经济和社会发展第十四个五年规划和二〇三五年远景目标纲要[R/OL]．(2020-11-03)[2021-06-17].

[11]　规划云行政区划下载．北京市行政区域界线基础地理底图（全市）[EB/OL]．(2021-05)[2021-06-17]．http://datav.aliyun.com/tools/atlas/index.html.

[12]　动点科技．从金融到金融科技，解构伦敦制胜之道[EB/OL]．(2021-02-03)[2021-06-17]．https://baijiahao.baidu.com/s?id=1690603002800295493&wfr=spider&for=pc.

[13]　May of London. The London Plan 2021 [R/OL]．(2021-03-2) [2021-06-17].

[14]　Department for International Trade. UK Fintech State of the Nation [R/OL]．(2019-05-15)[2021-06-17].

[15]　韩晶．伦敦金丝雀码头城市设计[J]．世界建筑导报，No.114(02):100-105.

[16]　蔡奇．北京市市委书记蔡奇就推动金融业高质量发展调查研究在金融工作座谈会中讲话 [R/OL]．千龙网．(2021-02-22) [2021-06-17]．http://beijing.qianlong.com/2019/1225/3471236.shtml?prolongation=1.

[17]　祁梦竹，范俊生．三环里新城看丽泽！蔡奇 陈吉宁调研丽泽金融商务区，要求打造"第二金融街"[Z/OL]．识政公众号．2021-06-06.

[18]　祁梦竹，范俊生．蔡奇用一天时间调研丰台，要求扎实推进城南行动计划，积极构建发展新格局[Z/OL]．识政公众号．2020-11-13.

[19]　金丝雀码头官网[OL]．https://canarywharf.com/.

[20]　北京丽泽金融商务区管理委员会．丽泽规划方案优化升级项目[R/OL]．（2019-10-17）[2021-06-17].

[21]　北京丽泽金融商务区管理委员会．丽泽金融商务区规划综合实施方案 [R/OL]．（2022-01）[2022-04-01].

[22]　新京报．首个央行数字货币应用场景落户丰台丽泽[EB/OL]．(2020-12-29) [2021-06-17]．https://baijiahao.baidu.com/s?id=1687385628334643388&wfr=spider&for=pc.

[23]　孔令斌．城市职住平衡的影响因素及改善对策[J]．城市交通，2013，11(06):1-4.

[24]　李乐．新版城市发展总体规划草案公示 北京未来酝酿"职住平衡"政策机制创新[EB/OL]．(2017-04-01)[2021-06-17]．http://www.cb.com.cn/difangjingji/2017_0401/1180180.html.

[25]　英国投资客．绿地英国重估"伦敦之巅"项目，金丝雀码头还值得投资吗？[EB/OL]．(2018-12-18)[2021-06-17]．https://www.sohu.com/a/282707290_627135.

[26]　Greater London Authority. Commuting in London[Z]．London，2014.

[27]　鲍其隽，姜耀明．城市中央商务区的混合使用与开发[J]．城市问题，2007(09):52-56.

[28]　周建华，林善浪，赖光真．CBD功能区规划设计：混合就是活力[J]．福建建设科技，2015(06):38-40.

[29]　崔宁．伦敦新金融区金丝雀码头项目对上海后世博开发机制的启示[J]．建筑施工，2012，34(02):85-88.

科学城

[1]　中共中央文献研究室．习近平关于科技创新论述摘编[M]．北京：中央文献出版社，2016.

[2]　中央经济工作会议在北京举行[N/OL]．人民日报．(2020-12-19) [2021-05-12].

[3]　中国共产党北京市委员会，北京市人民政府．北京市国民经济和社会发展第十四个五年规划和二〇三五年远景目标纲要[R]．北京，2021.

[4]　蔡奇．北京市委十二届十六次全会召开 市委书记蔡奇讲话[Z/OL]．人民网，2020.

[5]　谢飞．科技全球化对我国科学实力提升的影响与对策[J]．科技进步与对策，2010(11).

[6]　尹稚．科技创新功能空间规划规律研究[M]．北京：清华大学出版社，2018.

[7]　Castells M .Technopoles of the World: The Making of 21st Century Industrial Complexes[M]．2014.

[8] 美国布鲁金斯学会（Brookings Institution）对科学城的定义(2014). http://www.brookings.edu/.

[9] 联合国官方网站关于科学技术园区的定义. http://www.unesco.org/new/en/natural-sciences/science-technology/university-industry-partnerships/science-and-technology-park-governance/concept-and-definition/.

[10] Luger M I，Goldstein H A . Technology in the Garden: Research Parks and Regional Economic Development[J]. University of North Carolina Press，1991.

[11] 中国科协创新战略研究院. 布鲁金斯学会：一年后观察创新区的崛起[J]. 创新研究报告，2016(075).

[12] 杜德斌. 全球科技创新中心：世界趋势与中国的实践[J]. 科学，2018，070(006).

[13] Katz B，Wagner J . The Rise of Urban Innovation Districts[R]. Washington: Brookings Institution，2014.

[14] 杜德斌，段德忠. 全球科技创新中心的空间分布、发展类型及演化趋势[J]. 上海城市规划. 2015，000(001).

[15] Transport of London. Streetscape Guidance 2009: Executive Summary A guide to better London Streets [R/OL]. 2009.

[16] 北京市人民政府关于印发《北京市"十三五"时期现代产业发展和重点功能区建设规划》的通知[EB/OL]. 北京市人民政府公报，2017(10).

[17] 中国共产党北京市委员会，北京市人民政府. 北京城市总体规划（2016年—2035年）[R/OL]. (2017-09-29) [2020-05-12].

[18] Greater London Authority. The London Plan 2021[R/OL]. 2021.

[19] 中关村国家自主创新示范区管理委员会官方网站. http://zgcgw.beijing.gov.cn/?adfwkey=kig60.

[20] 北京市人民政府. 海淀分区规划（国土空间规划）（2017年—2035年）[R/OL]. (2020-02-14)[2020-07-22].

[21] Mayor of London. City Fringe Opportunity Area Planning Framework（Dec 2015）[R/OL]. 2015.

[22] 邓智团. 科技城经济活动扫描：伦敦的经验与启示[Z/OL]. 国际城市观察公众号，2018.

[23] 佚名. 全球知名区域科技创新中心[J]. 华东科技，2015(02).

[24] 许强. 关于"三城一区"建设发展情况的报告——2018年9月27日在北京市第十五届人民代表大会常务委员会第七次会议上[J]. 北京市人大常委会公报，2018，000(005).

[25] 习近平. 决胜全面建成小康社会 夺取新时代中国特色社会主义伟大胜利——在中国共产党第十九次全国代表大会上的报告[EB/OL]. 新华社. (2017-10-18) [2020-07-22].

[26] 苏杰芹，苏杰天，闫春红，等. 中关村科技园区发展现状及存在问题研究[J]. 绿色科技，2016(20).

[27] 申予荣. 1953年《改建与扩建北京市规划草案要点》编制始末[J]. 北京规划建设，2002(3).

[28] 中共中央 国务院. 关于《北京城市建设总体规划方案》的批复[EB/OL]. 中华人民共和国住房和城乡建设部. (1982-07-21)[2020-01-18].

[29] 王淦昌，王大珩，杨嘉墀，陈芳允，等. 中国高新技术研究发展计划纲要[R]. 1983.

[30] 孙洪铭. 新北京城市总体规划方案的奠基之作——北京市1958年城市总体规划方案编制纪事并以此献给建国55周年庆典[J]. 城市开发，2004(16).

[31] 北京城市总体规划(2004—2020年)[J]. 北京规划建设，2006(05).

[32] 明星. 中关村科学城建设16条创新举措[J]. 中关村，2018，No.178(03).

[33] 陈吉宁. 北京市政府工作报告[N/OL]. 北京日报. (2019-01-23)[2020-08-02].

[34] 国务院办公厅关于创建"中国制造2025"国家级示范区的通知[EB/OL]. 新华社. (2017-11-23)[2021-06-03].

[35] 北京市人民政府. 关于印发《关于新时代深化科技体制改革加快推进全国科技创新中心建设的若干政策措施》的通知[J]. 北京市人民政府公报，2019(43).

[36] 北京市科学技术委员会、中关村科技园区管理委员会官方网站——示范区概况http://zgcgw.beijing.gov.cn/zgc/gywm/index.html.

[37] 周奇. 北京市启动科技北京行动计划[N/OL]. 北京日报. (2009-02-24) [2021-05-12].

[38] 北京市人民政府. 关于印发《〈中国制造2025〉北京行动纲要》的通知[J]. 北京市人民政府公报，2015(48).

[39] 杨滔. 国际观察098 | 伦敦科创产业发展纵览[EB/OL]. 城市规划云平台(cityif).（2019-12-25）. [2020-10-31].

[40] 北京市人民政府. 北京市"十三五"时期高技术产业发展规划（京发改〔2016〕1944号）[R]. 2018.

[41] 陈吉宁. 北京市政府工作报告全文发布[N/OL]. 新京报. (2021-02-01)[2021-02-12].

[42] 鲍聪颖．北京推动高质量发展成绩亮眼[N/OL]．北京日报．(2020-03-02)[2020-05-22]．

[43] 北京市统计局．释放创新潜能驱动经济发展[Z/OL]．北京市投资促进服务中心．(2020-01-16)[2020-08-24]．

[44] GLA Economics.The science and technology category in London[R/OL]．2015．

[45] SQW and Trampoline Systems. Mapping London's Science and Technology Sectors——Final Report to the Greater London Authority[R/OL]．2015．

[46] 周文，刘璐．北京活力地区城市基调及多元化研究及应用——以中关村科学城为例[C]．2018中国城市规划年会，2018．

[47] 重磅发布：2021软科世界大学学术排名[EB/OL]．软科微信公众号．(2021-08-15)[2021-09-01]．

[48] 四大行进世界前十！2020福布斯全球企业2000强榜出炉[EB/OL]．新浪财经微信公众号．(2020-05-20)[2021-05-12]．

[49] 杨开忠，邓静．中关村科技园区空间布局研究[J]．城市规划汇刊，2001(01)．

[50] 任俊宇，袁晓辉．北京"创新城区"发展水平评价及建议[J]．北京规划建设，2018，No.180(03)．

[51] 阎彤．视觉盛宴！"海淀科技星光大道"灯光秀上演啦[N/OL]．北京日报．(2020-05-27)[2021-05-12]．

[52] 北京市建筑设计研究院有限公司．中关村大街节点城市设计导则[Z]．2019．

[53] 李紫临．基于建筑改造的众创空间设计[D]．北京：北京建筑大学，2017．

[54] Greater London Authority. Creating Artists' Workspace[R/OL]．2014．

[55] Mayor of London. Mayor's Transport Strategy[R/OL]．2013．

[56] 中关村科技园区管理委员会．中关村高新技术企业库管理办法（试行）（中科园发〔2018〕55号）[R/OL]．(2018-12-26)[2021-01-13]．

[57] 中共北京市海淀区委 北京市海淀区人民政府．关于印发《加快推进中关村科学城建设的若干措施》的通知[R/OL]．(2018-02-01)[2021-02-13]．

[58] 中关村国家自主创新示范区管理委员会官方网站．http://zgcgw.beijing.gov.cn/?adfwkey=kig60．

[59] 大伦敦市政府官方网站．http://www.london.gov.uk/．

[60] Mayor of London. Culture and the Night-time Economy，supplementary planning guidance（Nov 2017）[R/OL]．2017．

[61] 海淀区政府官方网站．http://www.bjhd.gov.cn/；http://zyk.bjhd.gov.cn/xxgkzl/zdgk/jgjj/sydw/hdygwh_59842/．

[62] 侯聃．北京市主要科技指标的分析与思考[J]．科技管理研究，2010，30(004)．

后记
Afterword

2018年，北京市建筑设计研究院有限公司（以下简称北京建院）发起了"国际都市与建筑对比研究丛书"的研究撰写工作。本书是丛书的第一部著作，历时五年终于付梓。在此期间，撰写组在多方的关注和支持下不忘初心、砥砺前行，尝试从理论与实践不同层面、以国际都市对比的视角，深入开展北京都市与建筑高质量发展的研究。

本书由北京建院总承担，邀请伦敦大学学院巴特莱特建筑学院共同撰写。

北京建院党委书记、董事长、总建筑师徐全胜担任本书撰写的总负责人，总体指导本书的整体思路、基本原则、工作组织，并对全书进行审定。

北京建院副总经理郑实负责研究及其管理的落实，主要负责工作思路梳理、研究指导、科研协调、伦敦调研组织等工作，并对全书进行初步审定。

北京建院副总建筑师、建筑设计基础研究工作室室主任韩慧卿负责研究、出版及其管理与协调的总体落实，主要负责工作思路梳理、总体框架、撰写模板、研究指导、初步审定的工作，负责撰写前言、城市总体规划、首都功能核心区、后记。张冰雪担任研究与出版协调人与联系人，具体落实团队沟通、工作梳理、进度推进等工作，参加制定框架、模板、提供研究建议、汇总、初步校审，主要撰写前言、城市总体规划、后记。田燕国参加出版阶段的团队沟通、工作梳理，主要撰写首都功能核心区。张然主要撰写科学城。元海英主要撰写城市总

体规划的城市交通系统、住房体系两节，首都功能核心区的交通出行、安全保障两节。钱高洁参加城市总体规划的资料、图片、数据等内容更新，参加撰写科学城的发展历程一节。

北京建院第六建筑设计院院长吴英时参加研究策划和研究初期的工作协调，担任科学城撰写负责人。

北京建院建筑与城市设计院院长徐聪艺担任金融商务区撰写负责人，刘璐、刘晶参加主要撰写。

清华大学建筑学院副教授杨滔，促成北京建院与伦敦大学巴特莱特建筑学院关于本书的合作，在中英合作交流、选题、框架、资料、书稿校审等方面提供重要学术支持。

伦敦大学学院巴特莱特建筑学院团队主要参加了城市总体规划、首都功能核心区、金融商务区、科学城的伦敦内容撰写，参加北京与伦敦对比结论撰写，教授彼得·毕肖普、原院长艾伦·佩恩担任学院团队撰写负责人，张月蓉、菲比·斯特林参加主要撰写。

在总负责人指导下，总落实人与联系人组织下，撰写组内既有专项分工又通力合作，各撰写团队同事参与了本书历次或多次研讨、调研等工作，讨论完善了本书的研究思路，在完整统一的大纲、体例的模式下开展各部分的撰写，并为其他相关部分提供了素材、建议和协助。

此外，伦敦大学巴特莱特建筑学院原商业发展总监大卫·科布负责英方商务工作，北京建院第六建筑设计院陈袁，协助了中方商务工作，建筑与城市设计院周士甯、《建筑创作》杂志社姜冰为多次工作会提供中英文翻译。

撰写团队专门赴伦敦深入调研，与高校、政府、企业相关机构和专家深入座谈。衷心感谢伦敦大学学院巴特莱特建筑学院规划系副教授罗宾·西克曼，访问教授、横贯铁路二号线董事总经理米歇尔·迪克斯，房地产学院教授约兰德·巴恩斯，原建筑与项目管理学院教授张倩瑜，创造城市项目参与者、Fletcher Priest建筑师事务所合伙人和城市设计总监乔纳森·肯德尔，空间句法有限公司董事凯万·卡里米，伦敦金丝雀码头集团代表王进杰，剑桥科技园启迪控股股份有限公司代表孟巍，中国总部基地（ABP）集团皇家阿尔伯特码头（商业区）开发市场部简，伦敦阿尔德伯里村前议员佩妮·科布等，衷心感谢唯琳出色的中英文现场翻译以及曾华协助调研安排。

撰写过程中，相关领域资深专家给予本书持续的关注与指导。衷心感谢马国馨院士给予多次深入细致的指导，并拨冗为本书作序。张杰教授、汪光焘主任、夏雨滋公参、邵韦平大师、胡波处长、李超、郭一哲、陈洪钟，还有叶依谦总建筑师、黄新兵副总建筑师、柳澎副总建筑师、崔曦副总建筑师、王哲副总建筑师、方志萍、冯晔等给予专业的建议。

衷心感谢北京建院、北京市规划和自然资源委员会、丽泽金融商务区管理管委会、波士顿咨询（上海）有限公司、金丝雀码头集团、北京市城市规划设计研究院、北京交通发展研究院、北京市城市规划设计研究院规划研究室副主任杨明等给本书提供优秀案例与资料的机构与专家。衷心感谢北京建院建筑与城市设计院杨晓倩、相枫、朱玉、徐婧哲、惠淼、李夏，为金融商务区提供数据、基础模型等支持。

衷心感谢北京建院周凯、杨苏、吴霜、马跃、侯新元、刘艳、赵楠、丽泽规划方案优化升级项目组、海淀区责任规划师团队、北京市交通委员会地面公交运营管理处王昊、北京交通发展研究院地面公交所刘雪杰，协助落实图片、资料。衷心感谢胡谦部长、张璐、王帅、冯辰、黎妍汝、赵秀芬、王潇，在研究过程中提供宣传推广、出国与财务手续等工作支持。

衷心感谢刘锦标、杨超英、张立全、张轩宇、吕博、胡明心、王祥东、何淼淼、李艾桦、李子曦、陈娜、梁忠义、王宇、欧阳雨菲、聂博闻、李昀清、钱振文、李盛烨、梁霞、雷铭、陈赫、王子豪、周文娟等众多专业摄影师与摄影爱好者为本书提供的精美照片。

衷心感谢中国建筑工业出版社赵梦梅编辑、贺伟编辑，对本书进行审核出版等工作，进一步提高了本书的编写质量与整体效果。

最后，还要衷心感谢所有为本书编写研究提供过无私帮助、未能一一列出的社会各界人士与机构，你们的无私奉献促进了本书的顺利付梓！